全国技工院校制冷设备运用与维修专业教材（中/高级技能层级）

小型制冷设备原理与维修

（第三版）

人力资源社会保障部教材办公室组织编写

中国劳动社会保障出版社

简介

本书主要内容包括：家用电冰箱概述、家用电冰箱的制冷系统、家用电冰箱的电控系统、家用电冰箱的维修、商用电冰箱、房间空调器概述、房间空调器制冷系统原理、房间空调器电控系统原理、房间空调器常见故障维修、汽车空调器原理与维修。

本书由储诚东任主编，王兴浩、柯文远任副主编，黄洪庆、温锦文参加编写。

图书在版编目(CIP)数据

小型制冷设备原理与维修/人力资源社会保障部教材办公室组织编写. --3 版. --北京：中国劳动社会保障出版社，2019

全国技工院校制冷设备运用与维修专业教材. 中/高级技能层级

ISBN 978-7-5167-3780-4

Ⅰ. ①小… Ⅱ. ①人… Ⅲ. ①制冷装置-维修-中等专业学校-教材 Ⅳ. ①TB657

中国版本图书馆 CIP 数据核字(2019)第 048225 号

中国劳动社会保障出版社出版发行

(北京市惠新东街 1 号 邮政编码：100029)

*

三河市潮河印业有限公司印刷装订 新华书店经销

787 毫米×1092 毫米 16 开本 13.5 印张 3 插页 323 千字

2019 年 6 月第 3 版 2025 年 8 月第 8 次印刷

定价：25.00 元

营销中心电话：400-606-6496

出版社网址：http://www.class.com.cn

http://jg.class.com.cn

前　言

为了更好地适应全国技工院校制冷设备运用与维修专业的教学要求，全面提升教学质量，人力资源社会保障部教材办公室组织有关学校的一线教师和行业、企业专家，在充分调研企业生产和学校教学情况、广泛听取教师对教材使用反馈意见的基础上，对全国技工院校制冷设备运用与维修专业教材进行了修订。本次修订后出版的教材包括：《制冷技术基础（第三版）》《制冷基本操作技能（第三版）》《空气调节与中央空调装置（第三版）》《小型制冷设备原理与维修（第三版）》《冷库技术（第三版）》，同时新增《户式中央空调结构原理与安装维修》及各教材的配套习题册。

本次教材修订工作的重点主要体现在以下几个方面：

第一，更新教材内容，体现时代发展。

根据制冷设备运用与维修专业毕业生工作岗位的实际需要和本专业教学实际情况的变化，合理确定学生应具备的能力与知识结构，对部分教材内容及其深度、难度做了适当调整；根据相关专业领域的最新发展，在教材中充实新知识、新技术、新设备、新材料等方面的内容，体现教材的先进性；采用最新国家技术标准，使教材更加科学和规范。

第二，改进表现形式，激发学习兴趣。

在教材内容的呈现形式上，较多地利用图片、实物照片和表格等形式将知识点生动地展示出来，力求让学生更直观地理解和掌握所学内容，在激发学生学习兴趣和自主学习积极性的同时，使教材“易教易学，易懂易用”。

第三，开发配套资源，提供教学服务。

本套教材增加了配套习题册和方便教师上课使用的多媒体电子课件。习题册的内容除常规设计之外，均附有2～3套模拟试卷，部分习题册还增加了与世界技能大赛制冷与空调项目相关的内容。多媒体电子课件可以通过职业教育教学资源和数字学习中心网站（http：//zyjy.class.com.cn）下载。另外，在部分教材中使用了二维码技术，针对教材中的教学重点和难点制作了动画、视频、微课等多媒体资源，学生使用移动终端扫描二维码即可在线观看相应内容。

本次教材的修订工作得到了北京、江苏、浙江、广东等省人力资源社会保障厅及有关学校的大力支持，在此我们表示诚挚的谢意。

人力资源社会保障部教材办公室

2019年4月

目录

第一篇 电冰箱原理与维修

第二篇　空调器原理与维修

第一篇　电冰箱原理与维修

电冰箱从使用的场合可以分为家用电冰箱和商用电冰箱两大类，随着中国经济的迅速发展，这两类电冰箱的市场占有量都很大，已经成为随处可见的制冷设备。

第一章　家用电冰箱概述

家用电冰箱是利用蒸气压缩式制冷循环原理获得低温，用以冷藏、冷冻各种食品的器具，如图1—1所示。我国电冰箱的生产技术水平已达到国际先进水平，产量也居世界之首，传统CFC制冷剂（R12）电冰箱已于2007年7月1日全面禁用，环保型制冷剂R134a、R600a的电冰箱技术日趋成熟，电冰箱已成为我国制冷技术水平的重要标志之一。

图1—1　电冰箱外观图

一、家用电冰箱的分类

家用电冰箱的分类见表1—1。

表1—1　家用电冰箱的分类

<table>
<tr><th>分类方法</th><th>种类</th><th>说明</th></tr>
<tr><td rowspan="3">按用途分</td><td>冷藏箱</td><td rowspan="3">冷藏是指储存食物时，食物的汁液不冻结，食物的储存温度在0～10℃之间；冷冻是指储存食物时，食物的汁液冻结，储存温度在0℃以下</td></tr>
<tr><td>冷藏冷冻箱</td></tr>
<tr><td>冷冻箱</td></tr>
</table>

续表

分类方法	种类	说明
按冷却方式分	直冷式	利用箱内空气上下自然流动直接冷却。单门直冷式电冰箱的蒸发器装在箱内上部。双门直冷式电冰箱，在冷冻室和冷藏室各有一个蒸发器 直冷式电冰箱结构简单，省电，价格较低，维修方便，但是箱内温度不够均匀，有霜
	间冷（俗称风冷）式	由于大都有自动化霜功能，因此又叫“风冷无霜电冰箱”，其翅片式蒸发器一般布置在冷冻室，利用风机使箱内空气强制流过蒸发器使其冷却 间冷式电冰箱内温度均匀，冷冻室、冷藏室温度分别可调，无霜，但耗电量大，价格高
	混合（俗称风直冷）式	冷冻室为风冷式，而冷藏室为直冷式。通常是在箱内夹层中设主蒸发器，利用风扇使冷冻室内空气强制循环；同时，在冷藏室还设有蒸发器，并利用箱内空气的自然对流进行冷却。另外，在有些多门大容积豪华型电冰箱的冷冻室内还增设一个直冷板管式蒸发器，以弥补冷冻速度慢的不足
按箱门数分	单门	冷冻室和冷藏室共用一个蒸发器，容积一般在 200 L 以下。它结构简单、售价低、维修方便，但冷冻室容积小，储藏温度高，主要用于冷藏食物
	双门	有上下两个门，有的超大电冰箱（500 L 左右）的门制成左右并列对开式，一般有一个冷藏室、一个冷冻室
	三门	设有急冻室、冷冻室和冷藏室，或冷冻室、冷藏室和蔬菜室，可得到三个不同的温度区域
	多门	随着变温电冰箱的推出，多门和门加外抽屉的电冰箱也很多见
按容积分	携带式电冰箱	容积有毛容积和有效容积之分。毛容积指箱门关闭，内壁所包围的容积，如为无霜电冰箱应去除风道、蒸发器、风扇所占的空间；有效容积指关上箱门后，箱内可供储藏物品的实际容积。我国全部采用有效容积表示电冰箱的容积，国外厂家也多数使用有效容积的概念 我国电冰箱容积的单位以 L（升）表示；美国、意大利等国以 ft^3（立方英尺）表示，1 ft^3＝28.32 L
	台式电冰箱	
	落地式电冰箱	
按储藏温度分	一星级	冷冻室温度不高于－6℃，冷冻食品保存时间约为 1 周
	二星级	冷冻室温度不高于－12℃，冷冻食品保存时间约为 1 个月
	三星级	冷冻室温度不高于－18℃，冷冻食品保存时间约为 3 个月
	四星级	冷冻室温度不高于－18℃，冷冻食品保存时间约为 3 个月（带速冻功能）
按气候带分	亚温带型	代号 SN，使用环境温度 10～32℃
	温带型	代号 N，使用环境温度 16～32℃
	亚热带型	代号 ST，使用环境温度 18～38℃
	热带型	代号 T，使用环境温度 18～43℃

二、家用电冰箱的规格型号

1. 规格

根据国家标准的规定，家用电冰箱的规格以有效容积表示。所谓“有效容积”，是指电冰箱关上箱门后，电冰箱内壁所包括的可储藏食品用的空间容积。下列两部分物件所占空间不计入有效容积内：

（1）蒸发器、冷却用管路、冷气循环通道、导向板、蒸发器门、调温装置、照明灯和灯罩以及搁架的架托等。

（2）门内侧出部分及邻近箱门侧壁间不供实用的间隔部分。

有效容积的计算方法是以实物为基础，结合图样或模具进行测算而得到。考虑到制造误差，又顾及用户利益，标准还规定了有效容积测算值不应小于铭牌标定容量的 97%。

2. 型号

电冰箱的型号由表示产品名称、类型、有效容积等基本参数的字母和数字组合而成，如图 1—2 所示。

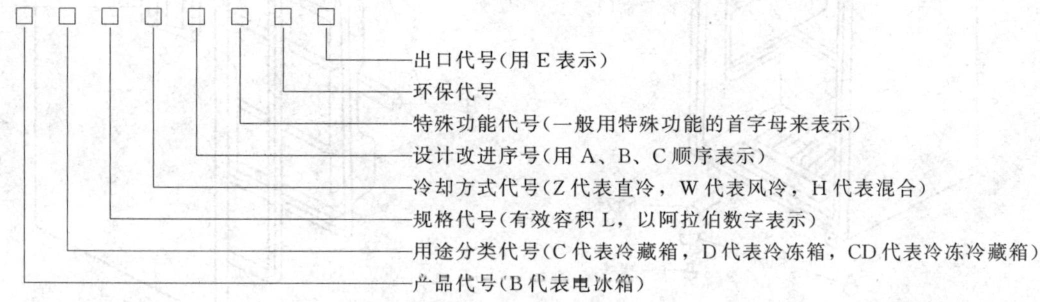

图 1—2 电冰箱的型号

三、冷度

一台电冰箱的冷冻能力往往用“冷度”来衡量。电冰箱的冷度一般用星级符号“*”来标记，一个“*”表示−6℃。表 1—2 列出了国内家用电冰箱冷冻室冷度星级符号表示法。

表 1—2 国内家用电冰箱冷冻室冷度星级符号表示法

标准	分级名称	符号	冷冻室温度（℃）	冷冻食品保存时间
国家标准	一星级	*	−6 以下	1 个星期
	二星级	* *	−12 以下	1 个月
	三星级	* * *	−18 以下	3 个月
	四星级	* * * *	−18 以下	3～6 个月

速冻运行模式一般设计为压缩机连续运行几小时（如 8 h）后自动转为普通运行模式。

四、家用电冰箱的箱体结构

电冰箱的箱体用于隔热保温、储藏物品，同时也是电冰箱各零部件的支撑体。如图1—3 所示为典型直冷电冰箱结构图，图 1—4 所示为典型双门风冷电冰箱结构图。

可以看出，箱体主要由以下几部分组成：

1. 箱体外壳、门外壳

一般用厚度为 0.6～1.0 mm 的冷轧钢板，经裁切、冲压、折边、焊接或辊轧成型，外表经磷化、涂漆或喷塑处理而成。目前，有的电冰箱外壳用硬质装饰性塑料板或塑料型材拼装而成。顶盖一般用塑料板，在压缩机仓位置装有加强角铁，防止搬运时电冰箱底部受损。

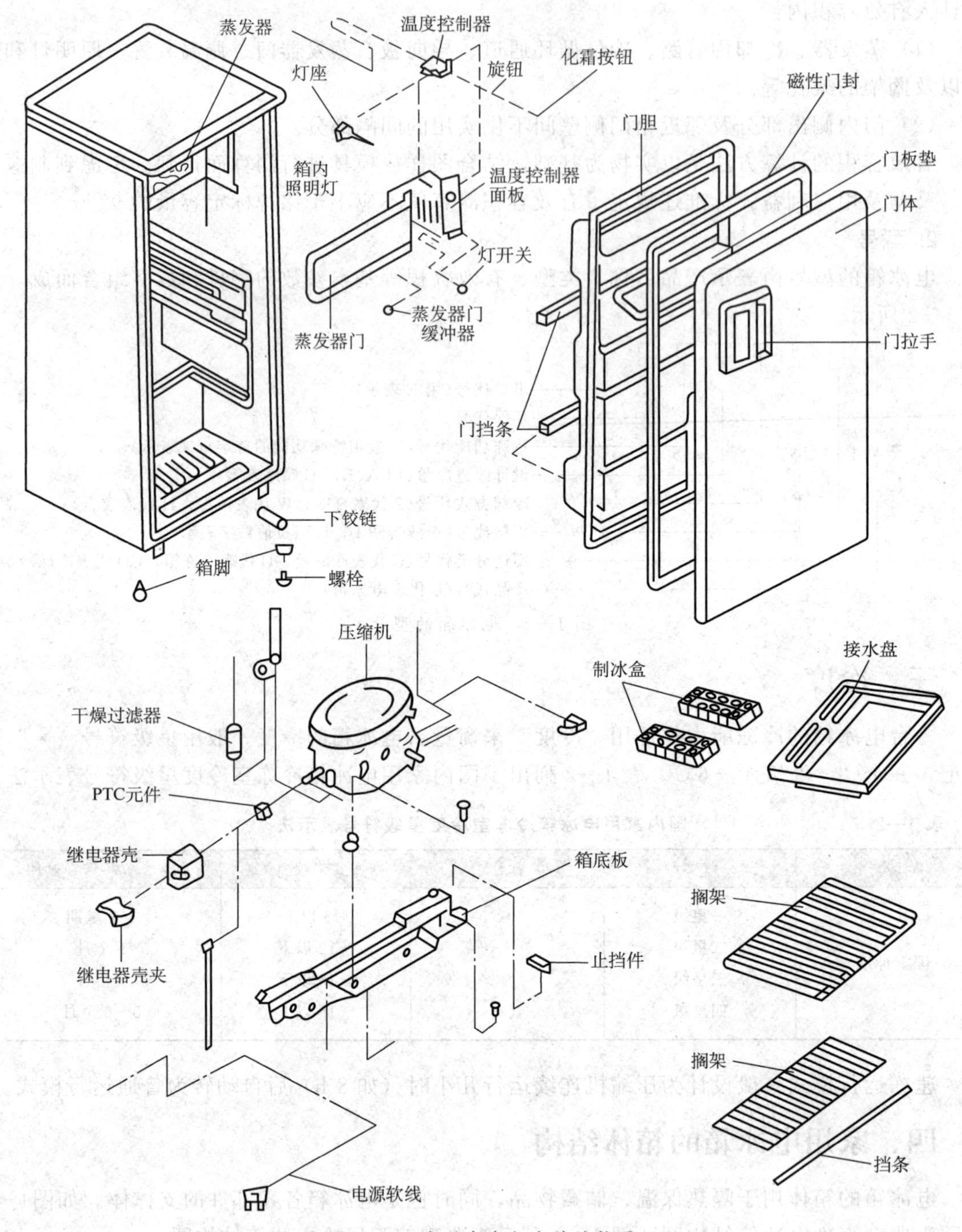

图 1—3 典型直冷电冰箱结构图

2. 箱体内胆、门内胆

采用工程塑料 ABS 板（丙烯-丁二烯-苯乙烯共聚）或改性聚苯乙烯板，经加热至 60℃干燥后真空成型而成。有的电冰箱内胆由防锈铝或不锈钢板制成。

3. 绝热层

为使电冰箱具有良好的保温性能，外壳与内胆间填充绝热材料。目前，电冰箱的绝热材

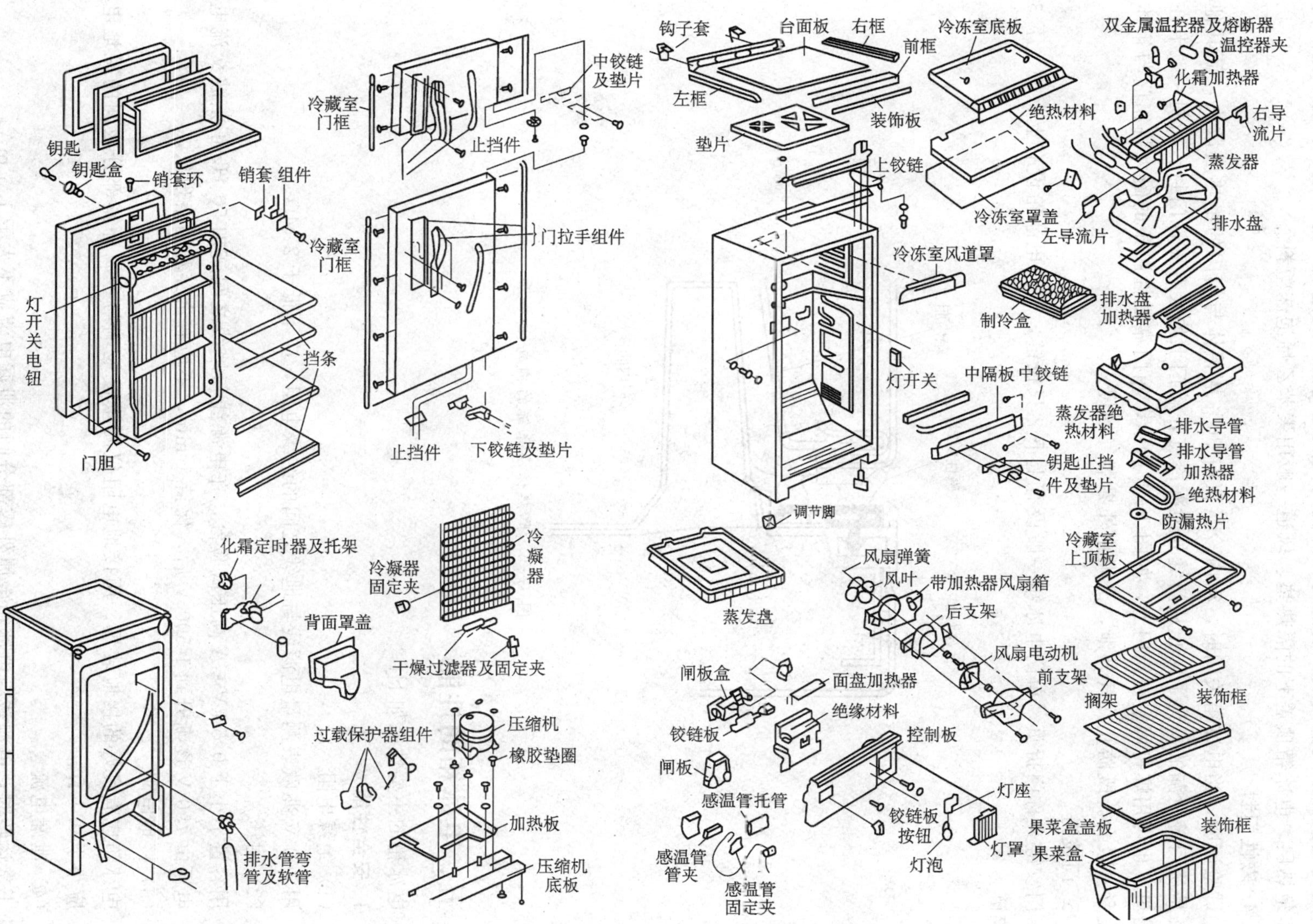

图 1—4 典型双门风冷电冰箱结构图

料多用硬质聚氨酯发泡而成，发泡时在外壳与内胆之间注入发泡液，经发泡、保温、定形为整体绝热层。电冰箱顶盖下的隔热垫、风道一般用聚苯乙烯泡沫塑料。

4. 磁性门封

试验证明，当电冰箱关闭时，箱内冷量仅有30%从箱体与箱门的绝热层散失，而其他70%是从门缝泄漏的。为了防止从门缝处泄漏冷气，箱门上均装有磁性门封。门封一般卡在门槽里，也可用螺钉固定在箱门上，如图1—5所示，箱门靠磁性胶条的磁力将箱门与箱体铁皮紧紧吸合，既防止冷气外泄，又阻止外界潮气的侵入。

5. 门铰链

门铰链又称门折页，单门电冰箱一般设有上下2只铰链，双门电冰箱设有上、中、下3只铰链。

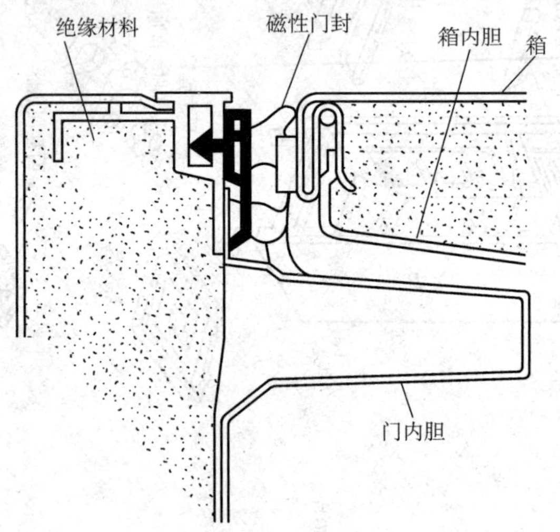

图1—5　隔热保温系统的构成

五、电冰箱的性能

电冰箱的主要性能如下：

1. 安全性能

（1）绝缘电阻

用500 V兆欧表测量电源线与地线之间的绝缘电阻，应不低于2 MΩ。

（2）耐压

用容量不小于0.5 kV·A高压试验台，在电源线与地线之间施加50 Hz正弦波交流电压，电压由750 V逐渐升到1 500 V后，保持1 min，不应有击穿和闪络现象。

（3）接地电阻

电冰箱应有良好的接地装置。用接地电阻仪测量接地端与金属外露部分之间的接地电阻，应小于0.1 Ω。

（4）泄漏电流

正常运转时，电源线与电冰箱金属外露部分间的泄漏电流应不大于1.5 mA。

2. 制冷性能

（1）冷却速度

在环境温度为 32℃时，压缩机连续运转，当冷藏室温度达到或低于 5℃、冷冻室温度达到或低于－18℃时，压缩机运转时间不超过 3 h。此时箱内不放物品，风冷式电冰箱风门温控器调定在最大位置。

（2）绝热性能

电冰箱应有良好的绝热性能，使箱温稳定在规定值。绝热材料不应有明显的收缩、变形，不允许电冰箱外表在工作时积聚过多的水气。在正常使用下，电冰箱外表不应有凝露现象。

（3）制冷系统密封性能

制冷系统应有良好的密封性能，制冷系统任何部位制冷剂年泄漏量不大于 0.5 g。

（4）电冰箱工作时间系数

电冰箱工作时间系数＝电冰箱工作时间/(电冰箱工作时间＋电冰箱停机时间)

电冰箱工作时间系数的测定要在电冰箱正常工作一天后进行，测定前 1 h 不得开箱门。电冰箱停机时间和工作时间必须是两次相连接的时间记录。

3. 电气性能

（1）启动性能

电源电压为 220 V（±15％）时电冰箱应正常启动、运行。

（2）耗电量

电冰箱耗电量不得超过其额定耗电量的 15％。耗电量测定方法之一是：电冰箱不加冷冻负荷，手动附加电热装置处于工作状态，环境温度为 32℃，相对湿度为 75％，冷藏室温度低于 5℃，冷冻室温度符合星级规定。电冰箱运行达到稳定状态后，在启停次数相等的条件下，用单相电度表测量电冰箱的耗电量，折算成日（24 h）耗电量。

4. 噪声控制和密封性能

（1）噪声控制

在消声室内，在距离电冰箱正面 1 m，与地面垂直距离 1 m 处，用声级计“A”计权网络测量电冰箱运行时的噪声，应不高于 42 dB。

（2）密封性能

当箱门正常关闭后，门封四周应严密。将一张厚 0.08 mm、宽 50 mm、长 200 mm 的纸片放在门封条上任意一点处，将箱门关闭垂直地压在纸上，纸片不应自由滑动。

5. 电冰箱的新功能

随着科技的发展，电冰箱的功能也在不断演化，目前电冰箱的新功能主要包括速冻功能、保鲜功能、去味功能、灭菌功能、除农药残留功能、物联网功能等。

第二章　家用电冰箱的制冷系统

§2—1　家用电冰箱制冷系统的主要组成部件

电冰箱制冷系统由压缩机、冷凝器、蒸发器、毛细管、干燥过滤器等组成。

一、压缩机

目前电冰箱压缩机主要有往复活塞式、滚动转子式两大类。往复活塞式压缩机又分为曲柄滑管式、曲柄连杆式、曲轴连杆式、电磁振荡式。其中曲柄滑管式、曲柄连杆式、曲轴连杆式使用较多，滚动转子式、电磁振荡式比较少见。压缩机的泵体部分和电动机同轴，并且都焊封在一个钢制外壳内，因此都是全封闭式压缩机。

1. 曲柄滑管式压缩机

曲柄滑管式压缩机的结构如图 2—1 所示。

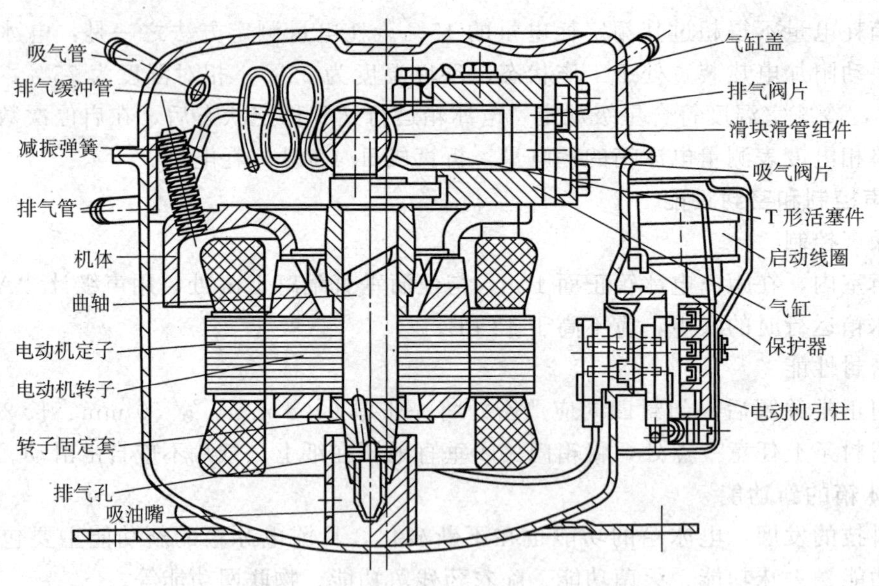

图 2—1　曲柄滑管式压缩机的结构

压缩机的机芯由缸体和电动机组成。其中，下部为单相交流电动机，由定子和转子两部分组成。定子由定子绕组和铁心组成，转子安装在定子内，其主轴由固定在机体上的轴承支撑。上部为压缩机的缸体，它主要由低压吸气阀片、高压排气阀片、滑块、滑管、气缸、气缸盖和活塞等组成。气缸盖内有肋片，它把气缸盖和阀板间的空间分为吸气室和排气室两个部分。滑块、滑管、曲柄与气缸如图 2—2 所示，滑块套在曲柄的曲拐上，曲柄可带动滑块在滑管内左右移动，滑管与活塞为互相垂直的 T 形整体。当电动机通电时，转子带动曲轴旋转，曲轴旋转带动滑块在滑管内滑动，滑块在滑管内滑动时带动滑管使活塞在气缸内做往复直线运动，从而完成压缩气体的任务。

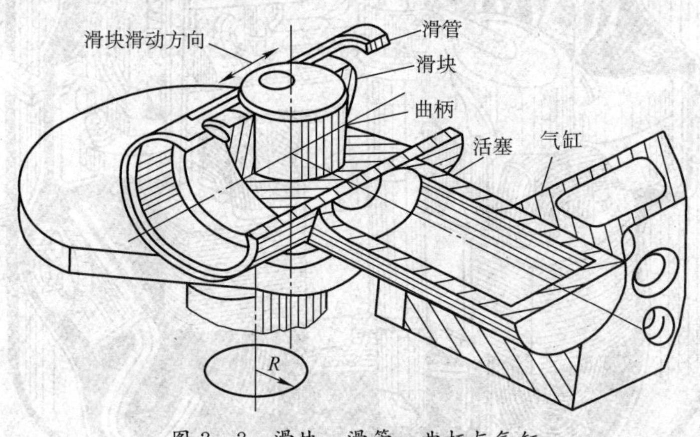

图 2—2　滑块、滑管、曲柄与气缸

压缩机的高压排气室与排气管间用弯曲的缓冲管连接，使排出的高压蒸气压力均匀，并兼有消声的作用。为保证在高速运转条件下不发热，压缩机内部各运动部件的摩擦面需要不间断润滑。

2. 曲轴连杆式压缩机

曲轴连杆式压缩机的结构如图 2—3 所示。它由曲轴带动连杆，使活塞在气缸内做往复运动，曲轴支撑在两个轴承上。这种压缩机使用寿命长，但零部件较多，结构较为复杂。

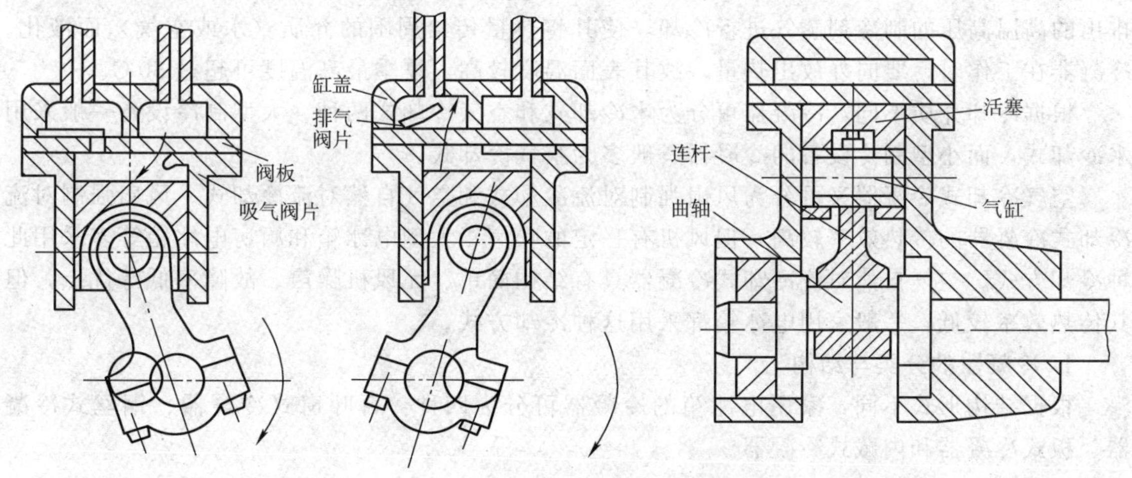

图 2—3　曲轴连杆式压缩机的结构

3. 曲柄连杆式压缩机

曲柄连杆式压缩机的结构如图 2—4 所示。其曲柄轴仅有一个支撑点，因此，不适于大功率的压缩机，多用于输出功率小于 0.75 kW 的压缩机。这种压缩机噪声小，使用寿命长，电冰箱上应用较多。

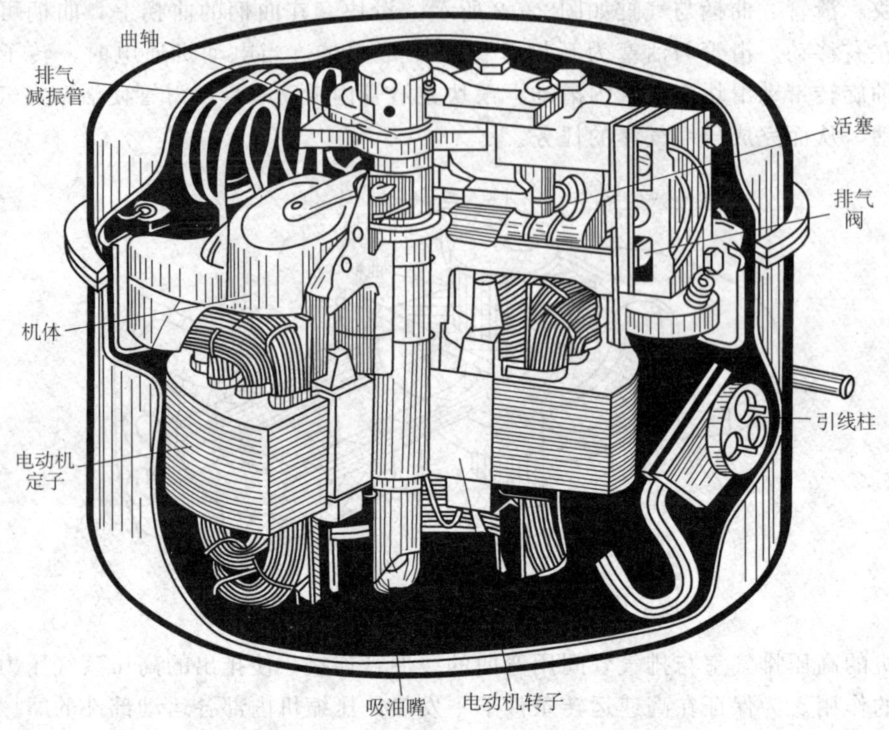

图 2—4 曲柄连杆式压缩机的结构

二、冷凝器

冷凝器是一种换热器，在制冷系统内使制冷剂向外散发热量。冷凝器的任务是对压缩机排出的高温高压的制冷剂蒸气进行冷却，使其将热量传给周围的介质（水或空气）而液化。冷凝器在工作时，要向外放出热量，故其表面温度较高，夏季最高温度可超过 50℃。

根据冷却介质不同，冷凝器可分为水冷却式和空气冷却式两种。大型制冷设备一般采用水冷却式，而小型制冷设备的冷凝器一般多为空气冷却式。

空气冷却式冷凝器又可分为风扇强制对流冷却式和空气自然对流冷却式。风扇强制对流冷却式冷凝器的传热效率较高，但风机有一定的噪声，大型电冰箱和厨房电冰箱等多采用此种冷却方式。空气自然对流冷却式冷凝器具有结构简单、无风机噪声、故障率低等优点，但其传热效率较低，一般家用电冰箱都采用这种冷却方式。

1. 冷凝器的分类与结构

根据结构形式不同，家用电冰箱的冷凝器可分为四种：百叶窗式冷凝器、钢丝式冷凝器、板式冷凝器和内藏式冷凝器。

（1）百叶窗式冷凝器

百叶窗式冷凝器是将紫铜管制成的盘管紧密地点焊、嵌接或胀接在开有百叶窗孔的薄钢板上而制成的，如图 2—5 所示。冷凝器的盘管通常采用外径为 4～6 mm、壁厚为 0.05～0.1 mm 的紫铜管或内外镀铜的钢管（邦迪管），散热薄钢片为 0.5～0.8 mm 的普通碳素钢板。为了防止腐蚀、增强辐射放热，冷凝器的外表面都喷涂黑漆。百叶窗式冷凝器工艺简单，但散热性能较差，单门电冰箱常采用这种形式的冷凝器。

（2）钢丝式冷凝器

钢丝式冷凝器如图 2—6 所示。它的冷凝盘管采用外径为 5～6 mm 的薄壁邦迪管弯制而成，在盘管的两侧，以一定的间距（5～8 mm）均匀地点焊上直径为 1.5～2 mm 的普通碳素钢丝。邦迪管分单层卷制和双层卷制两种：单层卷制管只在内表面镀铜，并配未经镀铜的钢丝；双层卷制管的内外壁均镀铜，并配镀铜钢丝。钢丝式冷凝器的焊接工艺复杂，但散热性能好、材料费用低、便于机械化生产，所以被广泛采用。

（3）板式冷凝器

板式冷凝器如图 2—7 所示。它的冷凝盘管为外径 6 mm 的紫铜管，散热片为冲压成多条弧形沟的薄钢板，两者焊接后涂以黑漆而制成。这种冷凝器的优点是节省材料、外观整洁，但是其散热性能较差。

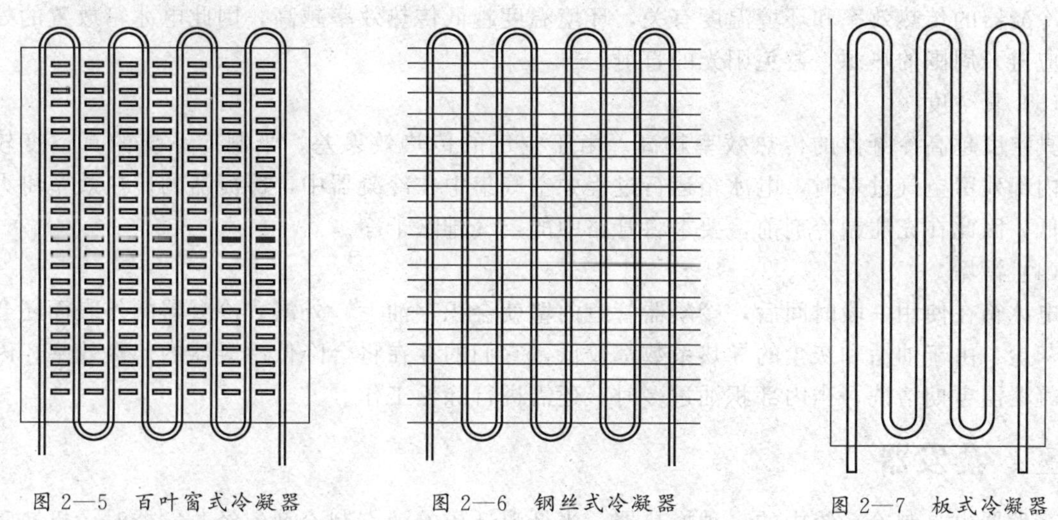

图 2—5　百叶窗式冷凝器　　图 2—6　钢丝式冷凝器　　图 2—7　板式冷凝器

（4）内藏式冷凝器

内藏式冷凝器的结构如图 2—8 所示。它的盘管采用外径为 5～6 mm 的铜管弯制而成。

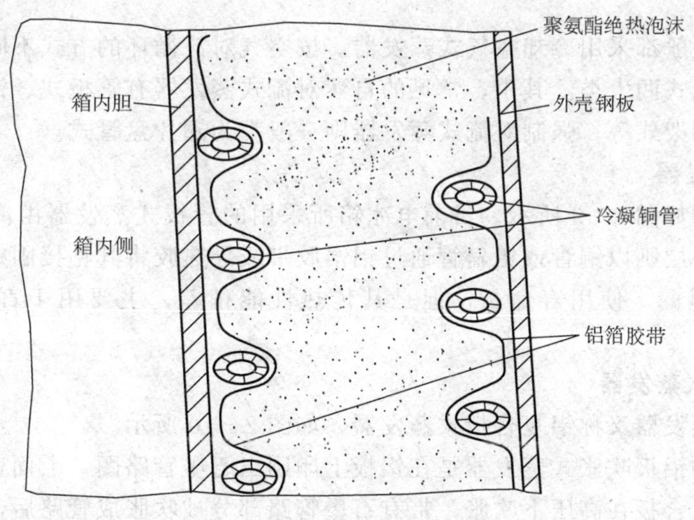

图 2—8　内藏式冷凝器的结构

弯好的铜管用铝箔胶带和导热胶粘贴在箱体左右两侧板或后板内侧，经聚氨酯绝热泡沫发泡后将盘管紧固在侧板或后板上。这种冷凝器靠箱体外壳的钢板来散热，虽然散热性能差，但结构紧凑、不占空间、不易损伤，箱体也相对美观大方，因此得到了广泛的应用。

2. 影响冷凝器传热效率的因素

（1）空气流速

空气流速对冷凝器的传热效率影响很大，空气流速越快传热效率越高，因此电冰箱应置于通风良好的处所，周围的阻碍物不能距离过近。但空气流速也不能太快，否则冷凝器的传热效率将不再明显提高，空气的流动阻力和噪声却明显增大。

（2）环境温度

冷凝器的传热效率和环境温度有关，环境温度越低传热效率越高，因此电冰箱放置的处所还应避开周围的热源，避免阳光的直射。

（3）真空度

真空度越高冷凝器的传热效率越高。由于空气的传热效果差，当制冷系统的真空度较低，内部残留空气过多时，电冰箱运行过程中空气集中在冷凝器中，冷凝器的传热效率将大为降低，因此在充注制冷剂前，要求将管路中的空气排除干净。

（4）污垢

电冰箱在使用一段时间后，冷凝器管道内壁就会积存油垢，外露式冷凝器的外表面还会积落灰尘。由于油垢和灰尘的导热系数都较低，它们的存在将会降低冷凝器的传热效率，因此冷凝器需定期清洗，当内部积油过多时，还需进行除垢工作。

三、蒸发器

蒸发器也是制冷系统中的一种换热器。当低温低压的液态制冷剂流经蒸发器时，迅速吸收被冷却物质的热量而达到制冷的目的，同时制冷剂本身也蒸发沸腾为蒸气。根据冷却介质不同，蒸发器可分为冷却液体式、冷却空气式和冷却固体式三种，小型制冷设备一般都采用冷却空气式蒸发器。

家用电冰箱一般都采用冷却空气式蒸发器。按空气对流循环的方式不同，它可分为自然对流式和强制对流式两大类。其中，常见的自然对流式蒸发器有管板式、铝板吹胀式、单脊翅片管式和多层搁架式等；强制对流式蒸发器则一般都为翅片盘管式。

1. 管板式蒸发器

管板式蒸发器如图 2—9 所示。目前电冰箱所采用的管板式蒸发器由薄不锈钢或铝板作蒸发器的内胆，外层则以铜管或铝扁管通过铝箔胶带或导热胶将其粘接固定。管板式蒸发器工艺简单、不易泄漏、使用寿命长，但是其传热性能稍差，主要用于直冷式电冰箱的冷冻室。

2. 铝板吹胀式蒸发器

铝板吹胀式蒸发器又称铝复合板式蒸发器，如图 2—10 所示。

目前所采用的铝板吹胀式蒸发器是在铝板上印刷出石墨管路图，上面盖上铝板，经过碾轧和热处理后将复合板在高压下吹胀，带有石墨管路部分被吹胀成管路后，用氩弧焊将进出口铝管焊接在铝蒸发器上。

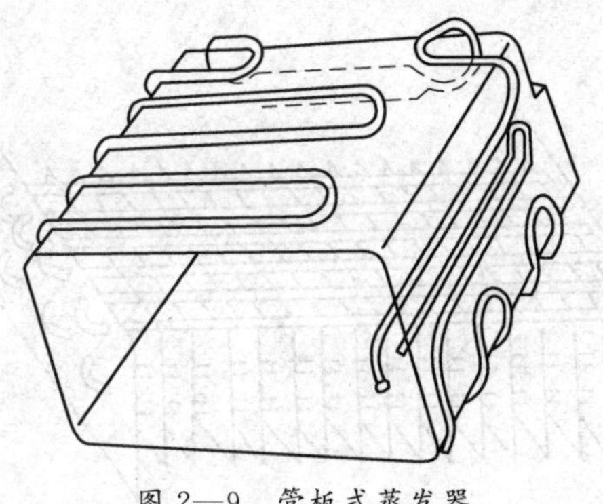

图 2—9　管板式蒸发器

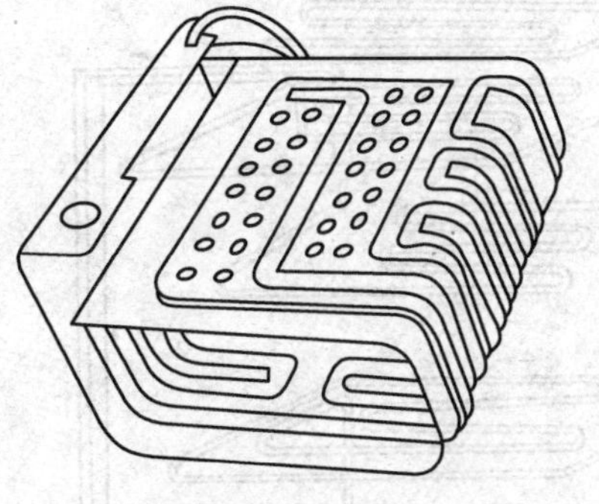

图 2—10　铝板吹胀式蒸发器

铝板吹胀式蒸发器虽然制造工艺复杂，但其传热性能好，管路分布合理并可做成单层和多层形式，能大批量生产，目前被广泛用作直冷式电冰箱冷冻室蒸发器。同时，它又可以做成平板型，用于直冷式电冰箱的冷藏室。

最新型的铝板吹胀式蒸发器是一次制造出连成一体的冷冻室和冷藏室两个蒸发器，使结构更趋合理，成本也相应下降，可靠性进一步提高。

3. 单脊翅片管式蒸发器

单脊翅片管式蒸发器如图 2—11 所示。它由经过特殊加工的有单脊翅片的铝管弯曲加工成型，翅片高为 15～20 mm。这种蒸发器的特点是单位长度的制冷量小、工艺简单、加工方便、传热性能好、便于擦洗。它主要用于直冷式电冰箱的冷藏室。

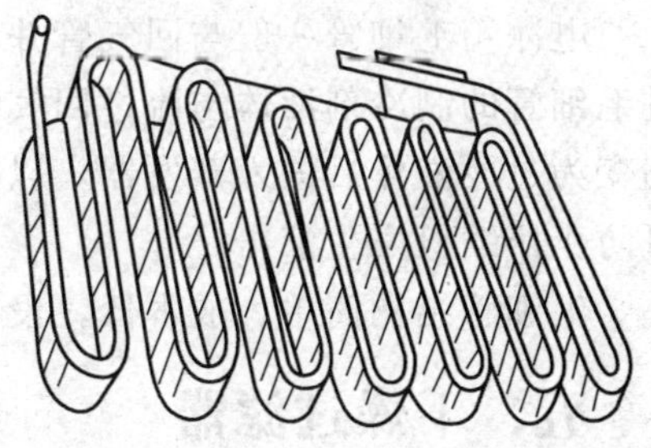

图 2—11　单脊翅片管式蒸发器

4. 多层搁架式蒸发器

如图 2—12 所示为多层搁架式蒸发器，这种蒸发器主要用于立式冷冻箱和目前常见的冷冻室为内抽屉式的双门大容量直冷式电冰箱。搁架式蒸发器兼作抽屉搁架，具有工艺简单、结构紧凑、便于检修、传热效率高、冷却速度快等特点。

5. 翅片盘管式蒸发器

翅片盘管式蒸发器用于全自动风冷式无霜电冰箱，如图 2—13 所示。这种蒸发器的翅片一般是以 0.1～0.2 mm 的铝片或铜片制成，片间距为 6～8 mm，盘管采用 8～12 mm 的铝管或铜管，盘管之间设有电热器，用以快速自动化霜。翅片盘管式蒸发器传热效果好、结构紧凑、占据空间小，但需配风扇实现强制风冷。

四、毛细管

毛细管装在冷凝器和蒸发器之间，起节流降压作用。毛细管内径为 0.5～1.0 mm，长度为 1.5～4 m。

在一定的冷凝压力下影响毛细管节流的主要因素是毛细管的内阻。毛细管的内阻与管子长度成正比，与管孔的截面积成反比（即与管子内径的平方成反比）。即毛细管长度越长或内径越小，毛细管节流就越严重，制冷剂压力下降就越大，温度下降也越大。如果在内径一定的情况下，调节管长，那么可在毛细管出口得到不同的压力，使进入蒸发器的制冷剂在这

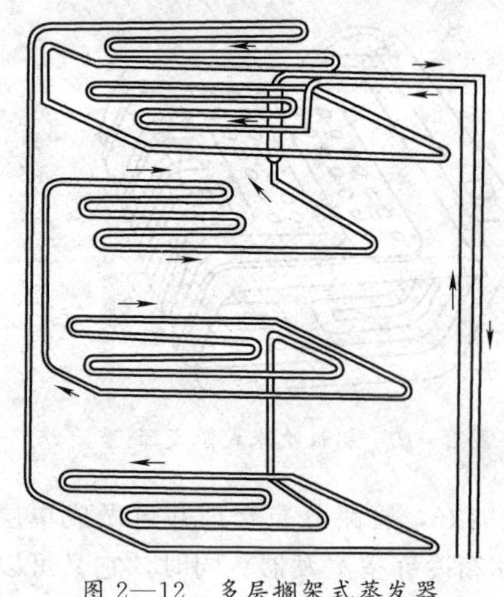

图 2—12　多层搁架式蒸发器

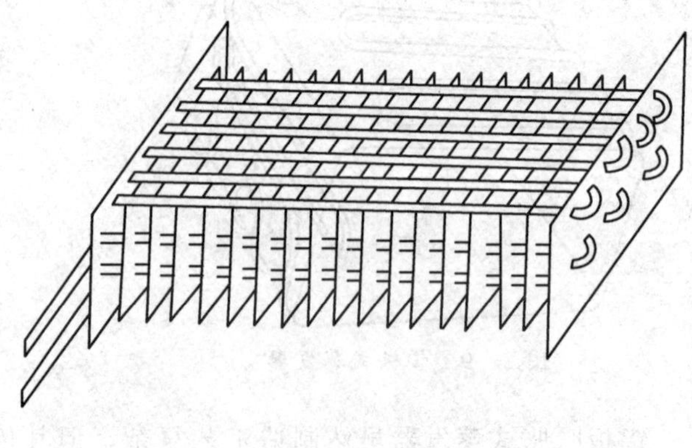

图 2—13　翅片盘管式蒸发器

一压力下汽化得到不同的温度，以适应不同电冰箱的星级要求，因此在电冰箱维修中，毛细管尺寸尽量不要改动。

电冰箱毛细管一般与回气管并行地粘在一起、焊在一起或一起套在一根铜管里，使得流过毛细管的制冷剂液体与流过回气管的低温制冷剂蒸气发生热交换，使毛细管中的中温制冷剂变为过冷液体后进入蒸发器，以提高制冷效果，同时回气管中的低温蒸气变为过热蒸气，可防止压缩机发生液击。

毛细管结构简单、成本低，没有运动部件，不易产生故障，但其内径很小，容易堵塞。

五、干燥过滤器

水分和杂质对电冰箱制冷系统的危害是很大的。过量的水分不仅会在毛细管中形成冰晶，引起制冷系统的冰堵故障，还将由于制冷剂与水产生水解反应生成盐酸和氢氟酸而腐蚀金属和电动机的定子绕组。过量的杂质则会引起制冷系统的脏堵故障。由于在电冰箱的制冷系统中难免混有一些水分和杂质，因此在制冷系统中应装设干燥过滤器，以吸附水分并过滤杂质。

干燥过滤器的结构如图 2—14 所示。它由直径为 16～18 mm、管长为 100～150 mm 的紫铜管制成，在铜管内的两端还分别装有 120～180 目的粗、细两个滤网，两网之间填充有分子筛或其他干燥剂（硅胶、活性氧化铝等）。

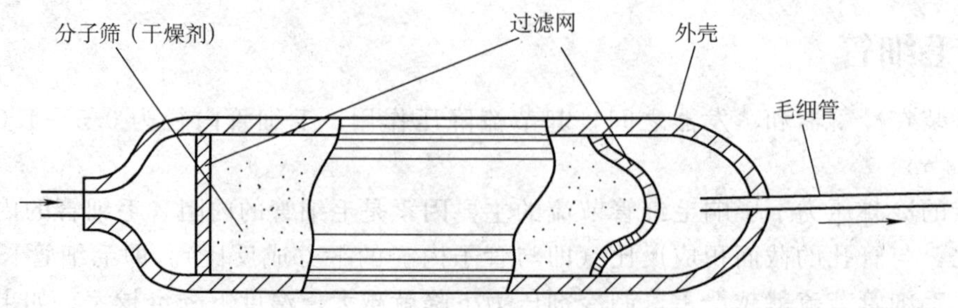

图 2—14　干燥过滤器的结构

分子筛是目前电冰箱上使用最广的高效干燥剂，它是一种人工合成的铝硅酸盐晶体。这种结晶构造中有许多空隙，当物质分子的直径小于其空隙直径时就会被吸附，当物质分子的直径大于其空隙直径时不被吸附。水分子的直径约为 3.2 Å（1 Å=1 埃=10^{-8} cm），油分子和 R12 分子的直径为 4.5～5 Å。一般可以选用空隙直径 4 Å 的分子筛作为 R12 制冷剂的干燥剂，用以吸附水分，而让油和 R12 通过。

R600a 分子的直径大于 R12 分子的直径，可以用 4 Å 分子筛干燥过滤器；R134a 分子的直径大于水分子的直径，但小于 4 Å，则不能用 4 Å 分子筛，应选用专用干燥过滤器。

§2—2 家用电冰箱制冷系统结构分析

一、直冷式单门电冰箱制冷系统

单门电冰箱一般为直冷式，上方是一个装有小门的由蒸发器围成的小型冷冻室，冷冻室的冷度一般为二星级，室内食品由蒸发器直接冻结。蒸发器下面有一接水盘，接水盘以下为冷藏室，分为几格，最下面是果菜盒。冷藏室内无冷却装置，室内热量传递靠空气的自然对流方式进行。靠近蒸发器（接水盘）的冷空气因密度大而下降，冷藏室下面温度较高的空气因密度小而上升，二者自然对流使冷藏室降温，达到 0～10℃。冷藏室的上方装有温度控制器（多数采用半自动化霜温控器）。温控器的感温管紧贴在蒸发器上，根据蒸发器（冷冻室）温度控制压缩机的启停，来满足冷冻室和冷藏室的温度要求。旋动其调节钮可调节箱内温度的高低。冷藏室内照明灯由门开关控制，开门灯亮，关门灯灭。

单门电冰箱的制冷系统和剖面图如图 2—15 所示，从中可清楚地看出制冷系统各部件安装的位置，蒸发器位于箱体上部，冷凝器在箱体背面，压缩机在箱体后下部，干燥过滤器在压缩机上面位置，毛细管和回气管贴合在一起组成气液换热器。

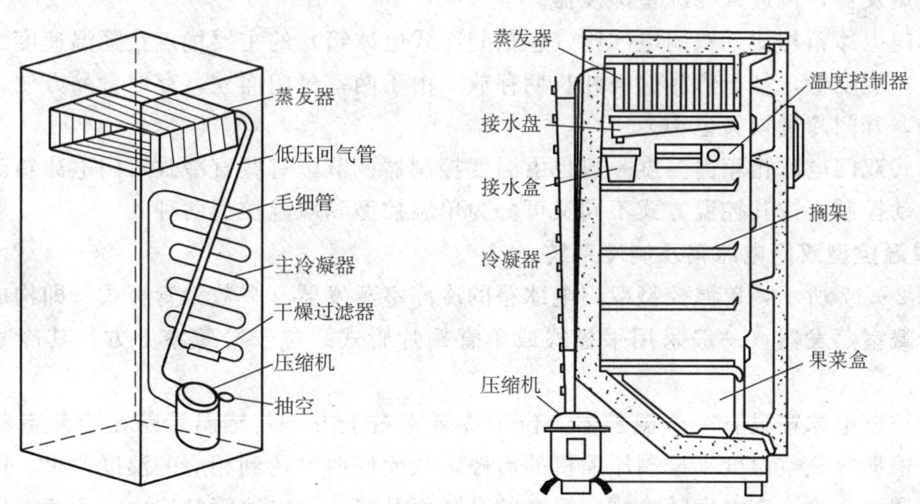

图 2—15 单门电冰箱制冷系统和剖面图（1）

有一些单门电冰箱的冷凝器为组合式冷凝器，这种电冰箱的制冷系统和剖面图如图 2—16 所示，由图可见其制冷系统中多了蒸发器加热管和箱门防露管。制冷剂在制冷系统中的循环路径为：压缩机—蒸发器加热管—主冷凝器—箱门防露管—干燥过滤器—毛细管—蒸发器—压缩机。

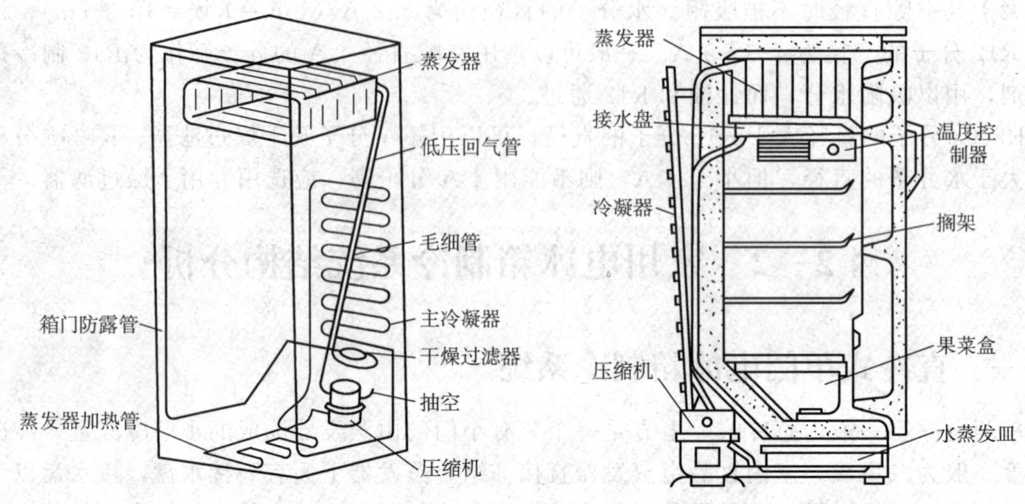

图 2—16　单门电冰箱制冷系统和剖面图（2）

二、直冷式双门电冰箱制冷系统

直冷式双门电冰箱有两个储藏室，一个为冷冻室，目前室内温度多设计为三星级（－18℃），另一个为冷藏室（室内温度在 0～10℃之间）。直冷式双门电冰箱的降温与单门电冰箱相同，是靠空气的自然对流来达到的，其制冷系统的结构、位置与单门电冰箱基本相同，所不同的是有相串联的冷冻室与冷藏室两个蒸发器，经毛细管节流的制冷剂一般是先进入冷藏室蒸发器，再进入冷冻室蒸发器。

与单门电冰箱相比，双门电冰箱（包括间冷式电冰箱）的主要优点是降温速度快，冷冻室容积大，温度低，利于食品保鲜和长期存放。由于两室分门而立，存取食品方便，食品不容易串味，开门冷量损失也小。

直冷式双门电冰箱箱内温度一般也由温度控制器调节，有些直冷式双门电冰箱已采用计算机全自动控制，按其控温方式不同又可分为单温控型和双温控型两种。

1. 单温控型双门电冰箱及制冷系统

如图 2—17 所示，单温控型双门电冰箱的冷冻室蒸发器（多数为管板式）即构成了冷冻室，而冷藏室蒸发器（一般采用平板式或单脊翅片管式）位于冷藏室上方，其冷凝器为组合式。

单温控型电冰箱只有一个温控器，位于冷藏室右上方，其感温管贴在冷藏室蒸发器表面，它是根据冷藏室温度来控制压缩机的启停，从而使两室达到相应的温度要求，即冷冻室不能单独调温，冷冻室温度随冷藏室温度的升降而升降。在电冰箱制造中，两蒸发器的传热面积应严格匹配以保证冷冻室的星级要求，这在环境温度低时有困难。因为这时冷藏室温度与环境温度接近，压缩机的运转率随之降低，造成冷冻室温度偏高。为避免这种现象，常在冷藏室蒸发器后设置冷藏室补偿加热器。

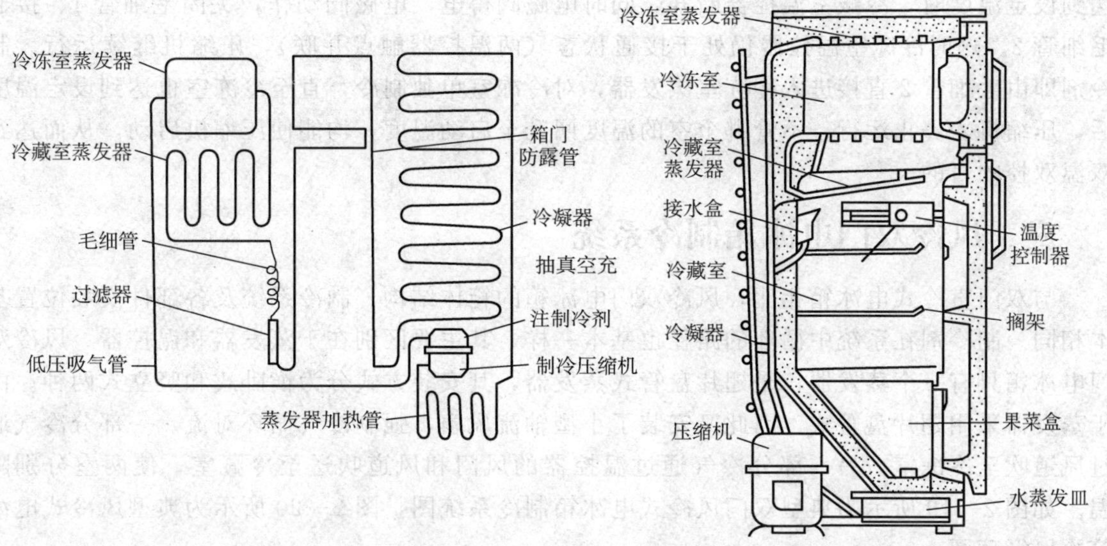

图 2—17　单温控型双门电冰箱制冷系统及剖面图

2. **双温控型双门电冰箱及制冷系统**

双温控型双门电冰箱的箱体结构与单温控型的基本相同。只是冷藏室和冷冻室各装有一个温控器，以实现两室温度的分别控制。在制冷系统中增加了一个两位三通型电磁阀，在冷藏室温控器的指令下使之截止或导通。双温控型双门电冰箱剖面及制冷系统流程如图 2—18 所示。

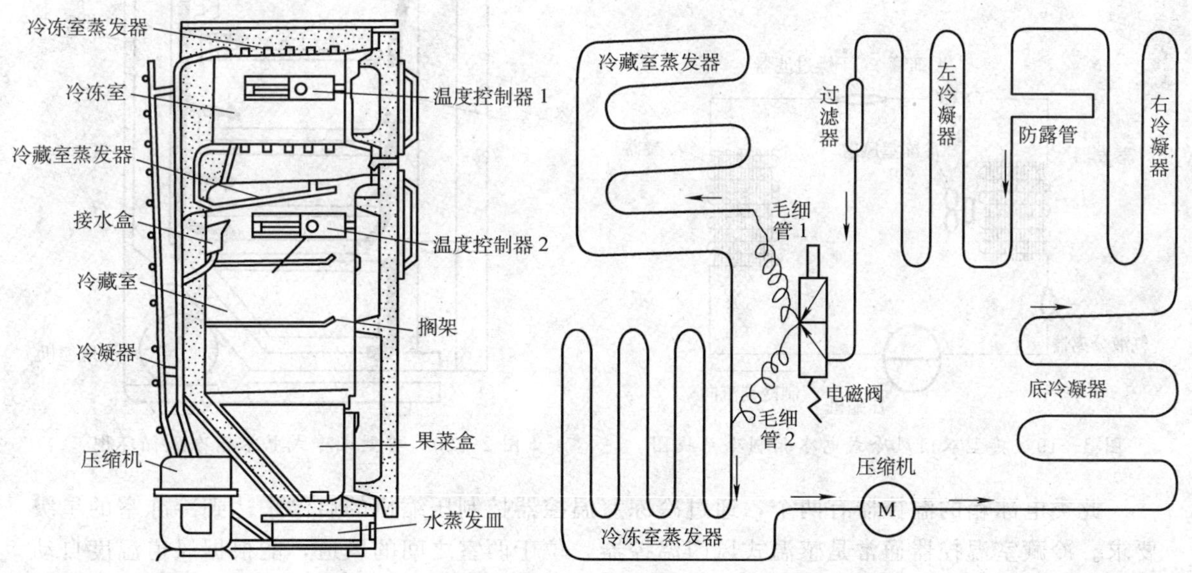

图 2—18　双温控型双门电冰箱剖面及制冷系统流程

当电冰箱开始通电时，冷藏室温度较高，冷藏室温控器闭合，压缩机工作，而电磁阀断电，制冷剂即由毛细管 1 经冷藏室蒸发器流入冷冻室蒸发器，两室同时制冷。当冷藏室温度达到设定温度时，冷藏室温控器断开，同时电磁阀得电，电磁阀动作，关闭毛细管 1、接通毛细管 2。这时冷冻室温控器仍处于接通状态（两温控器触点并联），压缩机继续运行。制冷剂即由毛细管 2 直接进入冷冻室蒸发器，对冷冻室单独制冷，直至冷冻室也达到设定温度后，压缩机才停止运行。不管哪个室的温度回升至启动温度，均能使压缩机启动，从而达到双温双控的目的。

三、风冷双门电冰箱制冷系统

与双门直冷式电冰箱相比，风冷双门电冰箱的箱体结构、制冷系统及各部件安装位置基本相同。制冷剂在系统中循环的路径也基本一样，其主要区别在于蒸发器和温控器。风冷双门电冰箱只有一个蒸发器，是翅片盘管式蒸发器，其安装方式分为横卧式和竖立式两种。由于蒸发器采用翅片盘管式，因此又安装了小型轴流风扇，强制冷气循环对流。一部分冷气通过风道吹至冷冻室，另一部分冷气通过温控器的风门和风道吹送至冷藏室，使两室分别降温。如图 2—19 所示为典型双门风冷式电冰箱制冷系统图，图 2—20 所示为典型风冷式电冰箱冷风循环图。

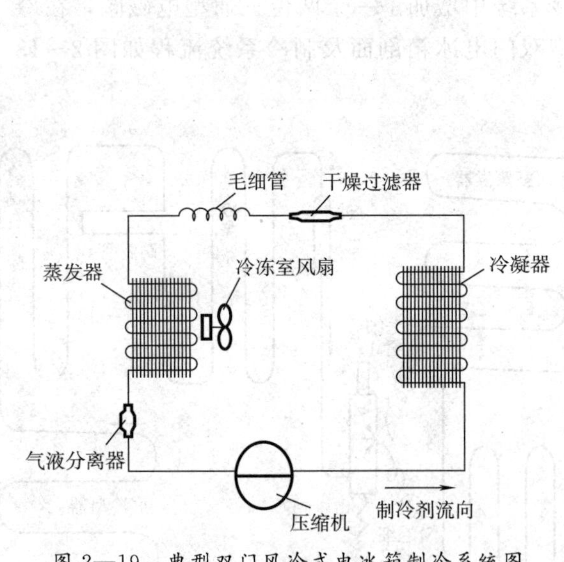

图 2—19　典型双门风冷式电冰箱制冷系统图

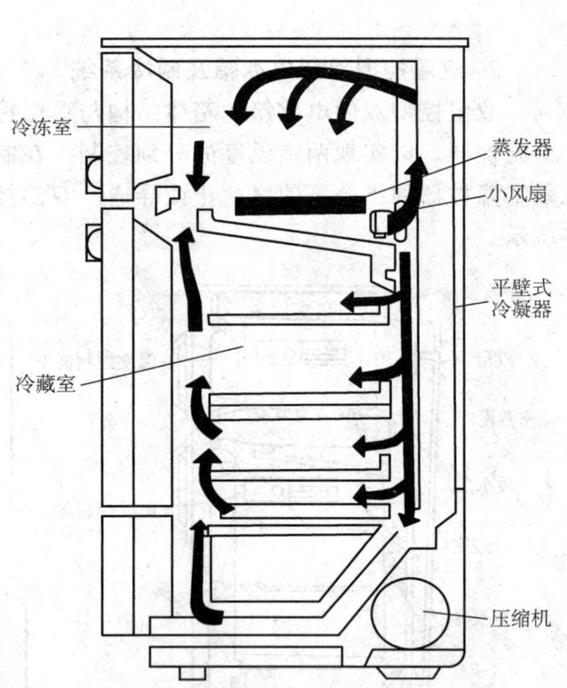

图 2—20　典型风冷式电冰箱冷风循环图

此类电冰箱的温控器有两个，通过冷冻室温控器控制压缩机的启停来达到冷冻室的星级要求。冷藏室温控器通常是感温式风门温控器，位于两室之间的风道，能根据风道温度自动调节风门开启度的大小，来控制进入该室风量以实现冷藏室的温度要求（0～10℃）。

风冷双门电冰箱一般采用全自动化霜，又叫无霜电冰箱。全自动化霜系统由化霜温控器、化霜时间继电器、化霜加热器和化霜超热熔断器组成。通常化霜时间继电器位于电冰箱后背部，化霜温控器和超热熔断器在翅片管式蒸发器上，化霜加热器与蒸发器盘管平行，卡在蒸发器翅片里面。

四、三门或三门以上的电冰箱制冷系统

三门或三门以上的大多为变温电冰箱，如容声 BCD－288WYM 电冰箱是三门三温区电冰箱，其系统结构采用了三个循环环路的结构方式，三个循环路径都是独立的，即冷藏室、变温室、冷冻室三个温区可以同时制冷，也可以某一个温区或两个温区处于制冷状态而剩下的温区不制冷。

三门或三门以上电冰箱的制冷系统结构原理如图 2—21 所示。由过滤器输出的高压制冷剂经一个分流器分为三路，分别送入三个电磁阀，三个电磁阀的出口分别接冷藏、变温、冷冻三根毛细管，通过冷藏、变温、冷冻三个独立的蒸发器最终经汇流器并成一路回到压缩机。在制冷控制上，冷藏室、变温室、冷冻室三个温区的温度均采用独立控制，控制温度范围为：冷藏室 1～10℃，变温室－18～10℃，冷冻室－30～－12℃，无论哪个温区温度达不到设定温度，该路电磁阀就会打开，三个独立的循环环路都可以单独制冷而与其他环路无关。而且该电冰箱的冷藏室、变温室还具有关闭功能，可以单独或同时关闭这两个温区的制冷功能。

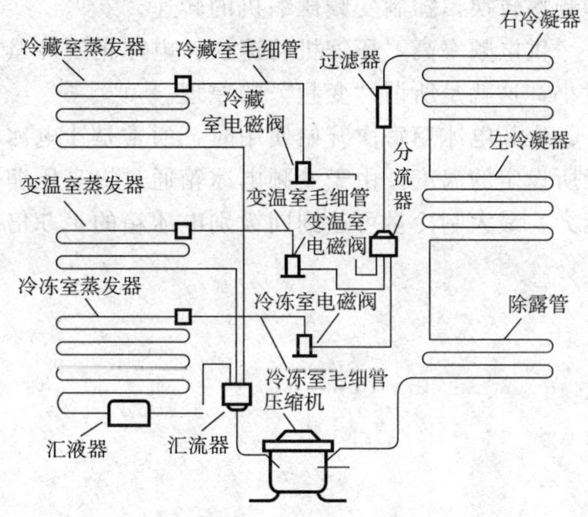

图 2—21　三门或三门以上的电冰箱制冷系统结构原理图

五、变频电冰箱制冷系统

变频电冰箱制冷系统如图 2—22 所示，与三门电冰箱或多温区电冰箱制冷系统相似，主要区别在于压缩机采用的是变频压缩机。

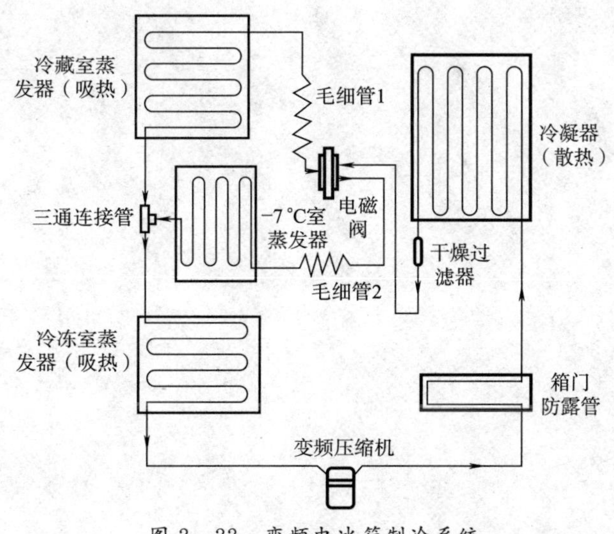

图 2—22　变频电冰箱制冷系统

变频电冰箱通常采用变频直流无刷电动机，为了实现变频工作，需要专用的变频控制电路，即变频功率控制电路，将直流电逆变成交流电，驱动控制变频压缩机工作。变频直流无刷电动机的转子为对称排列的双 S、N 转子磁钢，定子线圈分为 U、V、W 三组，分别接到变频控制电路的 U、V、W 输出插件上，由变频控制电路按顺序为定子线圈供电，使之形成旋转磁场。变频压缩机设有霍尔元件检测转子磁极的旋转位置，通过该电路将变频压缩机转速的相关信息传送到变频控制电路及主控芯片电路进行处理，进而控制变频压缩机定子线圈的电流相位保持一定关系，并由变频控制电路的 6 个大功率晶体管进行控制，按特定的规律和频率转换，控制变频压缩机的转速。

供电频率高，压缩机转速快，电冰箱制冷量就大；而当供电频率较低时，电冰箱制冷量就小，这就是所谓“变频”的原理。

变频电冰箱每次开始使用时，通常是让电冰箱以最大功率、最大风量进行制冷，迅速接近所设定的温度。由于变频电冰箱通过提高压缩机工作频率的方式，增大了在高温时的制冷能力，最大制冷量可达到同级别电冰箱的 1.5 倍，高温下仍能保持良好的制冷效果。

第三章　家用电冰箱的电控系统

家用电冰箱电控系统用以控制压缩机的启停，以保证电冰箱按使用要求自动安全运行。

§3—1　家用电冰箱电控系统的主要组成部件

一、单相异步电动机

压缩机一般采用单相异步电动机驱动，其结构如图 3—1 所示，其主要种类、特点及应用见表 3—1。

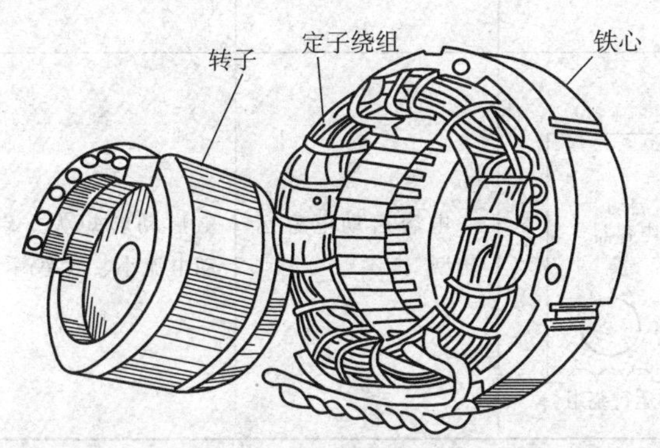

图 3—1　单相异步电动机的结构

表 3—1　电动机主要种类、特点及应用

接线图	种类	特点	应用
启动继电器 启动绕组 运行绕组	阻抗分相启动型	结构简单、运行可靠、启动转矩小、启动电流大	家用电冰箱、小型商品陈列柜等

续表

接线图	种类	特点	应用
启动继电器 启动电容器 启动绕组 运行绕组	电容启动型	启动转矩大、启动电流小	家用电冰箱、冷藏箱、冷水器、冷饮机
运转电容器 启动绕组 运行绕组	电容运转型	启动转矩小、效率高、不需启动器	小型房间空调器
启动继电器 运转电容器 启动电容器 启动绕组 运行绕组	电容启动电容运转型	启动转矩大、启动电流小、效率高	大型电冰箱、大型空调器、制冰机、冷水器

二、启动继电器

1. 重锤式启动继电器

重锤式启动继电器的结构主要包括电流线圈、重锤（衔铁）、弹簧、动触点、静触点、T形架、绝缘壳体等，如图3—2所示。

重锤式启动继电器的工作原理如图3—3所示。

当电动机未运转时，衔铁由于重力的作用而处于下落位置，与它相连的动触点与静触点处于断开状态。电动机接通电源后，电流通过运行绕组和启动继电器的励磁线圈，使启动器的励磁线圈强烈磁化，磁场引力大于衔铁的重力，从而吸起衔铁，使动触点与静触点闭合，将启动绕组的电路接通，电动机开始旋转。随着电动机转速的加快，当达到额定转速的75%以上时，运行电流迅速减小，使励磁线圈的磁场引力小于衔铁的重力，衔铁因自重而迅速落下，使动静触点脱开，启动绕组的电路被切断，电动机启动过程结束。然后，电动机转子在一次绕组的交变磁场作用下继续旋转进入正常运行状态。

重锤式启动继电器体积较小、可靠性强，但当电压波动较大时，容易因触点接触不良或粘连而引起电动机故障或损坏。

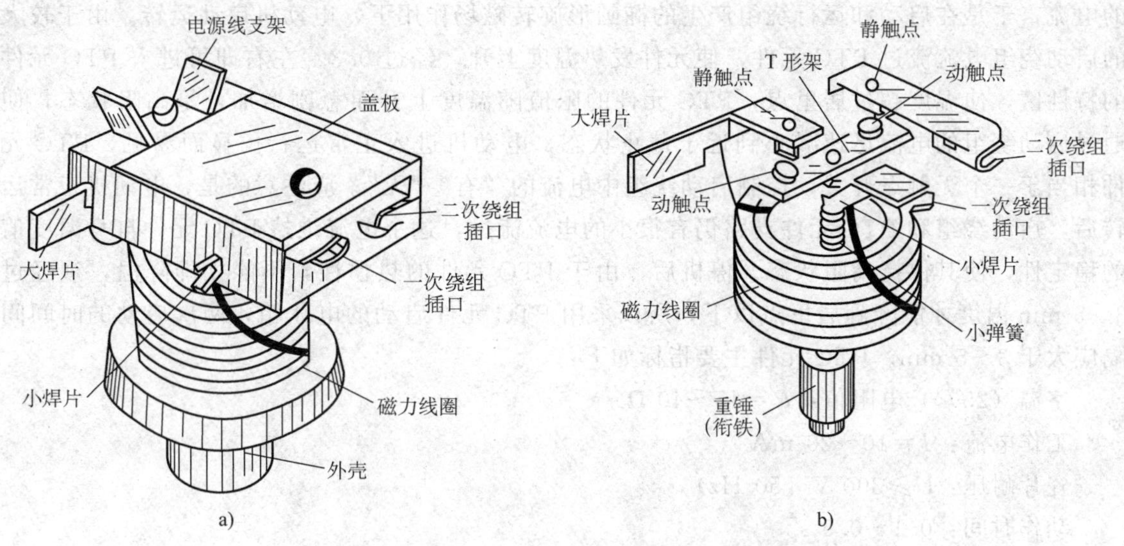

图 3—2　重锤式启动继电器外形和内部结构

a）外形　b）内部结构

2. PTC 启动继电器

PTC 是正温度系数热敏电阻英文名称的缩写。PTC 元件是以高纯度的钛酸钡（$BaTiO_3$）添加微量的 Bi、Sb 等杂质烧结而成。PTC 元件无触点，电路转换时不产生电弧和火花，无噪声，对周围电气设备无干扰，并且结构简单、性能可靠、使用寿命长，特别适用于低电压启动，在电压降到 180 V 时也能顺利启动，改善了电动机启动性能。但使用了 PTC 启动元件后，由于它在工作时功率为 4 W 左右，会使电冰箱耗电量有所上升。PTC 启动继电器的结构如图 3—4 所示。

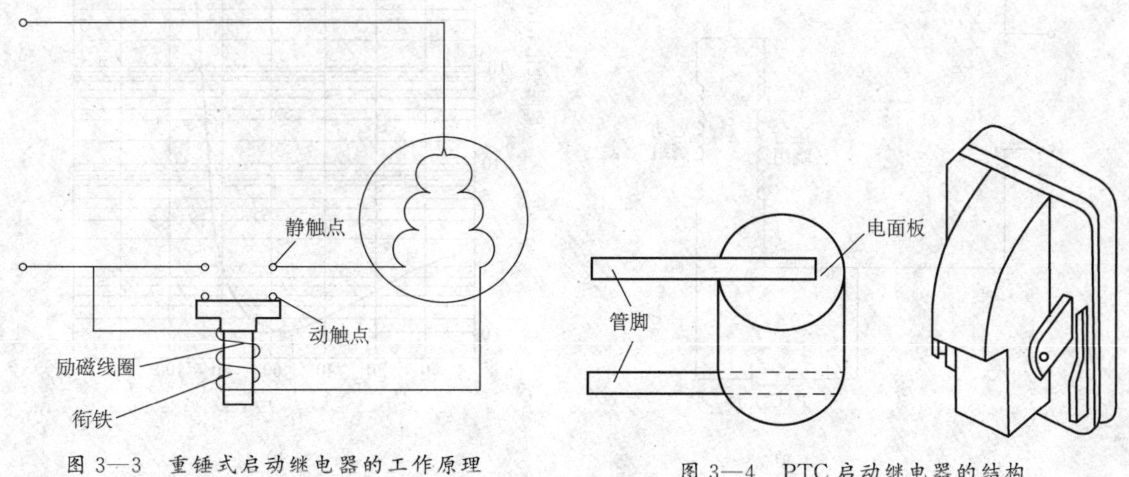

图 3—3　重锤式启动继电器的工作原理

图 3—4　PTC 启动继电器的结构

PTC 元件的电阻率随温度的升高而增大。在常温时电阻值很小，当温度上升到称为居里点的某一定值（与掺杂有关）时，电阻值急剧上升。PTC 元件电阻温度特性及启动控制电路如图 3—5 所示。

当电动机刚接通电源启动时，由于 PTC 元件呈低阻状态，因而启动绕组得以通过较大的电流，于是在启动和运行绕组产生的椭圆形旋转磁场作用下，电动机启动运转。由于较大的启动绕组电流流过 PTC 元件，使元件发热温度上升，经过 0.3 s 左右即可进入 PTC 元件的特性区，使温度超过居里点，PTC 元件的阻值随温度上升而急剧增加，呈高阻状态，使通过启动绕组的电流迅速减小到近于截止状态，电动机进入正常运行。显而易见，PTC 元件相当于一个无触点开关，控制启动绕组中电流的“有”“无”。应注意的是，电动机正常运转后，启动绕组和 PTC 元件支路仍有很小的电流流过，这个电流维持 PTC 元件自身温度值的稳定性，使其保持高阻状态。停机后，由于 PTC 元件的热惯性，不能立即降温，须经过 3～5 min 温度才能降到居里点以下，所以采用 PTC 元件启动的电冰箱，两次启动的时间间隔应大于 3～5 min。PTC 元件主要指标如下：

室温（25℃）电阻值：R＝15～40 Ω

工作电流：I＝10～20 mA

瓷片耐压：U≥300 V（50 Hz）

动作时间：0.1～0.5 s

最大电流：I_m＝7～8 A

高阻开路状态最低温度：120～130℃

居里点温度：50～60℃

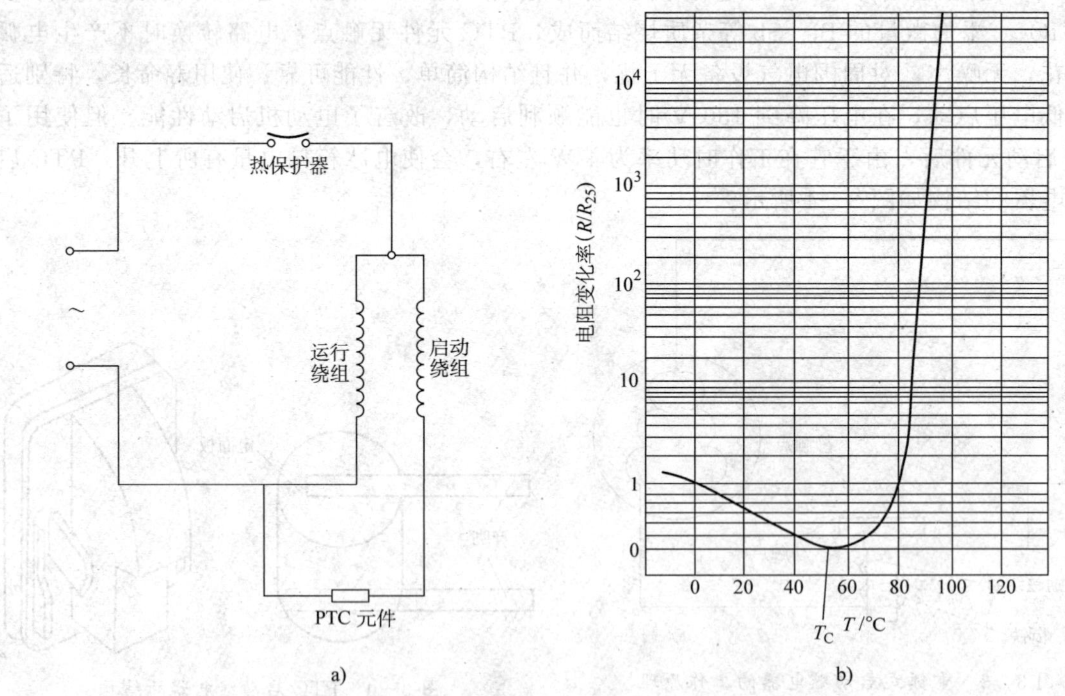

图 3—5　PTC 元件电阻温度特性及启动控制电路

a）启动继电器接线图　b）PTC 元件电阻温度特性

三、电动机保护装置

过电流和过热保护器又称为过载保护器，是电动机的安全保护装置。当压缩机负荷过大或发生卡缸、抱轴等故障，以及电压过高或过低而不能正常启动时，都要引起电动机电流增大；另外，制冷系统出现制冷剂泄漏时，压缩机连续运行，此时电动机的运行电流虽然比正常运行时的额定值低，但由于系统回气冷却作用减弱，也会使电动机温升过高。过载保护器的作用就是当出现上述故障时切断电源，保护电动机不被烧毁。

目前，家用电冰箱和房间空调器普遍使用的是双金属碟形过载保护器，如图 3—6 所示。它具有过电流和过热双重保护功能，一般与启动继电器装在一起，并紧贴于压缩机壳外表面。

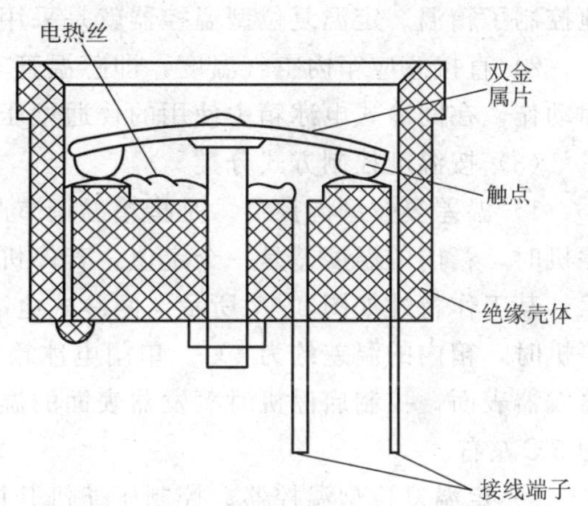

图 3—6 双金属碟形过载保护器结构

过载保护器由碟形双金属片，动、静触点，端子，电热丝，调节螺钉和锁紧螺母等组成。碟形双金属片由双层金属片构成，上层金属片热膨胀系数小，下层金属片热膨胀系数大。在正常工作状态时，碟形双金属片处于将端子间的电路接通的位置。

电路中的电流因某种原因超过额定电流时，电热丝即刻升温，使碟形双金属片受热向上翘曲，使动、静触点断开，切断电源。电源切断后双金属片温度逐渐下降，大约十几秒后双金属片复位。

如果电动机在运行过程中电流正常，而压缩机外壳因某种原因温度过高时，通过热辐射或热传导，碟形双金属片也会因受热而动作，切断电路，对压缩机电动机进行保护。碟形过载保护器的性能参数一般调定为：无电流负载时，触点断开温度为 100～110℃，复位温度为 70～80℃；当电动机两绕组同时通电，而电动机不能启动时，过载保护器应在 10 s 内断开；当只有运行绕组接通电源，而启动绕组没有接通电源，电动机不能启动时，过载保护器应在 30 s 内断开。

碟形过载保护器中双金属片的加热需要一定时间，一般为 10～15 s，才会弯曲变形切断电路，而电动机的正常启动时间只有几秒，因此这种过载保护器不会因启动电流过大而引起误动作。出厂时，其延时断开和复位时间都已调好，在使用与维修中不需要调整。

四、温度控制器

电冰箱的温度控制器又称温度继电器，简称温控器。它能对箱温及其幅差（温度波动范围）进行检测，并转换为电信号输出。实质上，温控器是一种对箱温及其幅差进行控制的电开关。此外，还有一类温控器是根据电冰箱内的温度变化控制箱内冷空气的循环量来控制箱内温度的，这种温度控制器称为风门温控器，它不接在电气线路上。

1. 电冰箱温控器的分类

(1) 按工作原理分类

1) 压力式温控器又称感温囊式温控器，其感温元件是感温管（毛细管）。箱温的变化使感温管内制冷剂压力变化，控制压缩机的启停时间或控制箱内冷空气的循环量来控制箱内温度。这类温控器在电冰箱中应用广泛。

2）电子式温控器分为两种：一种利用热敏电阻作为感温元件的称热敏电阻式温控器；一种利用二极管的PN结作为感温元件的称为半导体温控器。

（2）按温控器的感温方式分类

1）感应蒸发器表面温度，即感温管紧贴在蒸发器表面，以控制蒸发器的表面温度。由于箱温的高低会随蒸发器表面温度的变化而变化，因此，控制蒸发器的表面温度，也就间接地控制了箱温。定温复位型温控器就是采用这种感温方式。

2）直接感应箱内空气温度，即感温管安装在箱内适当的空间位置，根据箱内温度变化而动作。在间冷式电冰箱中使用的普通型压力式温控器，都是采用这种感温方式。

（3）按温度控制方式分类

1）温差复位型温控器。是指箱温调节凸轮旋钮在调节范围内的任何位置，压缩机启动、停机时，箱内的温度差是一个定值。若停机时箱内温度高，则开机时箱内温度也高，反之亦然，其工作特性如图3—7所示。间冷式电冰箱冷冻室采用温差复位型温控器，压缩机启动、停机时，箱内的温差约为4℃。单门电冰箱使用半自动融霜温差复位型温控器。感温管装在蒸发器表面，控制启停机时蒸发器表面的温差为8℃左右，融霜按钮复位时蒸发器表面温度为5℃左右。

2）定温复位型温控器。控制压缩机开机时，其箱温为固定值。无论停机时的箱温如何变化，开机时的箱温都是固定的，而停机的箱温随箱温调节旋钮位置的不同而不同，其工作特性如图3—8所示。这种温控器主要用于双门直冷式电冰箱的冷藏室，感温管紧贴在冷藏室蒸发器表面，蒸发器表面温度上升到0℃以上，4～5℃时压缩机才重新开机，以使蒸发器上的结霜在压缩机停机期间能自然融化而排出箱外。

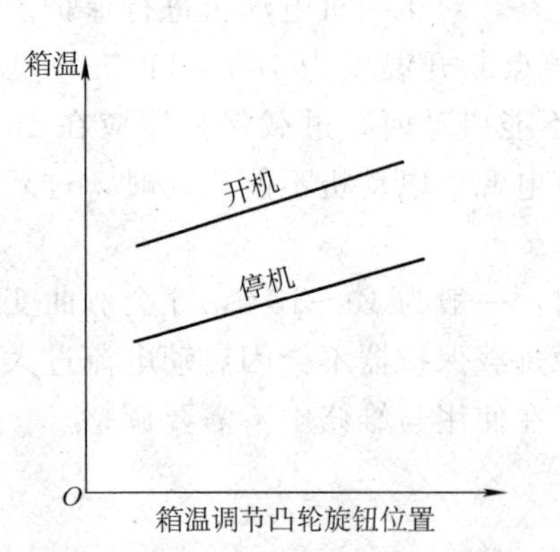

图3—7　温差复位型温控器工作特性

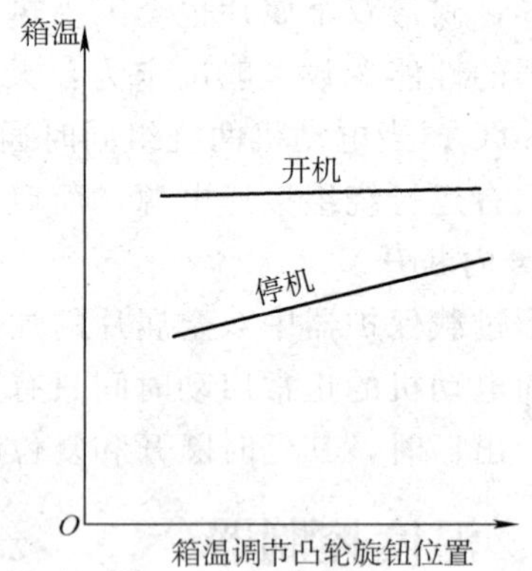

图3—8　定温复位型温控器工作特性

定温复位型温控器的停点是根据调节轴的给定位置而变化的，但开点是恒定的，通常为4℃或5℃。这种温控器主要用于双门直冷式电冰箱。它的感温管贴在冷藏室蒸发器上。无论调节轴在什么位置，每一次电触点断开、压缩机停止运转后，只有在冷藏室蒸发器温度上升到4℃或5℃时，温控器的电触点才会闭合，压缩机才得电运转。在停机期间，可以使蒸发器表面的霜融化掉。即每一次压缩机由停到开的期间，便是一次化霜过程，这是它的优点。但它的不足之处在于，当冬季环境温度较低（低于4℃）时，在压缩机停止运转后，温度也升不到启动点，这样便会因电触点不能闭合，压缩机长期不能运转而使冷冻室内储存的食品变质。为了克服这一弊病，有的电冰箱上采用温度补偿元件，即用一个小功率的电热丝设置在温控器的感温管旁边，且单独用一个补偿开关控制，在冬季可将其接通。由于电热丝的作用，使感温管的温度升高到 5℃以上，温控器电触点闭合，从而使压缩机运转。现在许多电冰箱用灯泡兼做补偿热源，即补偿开关打开后，灯泡在开门或关门的情况下都一直是亮的。

2. 温控器的工作原理

(1) 普通型压力式温控器

普通型压力式温控器的工作原理如图 3—9 所示。温控器上的静触头与接线柱相连。动触头（快跳活动触头）是杠杆的一端，杠杆另一端（固定点）与另一个接线柱相连。杠杆上有温度范围调节螺钉，螺钉借助螺纹与主弹簧连接，主弹簧的另一端固定在温控板上。温控板的位置由温度调节凸轮（箱温调节凸轮）确定。动触头的位移距离由温差调节螺钉的位置确定。感温管与传动膜片构成感温腔，腔内灌注感温剂，感温剂在感温腔内处于饱和状态。感温管的头部一小段紧贴在蒸发器的表面，以感知蒸发器表面的温度。

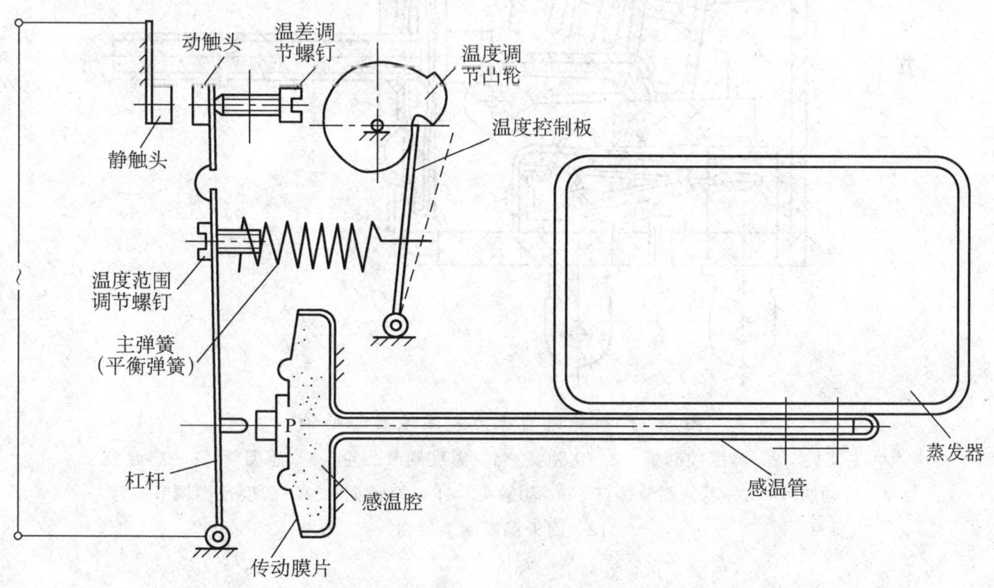

图 3—9　普通型压力式温控器的工作原理

当蒸发器表面温度变化，即箱温变化时，感温腔内的感温剂因温度变化而发生压力变化，于是波纹管或传动膜片相应地伸或缩，这样就把温度的变化转变成微小的位移。当箱温升到足够高时，感温腔内压力升高，波纹管或传动膜片向左方伸长，顶动杠杆，使动、静触头闭合，压缩机运转。压缩机运转后，箱温降低，感温腔压力下降，波纹管或传动膜片向右方收缩。当箱温降到足够低时，杠杆上主弹簧弹力克服波纹管或传动膜片对杠杆的顶力，使动、静触头断开，压缩机停止。

电冰箱常用的普通型压力式温控器的结构如图 3—10 所示，其为温差复位型，结构简单，组装、调整容易。温控器参数举例见表 3—2。温控器常见旋钮盘面指示符号如图 3—11 所示。

表 3—2　　温控器参数举例

类型	型号	弱冷点（℃）		中间点（℃）		强冷点（℃）	
		断	通	断	通	断	通
普通型	A-201	−17.5	−11	−22.5	−15.5	−28.5	−20
定温复位型	WDF2	−11.2	4±1.5	−20±2	4±1.5	−26±1.5	4±1.5

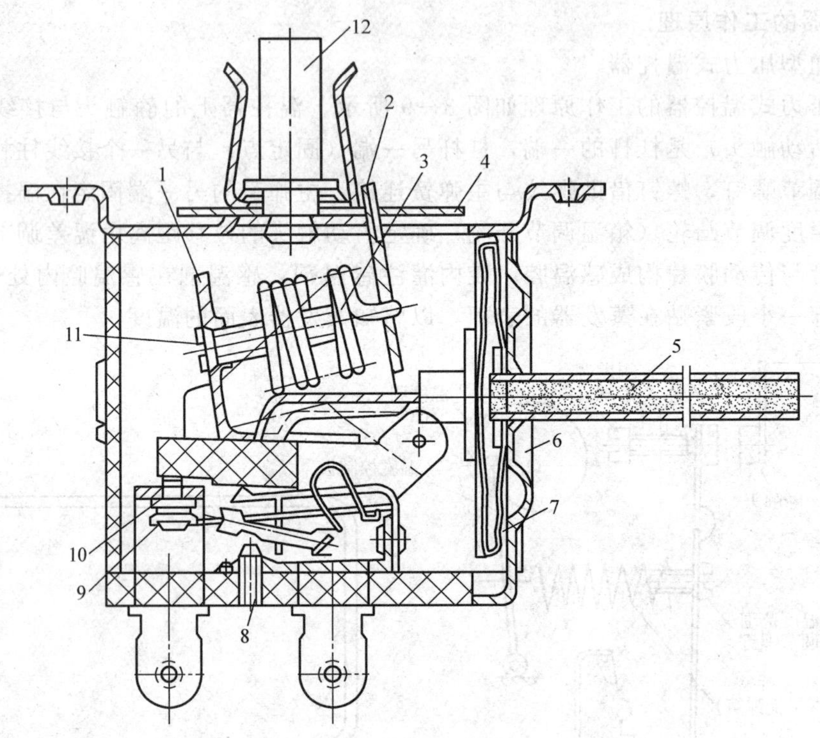

图 3—10　普通型压力式温控器的结构

1—主架板　2—温度控制板　3—主弹簧　4—温度调节凸轮　5—感温管　6—感温腔　7—传动膜片　8—温差调节螺钉　9—动触头　10—静触头　11—温度范围调节螺钉　12—面板温度调节旋钮

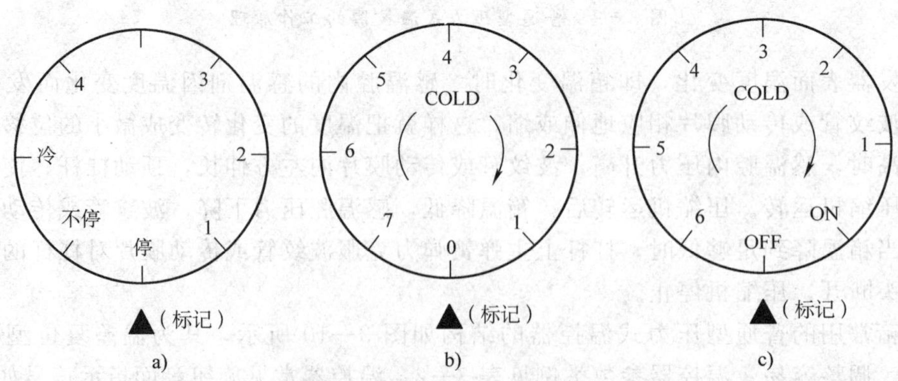

图 3—11　温控器常见旋钮盘面指示符号

（2）半自动化霜型温度控制器

半自动化霜型温度控制器的结构如图 3—12 所示，它是一种在直冷式电冰箱中应用最为广泛的温度和化霜控制装置。这种温度控制器在普通型温度控制器的基础上多加了一套控制化霜的机构。这套化霜机构主要包括化霜平衡弹簧、化霜温度调节螺钉、化霜弹簧、化霜控制板等零件。半自动化霜温度控制器除具有普通型温度控制器的功能外，还能对化霜进行控制。在需要化霜时，只要按下化霜按钮，压缩机就停止运转。制冷系统停止工作后，箱内温度随即上升，当蒸发器表面霜层融化，温度上升到 5℃左右时，化霜按钮自动跳起，压缩机恢复运转，制冷系统重新工作。半自动化霜型温度控制器的工作原理如图 3—13 所示。

1）温控原理。当化霜按钮未按下时，在主弹簧、化霜弹簧和化霜平衡弹簧合力的作用下，主架板的压点与感温腔传动膜片的力点贴合。如果此时蒸发器的温度升高，传动膜片左移并推动主架板绕固定点按逆时针方向转动，通过杠杆的作用，快跳触点与固定触点闭合，电路接通，制冷压缩机运转。制冷系统工作后，蒸发器的温度下降，当温度下降至预定值时，在三个弹簧合力的作用下，主架板绕固定点顺时针转动，快跳触点与固定触点断开，切断电路，压缩机停止运转。

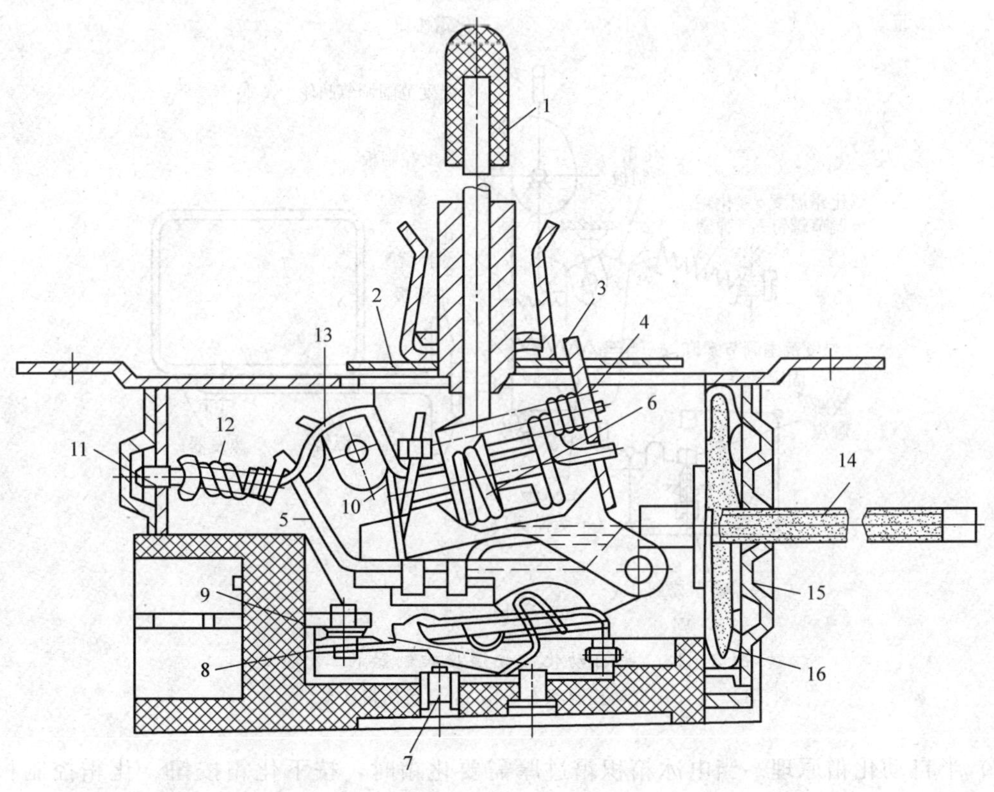

图 3—12　半自动化霜型温度控制器的结构

1—化霜按钮　2—温度高低调节凸轮　3—温度控制板　4—化霜平衡弹簧
5—主架板　6—主弹簧　7—温度调节螺钉　8—快跳触点　9—固定触点
10—温度调节螺钉　11—化霜温度调节螺钉　12—化霜弹簧　13—化霜控制板
14—感温管　15—减压腔　16—传动膜片

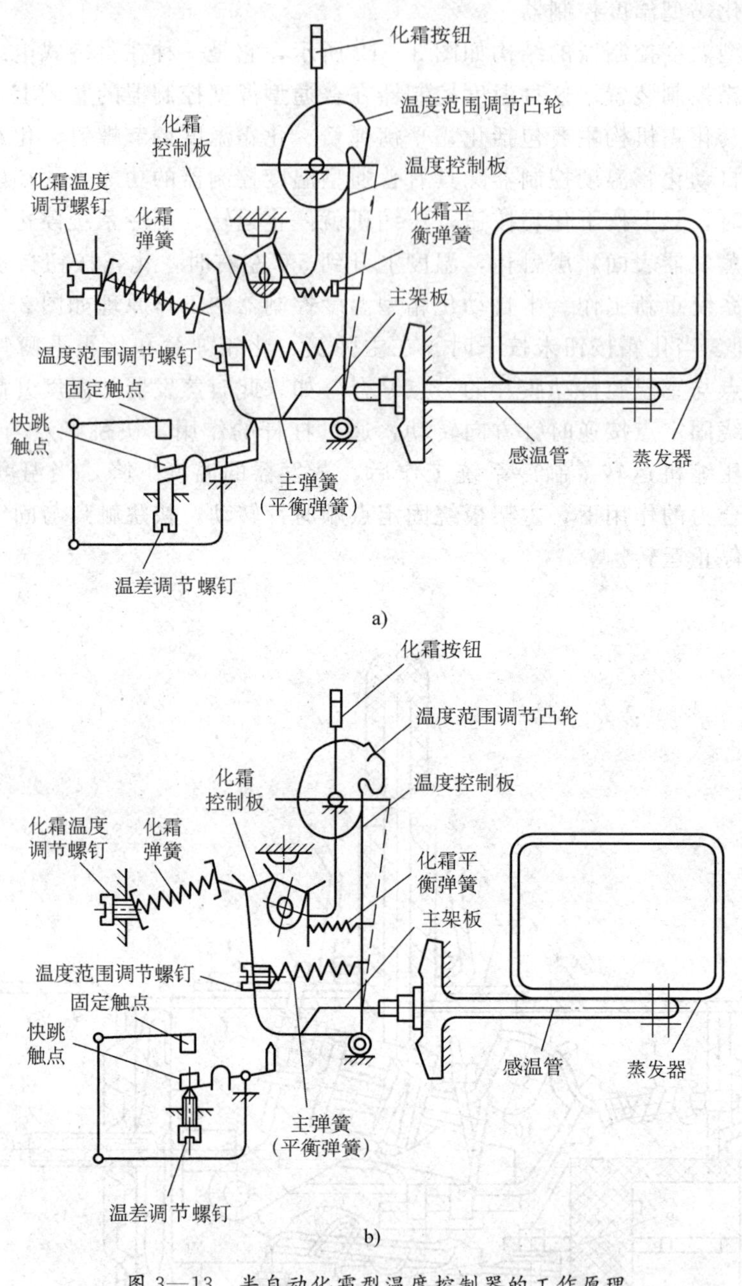

图 3—13　半自动化霜型温度控制器的工作原理
a）自动控温状态　b）半自动化霜状态

2）半自动化霜原理。当电冰箱积霜过厚需要化霜时，按下化霜按钮，化霜控制板左高右低，主架板绕固定点顺时针转动一定的角度，使快跳触点与固定触点断开，压缩机停止运转，制冷系统停止工作，箱内温度回升。按下化霜按钮后，由于弹簧位置的改变使得它们的合力增加，这就使膜片需要更大的左向推力才能使主架板按逆时针方向转动。因此只有当蒸发器表面温度升至 5℃左右时，感温腔传动膜片左向推力才能推动主架板下移，使触点闭合，重新启动压缩机。同时，化霜按钮随之跳起，恢复原冷点温度控制。在图 3—13 中，化霜平衡弹簧的作用是对化霜控制板构成力矩补偿，使温控器的化霜终了温度不会因主弹簧的拉长（即箱内温度升高）而增高。因此，不论温度旋钮置于哪一挡位，化霜终了温度能基本保持相同。

电冰箱箱内温度的高低、温度的范围和温差的大小可分别通过温度高低调节凸轮、温度范围调节螺钉和温差调节螺钉进行调整，其原理与普通型温控器基本相同。温度范围和温差大小一般不应自行调整，否则会影响化霜性能或造成化霜失控。

（3）电子式温度控制器

电子式温度控制器又称热敏电阻式温控器。这种温控器的感温元件为负温度系数的热敏电阻。所谓负温度系数是指电阻的温度越低，它的电阻值就越大的电阻特性。这种温度控制器的温控原理是：利用热敏电阻探测箱内温度的变化，使其自身的电阻值发生较大变化，电阻值的变化转化为电压的变化并经放大后，通过继电器来控制压缩机的运转与停止。

按所用电子线路中核心器件的不同，电子式温度控制器可分为分立元件、集成电路和单片型计算机式三种类型。图 3—14 所示为一种较为简单的分立元件式电子温度控制器的电路原理图。

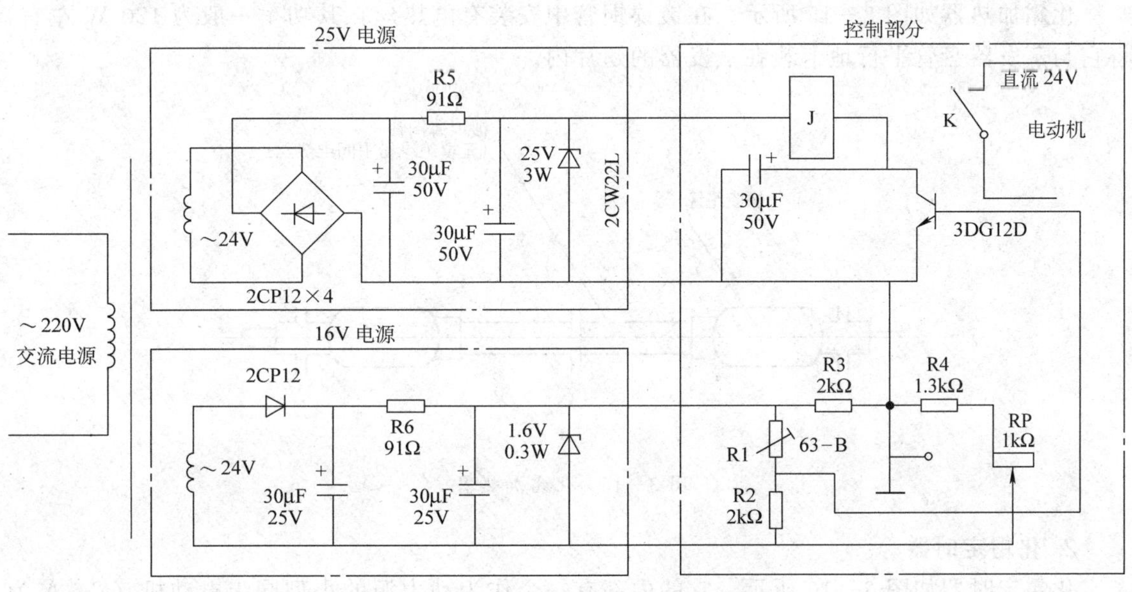

图 3—14 电子温度控制器的电路原理图

这种热敏电阻式温度控制器是根据惠斯登电桥原理制成的。图中的热敏电阻 R1，电阻 R2、R3、R4 与电位器 RP 组成了惠斯登电桥。

当温度旋钮调定后，电位器 RP 的阻值不再变化，而热敏电阻 R1 的阻值将随电冰箱温度的变化而变化。当箱内温度上升时，热敏电阻 R1 的阻值减小，使 R2 两端的电压上升。R2 的电压上升后，三极管基极的电位上升，而三极管发射极的电位仍不变。当三极管的基极电位升高到基射电压大于开启电压时，三极管出现基极电流和集电极电流。随着箱内温度上升，三极管的基极电流也增大。当箱内温度上升到预定值时，集电极电流增大到继电器 K 的吸合电流，继电器 K 的触点闭合，接通压缩机电动机的电源。制冷系统工作后，箱内温度下降，热敏电阻的阻值逐渐上升，三极管基极和集电极的电流逐渐减小。当箱内温度下降至预定值时，集电极电流减小至继电器的释放电流，继电器释放，压缩机电动机断电，制冷系统停止工作。当箱内温度回升至预定值时，压缩机又恢复运转。上述过程不断循环，电冰箱内的温度就可以维持在设定的范围内。

温控器中的电位器是用来调节箱内温度的。若要调低箱内温度，将电位器向顺时针方向调整，使其阻值减小即可。反之，将电位器向逆时针方向调整，使电位器阻值增大，箱内的温度就可以调高。

五、自动化霜装置

无霜电冰箱上普遍采用自动化霜方式，而且大多用电加热方法进行化霜。这种电冰箱将功率较大的绝缘的电加热器贴在蒸发器上。由化霜定时器隔一段时间接通化霜电加热器的电源，对蒸发器作电加热化霜。

用得较多的自动化霜控制方式中，自动化霜控制除化霜加热器外，再增加化霜定时器（又称为化霜时间继电器）、化霜超热保护熔断器及化霜温控器三个控制器件。

1. 化霜加热器

化霜加热器如图 3—15 所示。在镀镍铜管中安装有电热丝，其功率一般为 120 W 左右，将它与蒸发器盘管平行地卡装在蒸发器的翅片内。

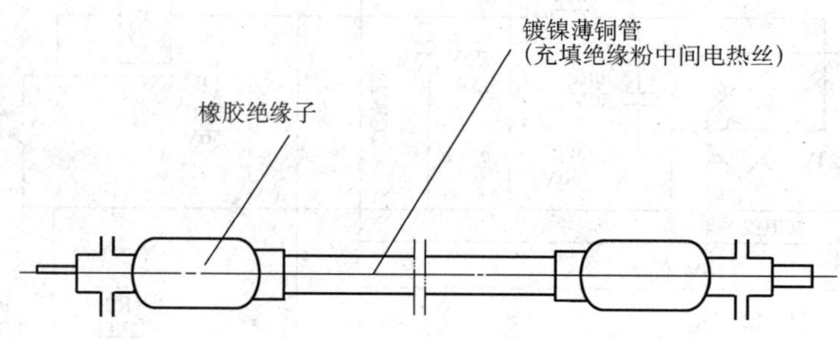

图 3—15 化霜加热器

2. 化霜定时器

化霜定时器如图 3—16 所示。它的内部有一个作为动力源的小型同步电动机（C—A 为线圈）、一组减速齿轮组及由凸轮控制的一组转换电触点。电动机通电后做匀速转动。经齿轮组减速后，驱动凸轮慢速转动。在凸轮运转时，贴在凸轮外缘上的三个簧片的相对位置会产生变化，如图 3—17 所示。制冷状态时，簧片上的动触头 C 与簧片 B 上的触头闭合，接通压缩机电动机的电源，如图 3—17a 所示。化霜状态时，簧片上的动触头 C 与簧片 B 断开而接通 D，使化霜加热器得电，如图 3—17b 所示。通常化霜定时器每隔一定时间（8 h 或 12 h）便会出现这样一次转换。

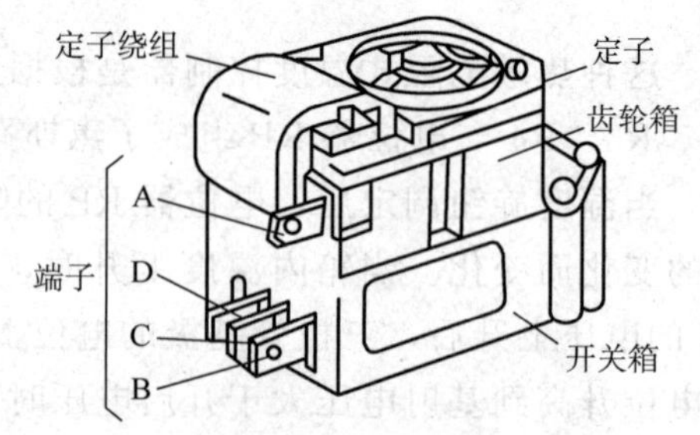

图 3—16 化霜定时器

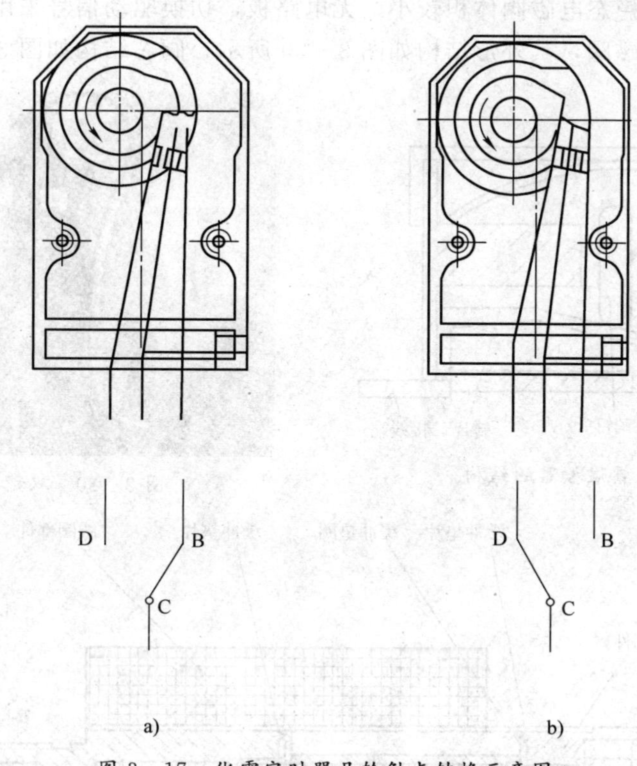

图 3—17　化霜定时器凸轮触点转换示意图

a）制冷　b）化霜

3. 化霜超热保护熔断器

化霜超热保护熔断器如图 3—18 所示。在它的塑料外壳中封装着一根由低熔点合金组成的熔断器。它也卡装在翅片管式蒸发器上。在电路中，它与化霜加热器串联。当温度升高到 65～70℃时，此低熔点合金会熔断，从而切断化霜加热的电源。一旦熔断后，不会复原，只能更换。

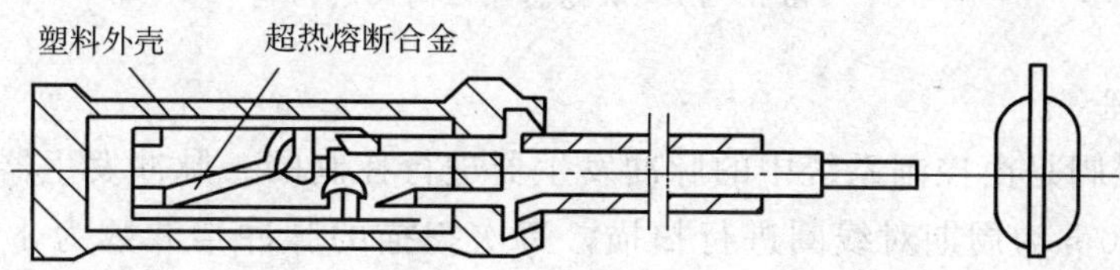

图 3—18　化霜超热保护熔断器

4. 化霜温控器

化霜温控器的结构如图 3—19 所示，一般设定为当化霜温度达到 13℃时触点断开，切断化霜电路，当化霜温度达到－5℃时触点吸合。

六、电磁阀

电冰箱多温区控制一般用电磁阀进行控制，有单稳态和双稳态两种。单稳态电磁阀体积和耗电量较大，而双稳态电磁阀体积较小，无电路板，切换驱动信号采用的是脉冲信号。这里主要介绍双稳态电磁阀，其外形结构如图 3—20 所示，阀芯结构如图 3—21 所示。

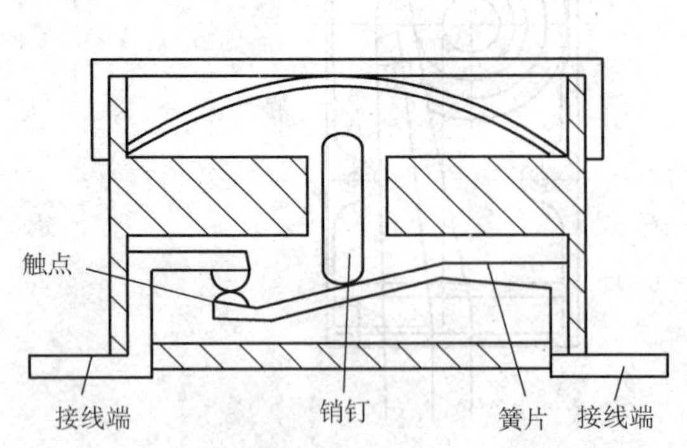

图 3—19　化霜温控器的结构

图 3—20　双稳态电磁阀

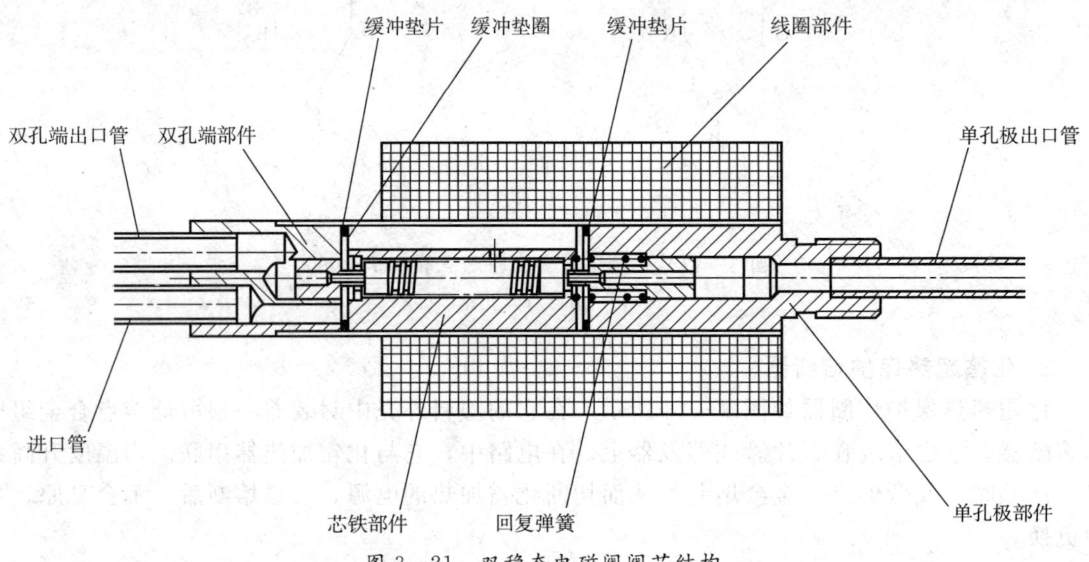

图 3—21　双稳态电磁阀阀芯结构

1. 工作原理

双稳态电磁阀是由控制系统中的脉冲发生器进行控制的。脉冲发生器输出半波直流脉冲电源，以 30～60 s 为周期对线圈进行扫描，每次扫描的脉冲半波数为 4～10 个，如果改变脉冲方向，则电磁阀换向。

双稳态电磁阀应用驱动电路如图 3—22 所示，电路标示点为关键检测点，控制信号经过光耦合后，送到可控硅门极，以控制电磁阀。

2. 双稳态电磁阀的特性

线圈电阻：(4.5±0.3) kΩ (25℃)

换向时间：≤1 s

绝缘电阻：100 MΩ

耐压力试验：10 MPa

开阀压差测试：注入 1.8 MPa 氮气，165 V 能可靠换向

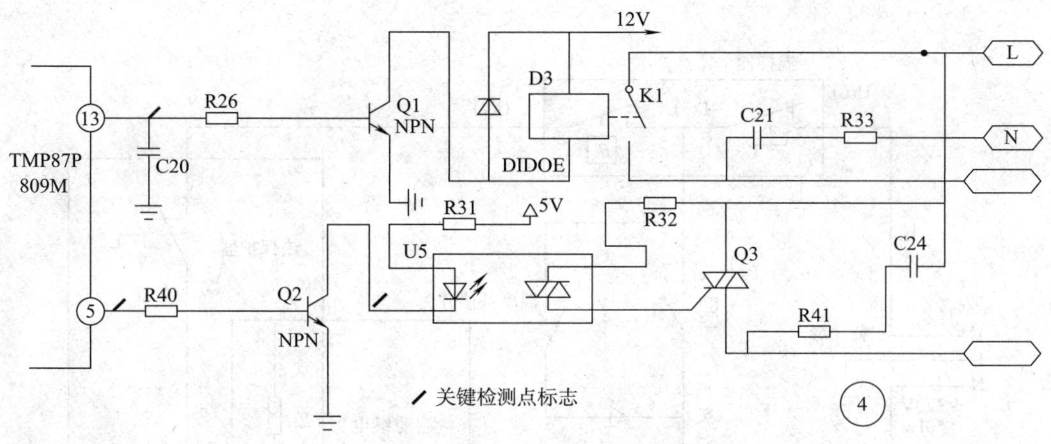

图 3—22　双稳态电磁阀应用驱动电路

内泄漏：注入 0.3 MPa 氮气，＜2 mL/min

流量：注入 0.3 MPa 氮气，＞900 L/h

寿命：500 000 次

额定脉冲电压峰值：220 V×1.414

§3—2　家用电冰箱电控系统的控制电路分析

一、直冷式电冰箱典型控制电路

典型直冷式电冰箱的控制电路如图 3—23 所示，由温控器、启动继电器、热保护器、内部照明灯、门开关、温度补偿开关等组成。

电冰箱运行时，当温度控制器旋钮处在 1—7 的位置时，由温度控制器按所设定的电冰箱温度自动地接通或断开电路；当温度控制器旋钮转到 0 位置时，切断电冰箱电源（H、L 脚始终断开)。图 3—23 中压缩机采用 PTC 启动器，采用照明灯作为补偿热源，当补偿开关闭合时，灯泡常亮，由于灯泡长时间工作容易损坏，串联一个二极管可以将灯泡电压减半，起到保护灯泡的作用。

二、风冷式电冰箱典型控制电路

如图 3—24 所示为典型风冷式无霜电冰箱控制电路图。压缩机通电开始运转，此时化霜定时器中的电动机 M1 与压缩机开始同步运行。当压缩机运行了预定时间（8～12 h）后，化霜定时器开关触点进行转换，触点 1 断开，压缩机随之停机。触点 2 接通，立即接通化霜停止温控器。由于双金属化霜停止温控器的内阻很小，可忽略不计，故把化霜定时器的电动机 M1 短路，电压全部加到化霜电加热器（排水电加热器与它并联）上，对蒸发器进行加热化霜。蒸发器上的凝霜全部化完后，其温度上升，当上升到化霜停止温控器的触点跳开温度［一般为（13±3)℃］时，触点跳开，于是切断了化霜加热器的电源，停止加热。与此同时，化霜定时器中的电动机 M1 开始转动，带动其内部凸轮转动，使化霜定时器的开关触点在

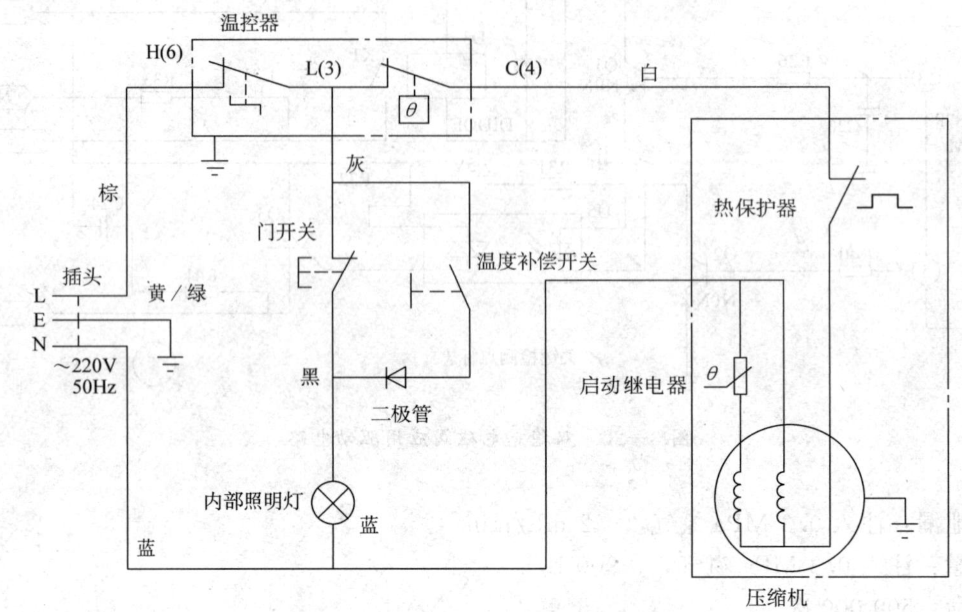

图 3—23　典型直冷式电冰箱的控制电路

2 min后复位，即触点 2 断开，触点 1 接通，压缩机重新开始运转，蒸发器的温度逐渐下降。直至降到化霜停止温控器的复位温度（一般为−5℃）时，化霜停止温控器复位接通，为下一次化霜做好准备，这样就实现了周期性的全自动化霜控制。

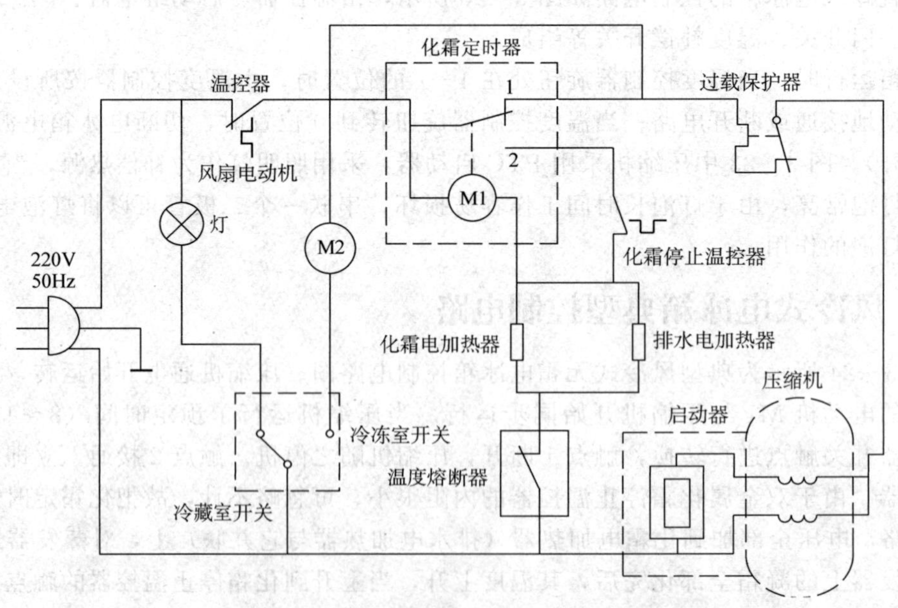

图 3—24　典型风冷式无霜电冰箱控制电路图

温度熔断器在化霜停止温控器失效时起作用。另外，门开关有冷藏室门开关和冷冻室门开关；冷藏室门开关控制冷藏室照明灯，门打开开关闭合，灯亮，反之灯灭；冷藏室和冷冻室门开关同时控制风扇电动机 M2，当制冷运行时，门关闭，风扇电动机工作；反之，风扇电动机不工作。

三、微型计算机电冰箱典型控制电路（见图 3—25）

现代豪华电冰箱已都采用微型计算机控制，这类电冰箱的使用功能多，温度控制精度高，耗电少，运行可靠，操作方便，故障自检，易于维修。这类电冰箱一般都在电冰箱上部门外侧设有操作面板、数码显示屏和各色指示灯。

1. 微型计算机的控制功能

（1）温度显示与控制

1）按钮设置电冰箱外的数码显示屏上，可显示冷藏室和冷冻室的温度。利用显示屏附近的冷藏室、冷冻室温度设置按钮，可随时设置两室所需的温度及压缩机启停的温度差。各色指示灯将显示压缩机的启停和电冰箱所处的状态。

2）全自动温度控制。采用模糊控制技术的变频电冰箱，箱内温度不需人工设置，而是由计算机依据模糊控制规则对电冰箱实行全自动温度控制。它根据多个温度传感器采集的箱内各室温度和环境温度，由计算机运用模糊神经推理得出温度变化率和确定箱内食品温度，并计算出控制量，控制变频压缩机的转速、风机的运转和风门的开度，以达到最佳运行状况和获得最佳保鲜储存效果。模糊控制的神经网络还具有学习、记忆功能，它能学习和记忆使用者的调节要求、环境温度、箱门的开启次数及食品的取放等信息，并将它们预置于控制程序中，再自动借助存储器内储存的专家系统，选择对电冰箱的最佳控制方案（如各室的温度、制冷回路的选择等），从而实现全自动温度控制。

3）低温自动补偿。智能化程度较高的电冰箱设有环境温度传感器，当环境温度偏低（<16℃）时，计算机会令低温补偿电热丝通电，实现低温自动补偿；环境温度高于 16℃时则断开此电热丝电路，退出补偿状态。这样可使电冰箱始终保持理想的制冷与节能运行状态。

4）多温区自由变温。变温电冰箱设 2 个以上制冷循环回路，通过计算机对制冷剂流向和流量进行精密控制（温度精度最高可达 0.5℃，一般可达 1℃），按需要使制冷回路适时切换，可跨越冷藏（7℃）、冰温（－3℃）、软冷冻（－7℃）、冷冻（－18℃）和深冷冻（－28℃）五大功能温区，实现自由变温，按不同储存温度要求有针对性地保存食品，提高食品的储存质量，并使快速冷藏、冰温、软冷冻和快速无菌冷冻能方便地实现。

5）速冻及保温运行。计算机控制电冰箱多为双回路制冷系统，使用者利用操作面板上的速冻按钮，可自动选择制冷回路，使冷冻箱单独快速制冷，可以一次性存入较多的食品。经设定冻结时间或达到所需的冻结温度后，计算机将令电冰箱自动转入保温运行状态，以达到节能的效果。

（2）自动化霜

计算机根据自动检测到的压缩机累计运行时间、箱门的开启次数和开启时间长短及环境温度等参数，判断是否需要化霜。当需要化霜时，计算机将令压缩机、风机停止运行并关闭风门，同时令化霜电热系统通电发热化霜。经设定化霜时间后令压缩机启动运转，再经设定延时时间后令风机运转，使电冰箱恢复正常运行制冷。

（3）自动制冰

电冰箱内设储水盒与储冰盒。电冰箱可自动从储水盒中抽水制冰，并将冰块自动翻转倒入冰盒中。智能化程度高的电冰箱可自动判断水盒、冰盒状况，如水盒是否有水、是否要换水、冰盒中冰块是否装满等。有些电冰箱还具有制冰的自动清洁功能，以保证冰块的洁净卫生。

（4）多种保护和报警功能

1）电源过欠压保护。电源电压高于 245 V 或低于 169 V，令压缩机自动停止，并报警提示。

2）压缩机断电延时保护。保证压缩机停机后延时 3 min 才能启动。

3）箱门开启时间过长提示。箱门的开启时间不宜过长，当开启时间超过 1 min 时，会自动报警提示。

（5）故障自检及报警功能

计算机控制的电冰箱对电动机、温度传感器、电热丝、继电器和风门等重要部件具有自检功能，这些部件出现故障时可给出相应显示，帮助维修人员迅速查找并排除故障。出现严重故障，电冰箱能及时停机并报警显示；对有些危害不大的小故障，电冰箱有自我修复功能，如不能自动制冰时，电冰箱会先自动取消该功能，仍保持正常运行制冷。

2. 电冰箱微型计算机控制电路

微型计算机控制电路由有强大功能的专用集成电路芯片（单片机）和其外围电路组成。图 3—25 所示为比较典型的电冰箱微型计算机控制电路。

该电路由主控板、负载电路和显示板三大块组成，彼此通过接插件连接。负载电路包括压缩机电动机及启动电路和过载保护、风机电动机、化霜加热器和过流保护熔断器、冷藏室照明灯和门开关等。显示板置于电冰箱门外侧适当位置，有多组 LED 指示灯组成阵列，用不同发亮组合显示不同的功能；显示板上还有冷冻室温度设定和速冻两个按钮。主控板采用较先进的东芝微机芯片 TMP87C408N 作主控器（IC1），主控板上其他集成电路芯片还有：三端集成稳压器 7812（IC2）和 7805（IC3），反相驱动器 KD65003（IC4），光电耦合器 PC512（IC5），复位芯片 KIA7042P（IC6）和同相驱动器 TD62783（IC7）等。CON1、CON2、CON101、CON3 等为接插件。

四、变频电冰箱电路原理

如图 3—26 所示，变频电冰箱与常规电冰箱相比增加了对压缩机的监控，由主电源电路、辅助电源电路、主控芯片（CPU）电路、晶振电路、复位电路、操作显示电路、接口电路、风机电路、温度传感器电路、开关电路、加热器电路、照明电路、阀门电路、蜂鸣器电路、变频控制电路及变频压缩机等组成。在计算机控制下，输出驱动信号的频率通过变频控制电路板来调节变频压缩机的转速，进而实现精确控制冷藏室、冷冻室、变温室及制冰机的温度。

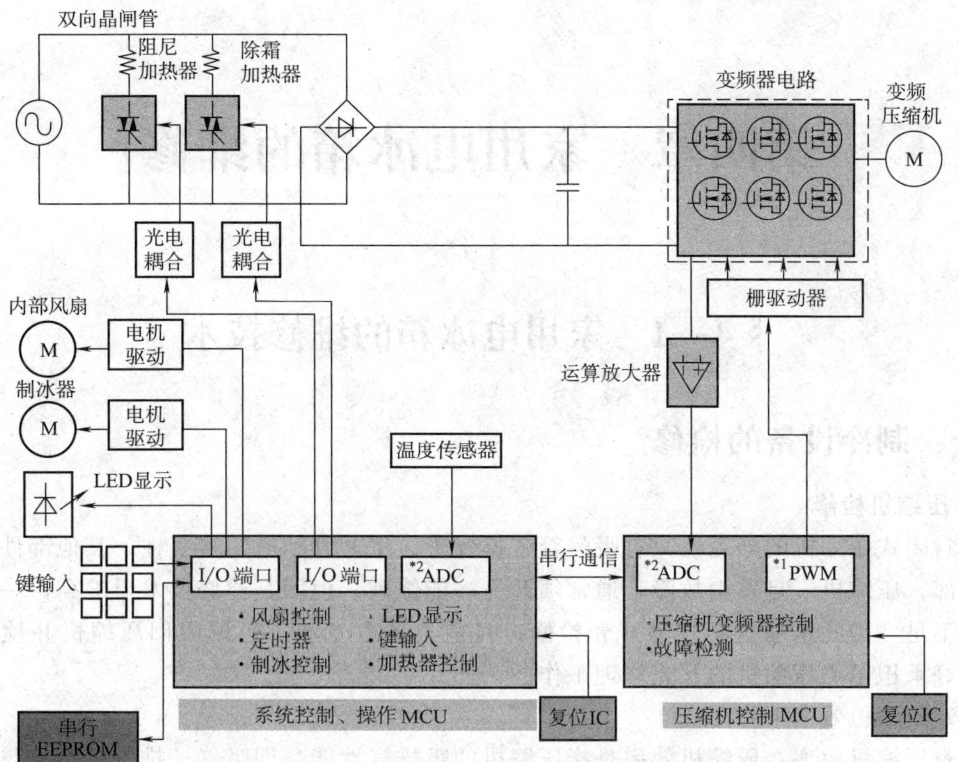

图 3—26　变频电冰箱电路原理示意图

第四章　家用电冰箱的维修

§4—1　家用电冰箱的维修技术

一、制冷设备的检修

1. 压缩机检修

全封闭式压缩机的外壳上只有吸气管、排气管、工艺管和电源接线柱，其他部件都密封在其内部，压缩机一旦发生故障，通常须开壳才能修理。但因其检修技术要求高，一般维修部设备不足，因此压缩机不轻易开壳检修。目前市场上专业工厂回收旧压缩机并检修、翻新，正好承担了旧压缩机的开壳修理工作。

（1）压缩机效率下降

检查压缩机效率：压缩机效率是指压缩机的吸排气性能，即吸气、排气阀阀片与阀板密封性，以及活塞与气缸的密封性。新的或检修后的压缩机装到制冷系统中之前、制冷系统制冷效果下降、对制冷系统加制冷剂无效等情况下，应检查压缩机效率。压缩机效率可采用简易方法与精确方法检查，这里介绍简易方法。

1）第一种方法。对于装在制冷系统中的压缩机，割断压缩机外壳上的吸气、排气管，启动压缩机。用大拇指按住排气管让压缩机压气，当压气至大拇指按不住时，再用大拇指按住吸气管，若感到有较大吸力，一般认为压缩机是可用的。

2）第二种方法。在压缩机的排气管口，焊接一段直径 8 mm、长约 20 cm 的铜管，铜管另一端接压力表（量程为 0～2 MPa）。启动压缩机，在 5～10 s 内压力表压力可以达到 2.5 MPa，停机后 5 min，压力表压力下降不超过 0.1 MPa 为合格。

压缩机效率下降原因之一是吸气、排气阀片与阀板磨损引起密封性不良。不具备开壳修理条件的可直接更换压缩机。

（2）响声异常

压缩机出现异常响声后，应判明响声是来自其外部还是内部。在压缩机外部，制冷系统管路相碰、压缩机底部螺栓松脱等都会发出敲击声。

在压缩机内部，活塞销与连杆小头及活塞销座之间的间隙因长期磨损而增大，严重时会发出“嗒嗒”的敲击声；压缩机内各减振弹簧的拉力不一致或运输时没有垂直放置，使某弹簧脱落、断裂也会从机壳内发出“哨哨”连续不断的响声。另外，制冷系统方面的故障也会产生类似的响声，如液击声，制冷剂过多时压缩机发出的“嗡嗡”声等。因此在修理过程中应区别对待，对于响声明显异常的故障要及时处理，以免造成更大的损伤。

（3）抱轴和卡缸

当压缩机的润滑油充灌不足、油质恶化、内含杂质或油路堵塞造成润滑不良，以及零部件间的配合不当时，会使运动件磨合面相互抱合而不能运动，从而出现抱轴或卡缸现象，可用如下方法排除：

1）敲击法。如图 4—1 所示，将木块置于压缩机顶部中心位置，用锤子猛然敲击，然后围绕压缩机的四周进行敲击，敲击后接通电源 2～3 s，若一次不能启动，可反复进行几次。注意通电时间不能过长，否则可能会烧坏压缩机电动机。

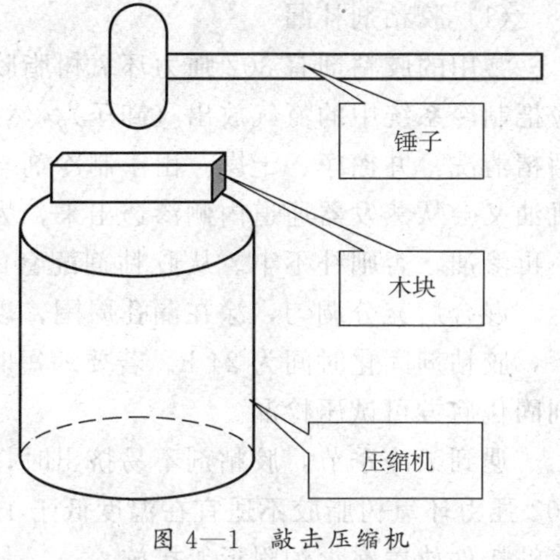

图 4—1 敲击压缩机

2）人工强行启动法。人工强行启动的实质即增大压缩机电动机的启动转矩。可以在启动绕组中串联一只容量为 75 μF/400 V 的交流电容器，将电压增大（280 V 以下）。

3）加温法。将压缩机从系统中拆下，放入加热箱中加热，恒温 120℃左右加热 3～4 h，利用加热过程中机件内外的膨胀差，使咬合部位的间隙增大，黏稠性下降，从而有利于松动。加热后可再进行人工强行启动。

2. 冷凝器的故障排除

在电冰箱的制冷系统中，冷凝器的故障率相对较低。可能发生的故障有：冷凝效果差、冷凝器出现漏点等。

（1）冷凝效果差的故障排除

当冷凝器内存在空气或油垢过多时，冷凝效果将变差，制冷量也将下降。

1）在空气制冷系统工作时，空气在冷凝器中形成不凝性气体，占据了冷凝面积，冷凝压力和冷凝温度升高，使散热性能变差，从而导致制冷量下降。排除的方法是：对系统重新抽真空，当真空度达到要求后，重新充注制冷剂。

2）油垢过多。在电冰箱工作过程中，由于冷凝器温度较高，制冷剂和润滑油流经时，在盘管内壁就会形成油垢，使冷凝器的散热性能下降。清除油垢的方法是：用焊枪焊开冷凝器与压缩机高压排气管的连接处和毛细管与干燥过滤器的连接处，最后焊下干燥过滤器，将冷凝器的进口与氮气钢瓶的减压阀相连，打压至 1 MPa，然后用手指交替堵住和松开出口，使油垢从出口排出。为提高清除效果，也可在冷凝器中灌入四氯化碳，然后用氮气打压吹净并干燥处理，再更换同规格的干燥过滤器，将系统重新焊好即可。

（2）冷凝器漏点的修复

外露式冷凝器出现漏点时，只需将其漏点补焊好即可。当内藏式冷凝器出现漏点时，修复比较复杂。在修复前，应通过打压（冷凝器中充入约 0.8 MPa 的氮气）并用耳听漏声初步判断泄漏部位，然后在箱体外壳局部开口进行检漏、补漏工作。由于箱体开壳影响美观，且漏点不易查找，因此处理时可改装成外露式冷凝器。方法是：在适当的位置断开内藏式冷凝器两端的连接管，将外置式冷凝器按原系统流程焊接好，并固定在箱体后背的适当位置，新冷凝器的传热面积应等于或稍大于原冷凝器的传热面积。

3. 蒸发器检修

蒸发器的主要故障是泄漏，对于翅片蒸发器内部泄漏，通常只能将蒸发器更换；对管板式蒸发器内漏，拆背板挖泡补漏非常困难，可在电冰箱内胆外面用紫铜管重新布置蒸发器，置换原来的蒸发器，但这样会影响电冰箱的美观；对层架式蒸发器、铝板吹胀式蒸发器可采用补漏方法维修。由于焊接补漏容易烧坏电冰箱，一般采用以下补漏方法：

(1) 胶粘剂补漏

常用的胶粘剂有302强力环氧树脂胶、CX212型胶粘剂、JC－311型胶粘剂等。补漏时应把制冷系统中的氮气放出（卸压），然后将漏孔周围胶接面用刀片轻轻刮研，再用汽油或酒精清洗，并擦净、干燥。由于制冷剂与冷冻机油能相互溶解，因此，漏孔周围清洗后冷冻机油又会从蒸发器通道内侧渗透出来，为此要经过多次清洗，做到最后一次清洗后漏孔周围不再渗油，否则补不牢。从胶粘剂配套的A、B两管中挤出等量的原料于玻璃板或塑料板上，混合后充分调匀，涂在漏孔周围，以能覆盖孔洞周围2 mm宽为好。在室温20～25℃下，胶粘剂固化时间为24 h。若要缩短时间，可用25 W或40 W灯泡烘烤胶粘剂，等胶粘剂固化后方可试压检漏。

遇到天冷季节，胶粘剂不易挤出时，将胶管放至温暖处稍待片刻即可。有的胶粘剂，如302强力环氧树脂胶不适宜在温度低于15℃时固化，为此可采用电灯泡烘烤、胶接件预热或将粘接件放置在火炉附近等措施。

若要增加胶接强度，可进行第二次增补，但应在第一道胶粘剂固化后，用细砂纸轻轻打磨胶粘剂及周围金属表面，方可将胶粘剂涂上，其范围可比第一次稍宽。增补时，一次用胶量不可太多。

若漏孔较大，可先剪一块厚度约1 mm，面积略大于孔洞的方形金属片，擦净、除油后置于孔洞上，用针尖顶住后上胶，固化后再进行第二次增补。

注意事项：除铝蒸发器外，不锈钢蒸发器、铝蒸发器的铜铝管接头、冷凝器及管路的泄漏，均可用胶粘剂修补，但毛细管接头不宜用胶粘剂修补，以免堵塞毛细管。

(2) 锡焊补漏

铝板式蒸发器泄漏通常情况下应更换，但也可修补，除了胶补外，还可用摩擦焊焊补，后者适用于漏孔直径为0.1～0.5 mm的场合。焊剂的配方是：松香粉50%、石英粉20%（用80目铜丝网过筛）、耐火砖粉30%（用80目铜丝网过筛，也可用生铁粉代替），三者混合。焊补时先清洗漏孔周围，在漏孔周围撒焊剂粉。用100 W电烙铁焊头沾上较多的焊锡，一面拿电烙铁用力在焊接处摩擦，以除去铝表面的氧化层，一面熔锡，焊锡便可牢固地附在铝的表面，漏洞即被补好。此时，趁热用布将焊粉擦去，然后再用电烙铁加一道锡即可。焊补后用酒精清洗补漏周围，并用塑料垫在铜管与蒸发器之间，以消除微电极影响。蒸发器固定原位后，对制冷系统用0.8 MPa压力检漏，因焊补处的承压能力较低且漏孔在低压区。检漏合格后抽真空、充注制冷剂。

(3) 压接环补漏

若抽屉式电冰箱铜铝接口漏，可用压接环补漏。

1）将扩口头装于压接钳一端，另一端装上铝管，如图4—2所示，扳动两把手扩口。

2）将压接环套入铜管（大头向铝管），铜管插入铝管内。将压接液滴于铜铝连接缝处，如图4—3所示，装上压接钳，扳动两把手压接。

4. 毛细管的故障与排除

(1) 毛细管脏堵、油堵

故障现象：压缩机能启动、运行但不制冷，蒸发器流水声消失，排气管与冷凝器不热。

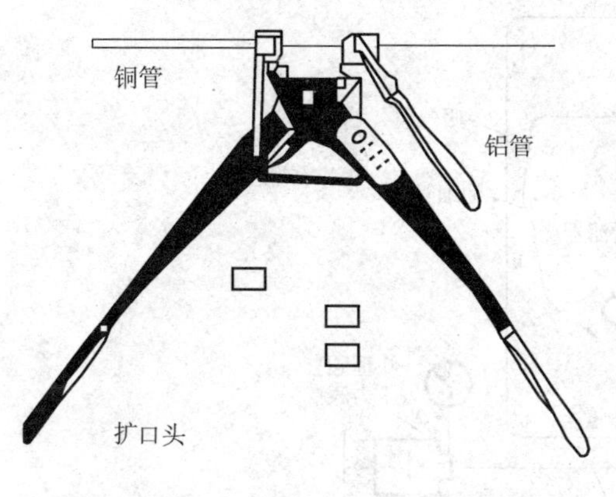

图 4—2　扳动两把手扩口

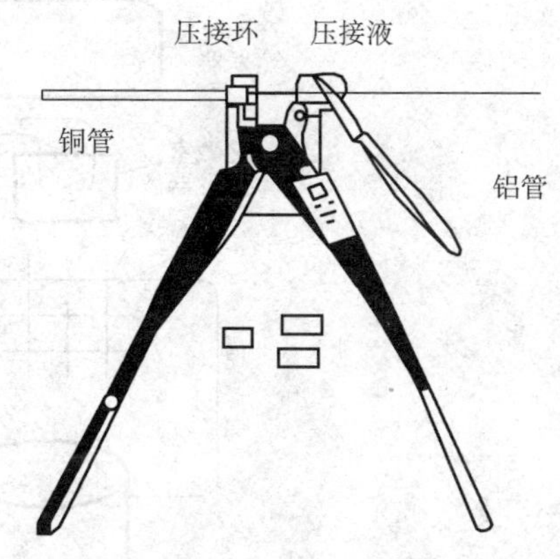

图 4—3　装上压接钳，扳动两把手压接

用手摸各接头焊缝，没有发现油迹，初步判断不是泄漏引起。割断压缩机工艺管有大量气流喷出，表明制冷系统没有泄漏，而是堵塞或压缩机有故障。输入电流小于额定电流，表明压缩机的故障可能性很小。在工艺管接压力表与制冷剂钢瓶，充灌 R12 约 0.2 MPa，关钢瓶阀与修理阀，启动压缩机，修理阀真空压力表呈真空，停机后真空压力表压力回升极慢，表明毛细管或干燥过滤器堵塞。烤化毛细管与干燥过滤器接头焊缝，拆下压力表和制冷剂钢瓶，打开压力表，启动压缩机，用手感受干燥过滤器出口有无排气，若有排气，表明毛细管堵塞。毛细管堵塞的一个原因是油堵。冷冻机油与制冷剂能相互溶解，溶解度与温度有关，温度低溶解度减小。它们流经毛细管时，部分冷冻机油从制冷剂中分离出来，油中蜡组分也析出，粘在毛细管管壁上。若冷冻机油不纯，制冷剂所含杂质过量，以及制冷系统在长期运行中产生的一些碳化物等，这些杂质与冷冻机油混合，成为浆糊状物，并逐渐增多，引起毛细管堵塞。

毛细管堵塞的另一原因是干燥过滤器失效，使干燥剂（分子筛）的碎物、金属粉末等机械杂质穿过过滤网进入毛细管，导致毛细管堵塞。这种堵塞多发生在毛细管的入口段。

故障排除：用氮气或制冷系统本身压缩机“打压”，对制冷系统进行吹除。同时应更换干燥过滤器。压力吹除时，若从压缩机排气管顺着制冷剂流动方向吹除，由于堵塞点多在毛细管入口段，会使杂质越挤越紧，吹除效果不好。从毛细管出口端向入口端吹除（反向吹除），效果较好，其操作如图 4—4 所示。毛细管故障排除后检漏、抽真空、充制冷剂即可。

（2）毛细管冰堵

故障现象：启动压缩机，开始时蒸发器结霜正常，压缩机排气管与冷凝器都会变热，有连续的气流声，箱温也能降下来。后来气流声逐渐变得断断续续，经过一段时间后，蒸发器霜层融化，压缩机排气管与冷凝器都不热，箱温回升，以至不制冷，气流声消失。经一段时间运行后，电冰箱又恢复正常工作，这种现象反复出现。

故障原因：电冰箱制冷与不制冷按一定时间间隔反复出现，这是电冰箱毛细管发生冰堵的特殊现象。检查毛细管出口段有一处有冰珠出现，此处内侧为冰堵处，用加热法（用热湿布包扎或电吹风吹热等）使冰珠融化，毛细管内侧冰堵处的冰也会融化，故障会暂时排除。

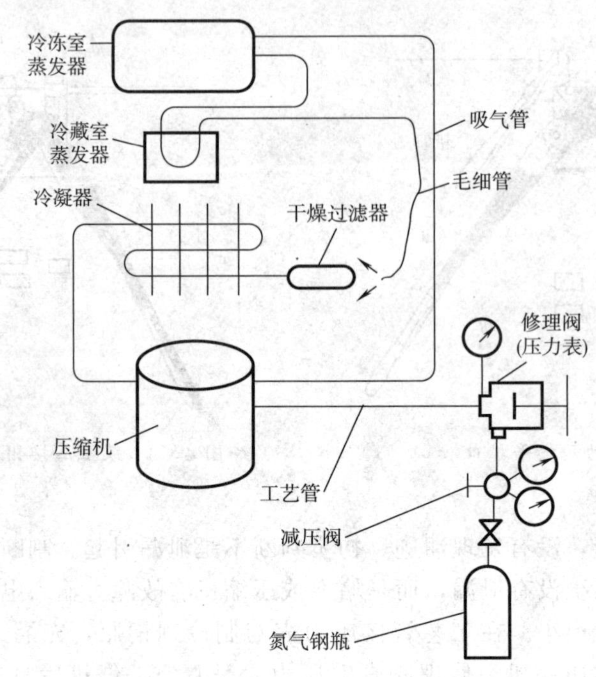

图 4—4 用氮气反向吹除毛细管堵塞物

制冷剂和冷冻机油含有水分，制冷系统在检修过程中侵入较多水分，制冷系统中干燥过滤器的干燥剂失效等，使制冷系统中水分过量而呈游离状态，随制冷剂在制冷系统中循环，在毛细管温度低于0℃的出口处，水分逐渐结冰，由小变大，导致毛细管堵塞（冰堵）。冰堵后制冷系统中的制冷剂不能循环，使制冷系统低压呈真空，不制冷。由于不制冷，使毛细管温度慢慢回升，冰堵处的冰逐渐融化，制冷系统又恢复制冷。如此反复出现，使制冷与不制冷间隔进行，水分越多，间隔时间越短。

故障排除：制冷系统更换干燥过滤器、重新抽空、干燥、割断压缩机工艺管放出制冷系统中的制冷剂，在工艺管接修理阀与真空泵，对制冷系统重新进行加热抽空，抽空时间一般3～4 h，加热温度应高些，才能把制冷系统水分驱赶干净。

二、电冰箱制冷系统的检修

电冰箱制冷系统故障，如漏制冷剂、堵塞等，特别是制冷系统配件进行了更换后，一般都要进行检漏、抽真空、充制冷剂、检测等工序；制冷系统里面如果脏污严重要进行清洗；如果冷冻机油缺失严重就要补充。

1. 检漏

电冰箱制冷剂充注量较少，一台普通 R600a 电冰箱只有几十克制冷剂，因此对制冷系统的密封性要求很高，所有管路接头都采用焊接或胶粘接方式连接，维修时检漏过程要求严格。主要检漏方法有：

(1) 油污检漏法

由于制冷剂中夹带有冷冻机油，如有泄漏，在泄漏处会留下油污。泄漏严重的可以肉眼看到，泄漏不明显的可以用洁白的棉花或白纸按住可能泄漏部位，然后观察棉花或白纸上是否有油污，如有则说明该部位泄漏。检漏重点部位为各个焊缝。

(2) 压力检漏法

割断压缩机工艺管封口，在工艺管上焊接一根针阀，并使其与修理阀（即压力表）连接，如图 4—5 所示。

修理阀接氮气瓶，打开修理阀与钢瓶阀，并调整钢瓶阀至 1.2～1.5 MPa，压力平衡后关闭钢瓶阀和修理阀。用毛笔蘸肥皂水或洗洁精涂抹检漏部位，观察是否有气泡冒出，若有说明该部位有渗漏。这时应放气，旋下工艺管与修理阀的连接螺母，然后进行补漏。再按上述操作重新检漏，直至所有检漏部位都没有气泡冒出为止。

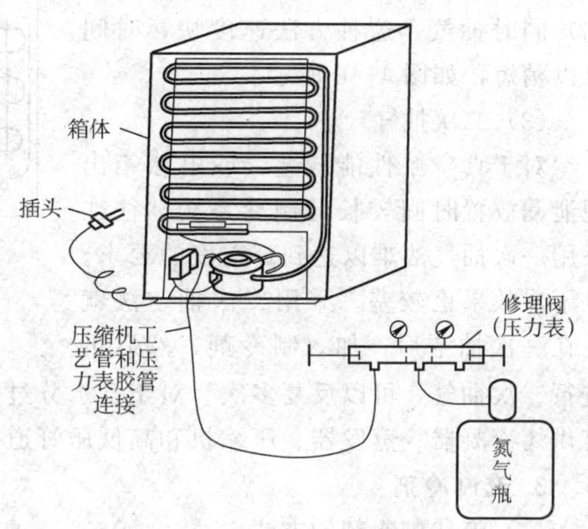

图 4—5　电冰箱检漏操作示意图

肥皂水检漏合格后还要进行压力检漏，即向制冷系统充灌氮气 1.2～1.5 MPa，关闭修理阀与钢瓶阀，放置 10 h 以上，观察修理阀压力表的数值，如果压力不变或略有降低（降低值不超过检漏压力的 3%），则压力检漏合格，反之应重新进行检漏、补漏。

注意事项：

1）压力检漏时如果没有氮气，也可用干燥的压缩空气，还可另备一台电冰箱压缩机，使其排气管与修理阀相接，进行打压检漏。如果上述条件都不具备，也可用制冷剂钢瓶内的制冷剂充气检漏，但很浪费，且检漏压力小，如用 R12 只有 0.8 MPa 左右，另外，其压力随温度变化，波动也很大。

2）压力检漏是一种比较彻底的检漏方法，电冰箱制冷系统更换部件、补漏以后，通常要进行压力检漏。压力检漏还常用于单个部件（压缩机、冷凝器、蒸发器）的检漏。

(3) 浸水检漏法

浸水检漏适用于能拆卸下来的制冷部件进行单独检漏。先向被检部件内充入 1.0 MPa 左右压力的氮气，然后将部件浸入水中，观察 1 min 左右，无任何气泡冒出为合格。

2. 抽真空

电冰箱在充注制冷剂前，必须严格进行抽真空处理。抽真空的目的有两个：一是排除制冷系统中的不凝性气体（如氮气等），不凝性气体可使冷凝压力、温度和排气温度升高，压缩机功耗增加，恶化制冷条件，使制冷量下降；二是排除制冷系统中的水分。抽真空时由于压力降低使残留的水分汽化，被真空泵抽出，从而可有效地避免发生冰堵。另外，利用抽真空还可进行系统气密性检查。

根据抽真空接管形式可分为单侧抽气法和双侧抽气法；根据抽气次数可分为一次抽气法和二次抽气法。在没有真空泵的情况下，用压缩机代替真空泵也可以达到抽真空的目的。

(1) 单侧抽气

单侧抽气是从压缩机的工艺管处（即低压侧）抽气。由于毛细管的阻力，这种方法速度慢。通常用抽气速率 1 L/s 的真空泵抽 30 min 以上即可，水分越多抽真空时间要求越长。

（2）双侧抽气

双侧抽气是从压缩机的工艺管处（即低压侧）和过滤器工艺管处（即高压侧）同时抽气。这种方法速度快，时间可以稍短，如图 4—6 所示。

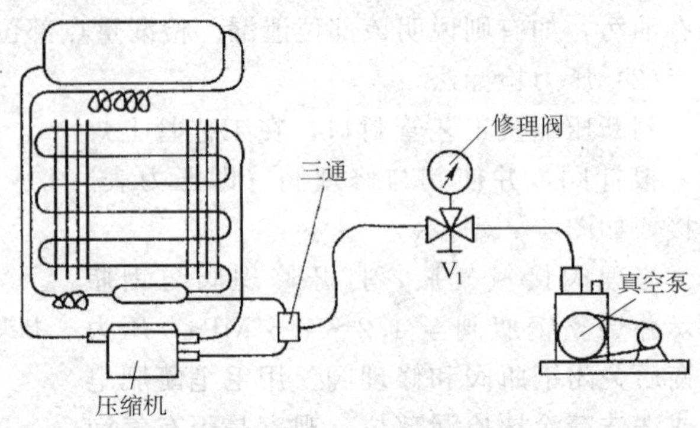

图 4—6　双侧抽气法接管形式

（3）二次抽气

对于真空泵性能较差，或电冰箱出现泄漏放置时间较长的制冷系统，往往采用一次抽气法难以达到真空度的要求，且干燥效果也较差。采用二次抽空法就是在一次抽空后，加入制冷剂，然后再进行二次抽气，可以反复多次。对于含水分过多的系统，还可在抽真空的同时用电吹风或喷灯烘烤冷凝器、蒸发器、压缩机和高低压管道，加速水分的蒸发，烘烤到 50～60℃即可。

3. 充制冷剂

（1）充注制冷剂的方法

充注制冷剂有两种方法：一种是制冷剂钢瓶直立，制冷剂以气态充入制冷系统，其优点是可以防止压缩机在试车时出现液击事故，缺点是充注速度慢，充注时易混入钢瓶中的不凝性气体；另一种方式是将制冷剂钢瓶倒立，制冷剂以液态充入制冷系统，其优点是充注速度快，液态制冷剂含水量大大低于气态，且可减少水分、不凝性气体注入制冷系统，其缺点是易引起液击事故。

（2）制冷剂充注量的判断方法

1）称重法。即根据电冰箱铭牌上的制冷剂名称和充注量用秤称重的办法控制充注量，由于电冰箱充注量小宜用电子秤称重，也可以用量桶计算质量。

2）参数法

①低压压力。即从低压压力来判断充注量是否合适。目前电冰箱三星级居多，冷冻室温度要达到－18℃，蒸发温度就要再低 5℃左右即－23℃左右才能实现，表 4—1 是几种常见电冰箱制冷剂在饱和温度－23℃时对应的饱和压力（表压），这个压力就是夏季电冰箱运行稳定后大致对应的低压压力。

表 4—1　　常见电冰箱制冷剂在饱和温度－23℃时对应的饱和压力（表压）

饱和温度	R134a 饱和压力	R600a 饱和压力	R12 饱和压力
－23℃	0.16 bar	－0.36 bar	0.34 bar

值得注意的是，其中 R600a 电冰箱低压压力是负压，R134a 电冰箱与 R12 电冰箱的低压压力相差不大。实际电冰箱的低压压力与环境温度有关，冬季气温低，低压压力稍低，夏季气温高，低压压力略高。

②温度。夏季电冰箱运行稳定后，回气管应有冰凉感，可出现凝露，不可出现结霜；压缩机排气管温度高、烫手；冷凝器尾端和过滤器应接近环境温度或略高；蒸发器进口和出口

温度基本一致，蒸发器从进口到出口应布满霜，且结霜均匀。

电冰箱制冷系统的温度如图 4—7 所示。

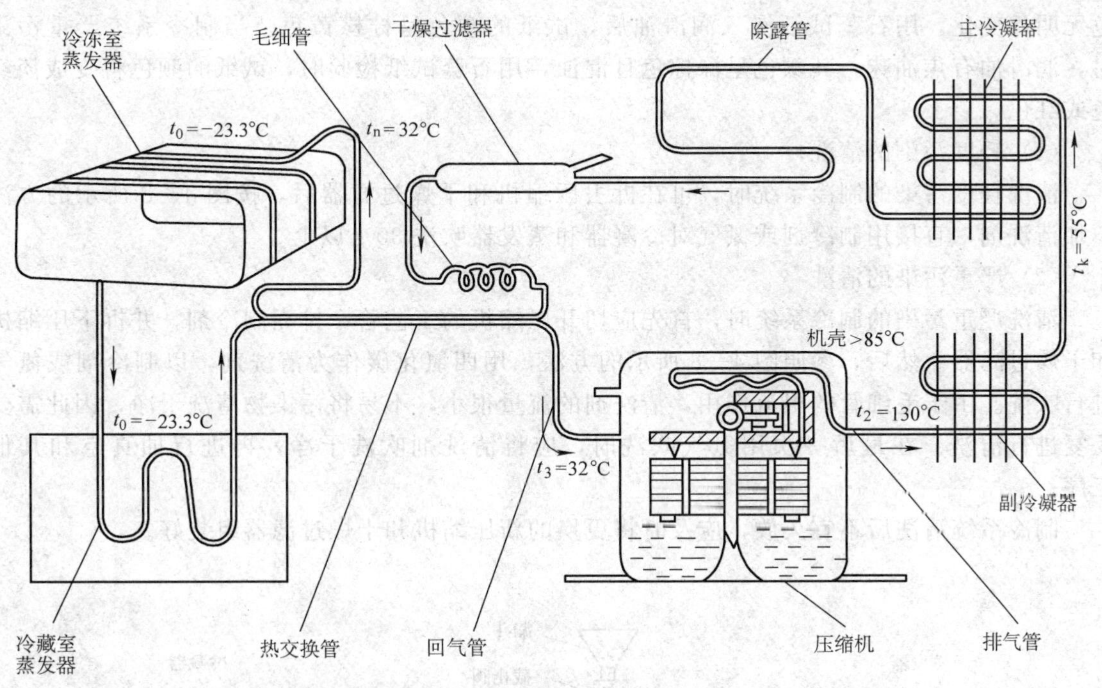

图 4—7　电冰箱制冷系统的温度

③电流。压缩机运转电流接近铭牌标注的额定电流。

(3) 封工艺管

充注制冷剂后，用专用封口钳将工艺管夹扁，必要时应夹扁两处以上，以确保制冷剂不会从工艺管漏出，再用钳子切断工艺管，并将工艺管口处制冷剂吹尽，然后钎焊封死。封工艺管应尽量在压缩机运转状态下进行，此时低压压力低，容易封严。

4. 检测

电冰箱制冷系统经过维修后，都应该进行检测，主要检测制冷时的冷却速度，即符合“在环境温度为 32℃时，压缩机连续运转，当冷藏室温度达到或低于 5℃，冷冻室温度达到或低于−18℃时，压缩机运转时间不超过 3 h。此时箱内不放物品，风冷式电冰箱风门温控器调定在最大位置”。

实际检测时环境温度若高于 32℃，压缩机运转时间允许稍微超过 3 h；当实际检测时环境温度低于 32℃时，压缩机运转时间不允许超过 3 h，否则为不合格。

5. 管路清洗

压缩机的电动机绝缘击穿、绕组匝间短路和烧毁是电冰箱的常见故障。电动机烧毁后会产生大量的酸性物质，使制冷系统遭到污染。当污染严重时，除更换压缩机和干燥过滤器外，还需对制冷系统进行清洗。如果仅更换压缩机和干燥过滤器，酸性物质逐渐腐蚀，使用一段时间后又会使电动机遭到损坏。

制冷系统污染的程度不同，其清洗方法也不相同。因此，在清洗前首先应判断污染程度。当制冷系统轻度污染时，打开压缩机工艺管无焦油气味，倒出的润滑油比较清洁，其颜色无明显变化，用石蕊试纸浸入润滑油后，试纸的颜色呈柠檬黄色。当制冷系统严重污染时，润滑油有焦油味，其颜色呈深棕色且混浊，用石蕊试纸检验时，试纸的颜色将变成淡红色或红色。

（1）轻度污染的清洗

清洗轻度污染的制冷系统时，可在拆去压缩机和干燥过滤器后，按图 4—8 所示的方法不加清洗剂，直接用制冷剂或氮气对冷凝器和蒸发器吹洗 30 s 以上。

（2）严重污染的清洗

清洗严重污染的制冷系统时，首先应切开压缩机的工艺管，排完制冷剂，并拆下压缩机和干燥过滤器。然后，参照图 4—8 所示的方法，用四氯化碳作为清洗剂，以制冷剂或氮气进行吹洗。由于毛细管的阻流作用，清洗剂的流量很小，不易将污染物清洗干净，因此需要反复进行清洗。在最后一次用氮气吹洗时，应将清洗剂吹洗干净，再进行抽真空和其他工序。

制冷系统清洗后不宜久放，应及时将更换的新压缩机和干燥过滤器组装好。

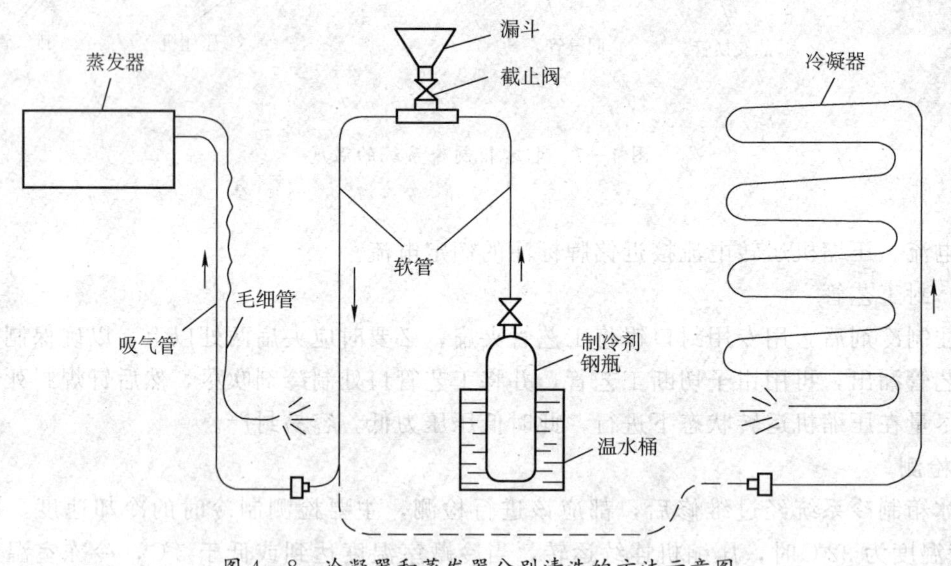

图 4—8　冷凝器和蒸发器分别清洗的方法示意图

6. 充冷冻机油

制冷系统正常工作情况下，不需补充冷冻机油。只有当制冷系统经常产生泄漏，引起冷冻机油严重减少，或拆开压缩机修理后，才需对压缩机充注冷冻机油。

充注冷冻机油有以下两种方法：

（1）自身吸油法

此法仅适用于往复式压缩机，将往复式压缩机的低压管接一皮管，另一端浸入冷冻机油中。封闭工艺管，开启压缩机，冷冻机油就会被吸入压缩机。

（2）真空吸油法

1）往复式压缩机的真空吸油。按图 4—9 所示进行连接，先关闭双联压力表 B 阀门，打开 A 阀门，对制冷系统抽真空。抽完真空后，关闭 A 阀门，缓慢打开 B 阀门，这时冷冻机油即被吸入压缩机。

2）旋转式压缩机的真空吸油。与往复式压缩机的真空吸油不同的是，双联压力表与压缩机高压管相连，其他都相同。

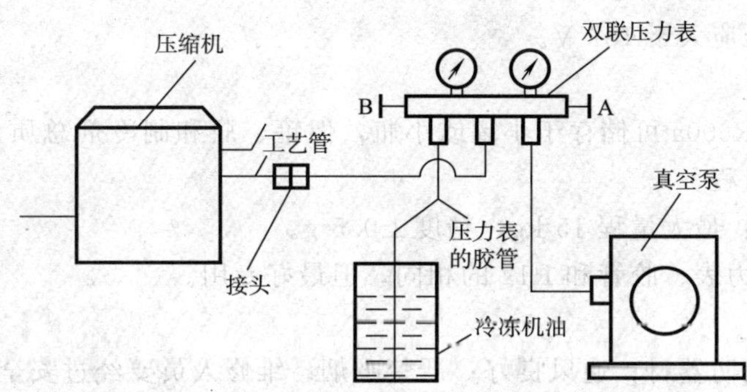

图 4—9　电冰箱制冷系统充注冷冻机油示意图

三、无氟电冰箱维修技术

传统电冰箱一般用 R12 制冷剂，无氟电冰箱的制冷剂则不同，目前国内主要用 R600a、R134a 两种，制冷循环系统维修用材料、零部件、设备和方法等也相应发生了变化。电气系统和箱体、门体结构与原来的 R12 电冰箱基本相同，其维修方法也同原 R12 电冰箱，这里不再重复讲解。

1. 无氟电冰箱制冷剂的特点

无氟电冰箱制冷剂与 R12 制冷剂的比较见表 4—2。

表 4—2　　无氟电冰箱制冷剂与 R12 制冷剂的比较

制冷剂名称	R12	R134a	R600a（异丁烷）
分子式	CF_2Cl_2	$C_2H_2F_4$	C_4H_{10}
毒性	无	无	无
对臭氧层的破坏	有	无	无
温室效应	有	弱	无
可燃性	无	无	有
润滑油	矿物油	酯类油	矿物油

2. 识别不同制冷剂的电冰箱

（1）从电路图铭牌：电路图铭牌中的“制冷剂及注入量”栏写明的制冷剂名称及灌注的质量。

（2）从压缩机：打开后罩，压缩机外壳表面注明有压缩机所适用的制冷剂。

（3）厂家设计的关于环保方面的特殊标记和说明书等。

3. R600a 电冰箱制冷系统的维修

（1）维修材料

1）R600a 制冷剂。

2）R600a 专用压缩机，其特点如下：

①低启动力矩型，禁止加启动电容。

②多用内藏式保护器，即保护器在压缩机机壳内。

③每次停机后，应保证压缩机停机 5 min 后再启动，以免压缩机堵转。

④禁止未装 PTC 启动器就启动压缩机。

⑤最低启动电压应大于 187 V。

（2）维修设备

1）制冷剂瓶：R600a 可储存于小罐或小瓶，但罐、瓶和制冷剂总质量不应超过 15 kg，以免超过电子秤的量程。

2）台式电子秤：最大量程 15 kg，精度±0.5 g。

3）真空泵、压力表、胶管和 R12 的相同，但最好专用。

（3）安全要求

维修场地配备消防器材；通风良好；严禁吸烟；维修人员要经过安全知识培训。

（4）操作方法

1）制冷剂排放。首先割断压缩机上的工艺管，放出 R600a 制冷剂，再从工艺管向制冷系统内充高压氮气约 1 min 后放出，这样可将系统内残留的制冷剂排出。

2）检漏。方法同压力检漏法。

3）抽真空充制冷剂。按图 4—10 连接压缩机工艺管、制冷剂瓶、压力表、真空泵，制冷剂瓶放在电子秤上面。具体操作过程为：

①锁紧 R600a 制冷剂瓶阀，打开阀 A 和阀 B，开动真空泵，抽真空 30 min 以上后，再关闭阀 A 和阀 B。

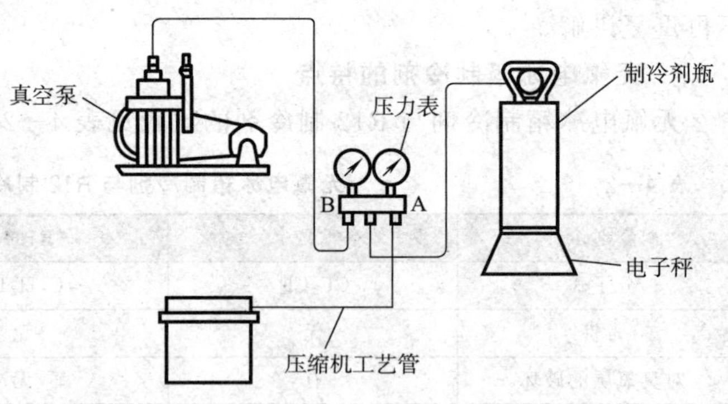

图 4—10　抽真空、充制冷剂的维修设备连接图

②打开 R600a 气瓶阀。待气体充满气瓶和压力表之间的连接管后，接通电子秤电源，将电子秤调零，然后缓慢打开阀 A（注意开阀时，尽量不要干扰电子秤），当加注速度变得相当慢而电子秤显示值又未达到电冰箱所需要的灌注量时，让压缩机通电运行，当达到所需要的灌注量时，迅速关闭阀 A，再关闭 R600a 气瓶阀。

4）工艺管焊接。经过试运行，确认制冷性能合格后，可进行工艺管焊接。

①用封口钳在离压缩机 40 mm 处将工艺管夹封，用钳子在离封口钳 30 mm 处剪断工艺管（工艺管在加制冷剂前应退火，以便于容易夹紧）。

②用氮气吹除封口处残留的制冷剂。

③焊封工艺管。

④取下封口钳。

⑤封口的检漏：在停机状态下进行。

（5）注意事项

1）使用 R600a 作制冷剂的电冰箱，必须使用 R600a 专用压缩机。

2）原则上不允许在维修 R12 电冰箱时，加注 R600a 制冷剂，如果确需更换，应对制冷管道进行严格清洗，并更换干燥过滤器和使用 R600a 专用压缩机，反之亦然。

3）禁止在循环系统内的 R600a 制冷剂未排放或用氮气冲洗前，就直接用真空泵抽真空，否则会因现用真空泵不是防爆型，而存在爆炸隐患。

4）充灌制冷剂的胶管和压力表最好为 R600a 专用，否则在加注前应用氮气清洗，以免胶管和压力表内残留有 R12 制冷剂影响制冷性能。

5）由于 R600a 的充注量相对于 R12 要少得多，因此要求循环系统的充注精度较高，用经验法充注不利于系统处于较好的工作状态，由于 R600a 的可燃性，要求一次充注成功，不宜多次充注，从这两个方面来看，建议维修时用电子秤称重的方法进行精确充注。

6）R600a 应以气体形式充注，以保证充注的准确性。

4. R134a 电冰箱制冷系统的维修

（1）维修材料

R134a 制冷剂、R134a 专用压缩机、R134a 专用干燥过滤器。

（2）维修设备

使用与 R600a 相同的设备，但要求连接胶管与压力表等为 R134a 专用，因 R134a 对橡胶密封圈有腐蚀作用，要求采用耐腐蚀的连接胶管和密封圈等，如果没有，可使用与原 R12 相同的连接胶管和压力表，但应定期检查密封性能，定期更换。

（3）维修方法

只讨论因毛细管冰堵、毛细管脏堵、制冷剂泄漏、压缩机故障、制冷不良等需重新加制冷剂的维修方法。

因 R134a 不可燃，没有 R600a 电冰箱维修时那么严格的安全要求，但 R134a 制冷剂及其压缩机中所用的酯类油吸水性较强，且酯类油易水解，因此循环系统中的含水量、含杂质量要少，真空度要高，抽真空时间要长。

（4）注意事项

1）使用 R134a 作制冷剂的电冰箱，必须使用 R134a 专用压缩机和干燥过滤器。

2）不允许在维修 R134a 电冰箱时，加注 R12 制冷剂，反之亦然。

3）由于 R134a 制冷系统内使用酯类油，在扩管、胀管时管口不应粘有矿物油或其他机械油等。

4）由于压缩机中的酯类油易吸水和系统中含水量要少的要求，R134a 专用压缩机和干燥过滤器的封塞应在焊接时才拔掉，拔掉封塞后应在最短时间内完成焊接工作，减少其与空气接触的时间。

5）充灌制冷剂的胶管和压力表最好为 R134a 专用。否则加注前应用氮气清洗，以免胶管和压力表内残留 R12，影响制冷性能和循环系统的可靠性。

5. R600a 电冰箱维修安全操作规程

（1）场地存有 R600a 电冰箱、制冷剂，每天操作前必预先把通风设备启动运行，约

10 min后，才可开灯及进场操作。严禁开通风前接通场地电源及动火。

（2）进场后必须先检查R600a制冷剂存放有无泄漏。

（3）维修电冰箱先检查确认是何种电冰箱（铭牌、标志、压缩机），未能确认是何种电冰箱（R600a、R12、R134a）的，一律按R600a电冰箱安全操作规程处理。

（4）不论何种电冰箱，制冷剂未排清一律不得动火烧烤管道。

（5）对于检查确认为制冷管道系统故障或压缩机故障，必须先把故障电冰箱拉至排放室（或室外空旷地），用割刀割断管道，静置1 h，排放制冷剂。

（6）静置后拉至维修工位，用快速接头接上氮气吹清管道残余的制冷剂，或开启压缩机自排1～3 min。

（7）如需更换压缩机，必须用割刀割断吸气管、排气管，不宜焊下，因压缩机油内溶有残余的R600a制冷剂。

（8）焊接前先用风扇吹压缩机腔，避免局部制冷剂积聚引起事故，焊接时应有风扇在旁吹。

（9）封尾管时，必须先用封口钳夹一道，检查尾管不漏后再封。

（10）检查发现有堵塞现象时，不可用火焊切，应用割刀割断，放净制冷剂后再进行其他操作。

（11）更换下来的压缩机，必须把冷冻机油倒清，再行存放及运输。

（12）制冷剂瓶、电冰箱必须定点存放，存放的地方按R600a仓库设计规范建造。

6. R600a电冰箱维修场地、仓库安全设计规范

（1）维修场地与其他区域之间要用防火隔离墙分开。该墙至少要有60 min的抗火能力。防火隔离墙开孔或门应具有至少60 min的抗火能力。

（2）维修场地不可是地下室，内部结构应简单，不可过于复杂，否则不利于空气流通。场地内不可有沟槽、凹坑等会积聚密度较大气体的地方。

（3）维修场地应使用一套排风系统全面通风，以防止正常维修期间危险气体积聚。在正常维修条件下，通风量至少为10次/h。

（4）排风系统由风机、吊扇、立地扇、排风管道组成，目的为保证换气量及气体流速均匀，防止局部积聚过高浓度的危险气体。

（5）维修场地的通风设备和电气设备原则上应使用防爆型。条件不允许时，要求抽风机一定是防爆型。

（6）抽风机安装应以贴近地面为原则，建议安装高度为0.8 m。

（7）总电源开关应设在场地之外，抽风机开关与总电源开关的设置关系应为抽风机未开，总电源开关合不上，抽风机开后约10 min，总电源开关才可闭合。

（8）维修场地要有一个装有轮子的重25 kg的ABC干粉灭火器和至少两个手提式干粉灭火器，同时灭火器必须放置在维修场地内任何一点10 m内都能到达的地方。

（9）有条件的，应设置排放制冷剂室。排放制冷剂室要求如下：

应使维修场地保持负压，室内可摆放4～5台电冰箱，设置一台抽风机。建议换气量为30次/h。安装参照维修场地抽风机安装规范。室内不可有其他电气设备。

（10）仓库为存放R600a电冰箱、R600a制冷剂而设，必须配有独立的通风系统，通风量至少为10次/h。建议不应设置其他电气设备。通风机开关箱设置于门外，安装参照维修场地安装规范。

7. 采用 R600a 制冷剂的抽屉无霜电冰箱维修注意事项

（1）概述

采用 R600a 制冷剂的抽屉无霜电冰箱包括风冷系列、风直冷系列电冰箱，由于这些电冰箱的蒸发器在冷冻室内，当蒸发器有 R600a 气体泄漏时，不易及时扩散，因此，风冷电冰箱的冷藏室和冷冻室电气元件、风直冷式电冰箱的冷冻室电气元件要采用无火花防爆电气元件。电冰箱维修时，要注意安全，遵守操作规程。

（2）对维修操作的特殊要求

在直冷电冰箱 R600a 维修规程基础上，还要注意以下几点：

1）排放 R600a 时，必须在通风和无火源的安全地点进行。

2）有裂纹的或灯头松动等缺陷的灯泡不能使用。

3）严禁在通电情况下对该系列电冰箱进行维修，尤其是插接箱内电气元件。

4）电气元件插件要插接到位，有锁扣的连接器要锁扣到位。

5）维修后，应确保所有导线不处于绷紧状态，应处于自由状态。

6）在维修过程中，所有导线不能靠在锐角边上，必要时，加保护垫与锐角边相隔离。

7）试通电前必须确认箱体无泄漏（应严格进行蒸发器等箱内焊点的泄漏检查），无残余 R600a 气体积聚，并且整机绝缘测试合格。

8）维修时，对于防爆电气专用件，严禁用其他零件代替，防爆电气元件上应有“Ex”字样和防爆合格证号标志。

9）维修试通电过程中，门体应朝向安全方向。

§4—2　家用电冰箱常见故障检修

一、家用电冰箱常见故障判断与排除

1. 压缩机不运转，电冰箱不制冷

（1）主要原因

1）电源故障。

2）温控器故障。

3）电动机运行绕组烧损。

4）电动机绕组引线松脱。

5）过电流过温升保护继电器损坏。

6）启动继电器损坏。

7）风冷式电冰箱化霜定时器故障。

（2）故障的排除

1）当供电线路熔丝熔断、插座接线松脱或插头插座接触不良时，应找出具体故障点并加以排除。

2）温控器触点烧坏、接触不良、氧化膜过厚或感温剂泄漏时，可拆下温控器，修复触点或感温器后装入使用，无法修复时应更换新品。

3）电动机绕组烧损，可开壳拆下绕组后重新嵌线或更换压缩机。

4）电动机绕组引出线与机壳接线柱松动时，可在压缩机开壳后，重新将引出线接入接线柱。

5）过电流过温升保护继电器的双金属片触点不能复位、内部电热元件熔断时，可修复触点或更换新的保护继电器；内埋式热保护器损坏后可更换压缩机。

6）启动继电器触点接触不良或线圈烧损时，可修复触点、重绕线圈或更换新的启动继电器。

7）化霜定时器触点接触不良、接线松脱、机械传动失灵或电动机烧损时，可修复触点、重新接通连线或更换新的化霜定时器。

2. 电源接通后，压缩机电动机发出“嗡嗡”声，保护继电器随即动作

（1）主要原因

1）电源电压过低。

2）电动机启动绕组断路。

3）启动继电器触点接触不良或电路中启动支路断路。

4）启动电容器断路或短路。

5）PTC 元件损坏或接触不良。

6）压缩机抱轴、卡缸。

（2）故障的排除

1）电源电压正常时再使用或加装交流稳压器。

2）压缩机开壳后修复绕组继续使用或更换新的压缩机。

3）修复启动继电器的触点或更换启动继电器；启动支路断路时，应找出断点并将其接通。

4）更换启动电容器。

5）更换 PTC 元件或调整 PTC 启动继电器两接触面，使其夹紧 PTC 元件。

6）采用敲击、强行启动无效时，可开壳修理或更换新的压缩机。

3. 压缩机能启动运转，但不久过电流保护继电器动作

（1）主要原因

1）电源电压过高。

2）运行绕组局部短路。

3）压缩机电动机定子和转子的间隙不均匀。

4）压缩机中运动部件的运动副装配间隙过小。

5）启动继电器触点粘连。

6）制冷系统内含有空气。

（2）故障的排除

1）电源电压过高时，应暂停使用或加装稳压电源。

2）运行绕组局部短路使阻值减小时，可重新绕制电动机绕组或更换新的压缩机。

3）定子和转子间的间隙不均匀造成工作电流过大时，可在压缩机开壳后调整间隙或更换压缩机。

4）压缩机中运动部件的运动副装配间隙过小时，会使压缩机出现“热态抱轴”现象，应更换压缩机。

5）启动继电器触点粘连后，可将其拆开并加以修复。损坏严重时，应更换。

6）制冷系统内含有空气使排气压力增高，工作电流增大时，应排出制冷剂重新抽真空后再充注制冷剂。

4. 压缩机运转，但电冰箱不制冷

（1）主要原因

1）制冷剂泄漏。

2）冰堵。

3）脏堵。

4）压缩机故障。

（2）故障的排除

1）系统中存在漏点使制冷剂泄漏时，应通过打压检漏的方式找出漏点，并在补漏后重新抽真空和充注制冷剂。

2）制冷系统中的水分在毛细管或干燥过滤器中结冰造成堵塞后，必须更换干燥过滤器，并在制冷系统抽真空干燥后，重新充注制冷剂。

3）干燥过滤器或毛细管被污物堵塞后，可用高压氮气吹洗或更换干燥过滤器、毛细管。

4）压缩机的吸排气阀、气缸盖垫、气缸坐垫破裂或高压缓冲管断裂后，可开壳拆解后分别加以修复或更换压缩机。

5. 压缩机运转，但箱内温度降不到使用要求

（1）主要原因

1）制冷系统微堵。

2）制冷剂不足或充注过多。

3）制冷系统内有空气。

4）蒸发器内存油过多。

5）外露式冷凝器表面积尘过多。

6）压缩机性能下降。

7）自动化霜电路失灵。

8）风冷式电冰箱箱内风扇不正常。

9）风冷式电冰箱循环风道被积霜堵住。

10）使用不当。

（2）故障的排除

1）制冷系统中毛细管或干燥过滤器被微堵后，可用高压氮气吹洗并加热活化或更换干燥过滤器。

2）制冷剂不足时，可适量补充制冷剂；制冷剂过多时，可排出部分制冷剂。

3）当制冷系统中有空气时，应放出制冷剂并在抽真空处理后，重新充注制冷剂。

4）蒸发器内存油时，应首先查明压缩机排油过多的原因，排除压缩机排油过多故障后再吹洗蒸发器。

5）清扫冷凝器。

6）压缩机开壳后，清除阀片上的积炭和污垢，并研磨阀片和阀板。也可以更换经研磨的新阀片或更换压缩机。

7）修理或更换化霜定时器、化霜温度控制器、化霜温度熔丝或化霜加热器。

8）检修风扇开关、风扇电动机。若风扇口积霜过厚卡住扇叶，应清除霜层并处理霜层过厚故障。

9）使电冰箱停止工作，打开箱门等霜层融化后排出积水，查明原因并处理风道积霜故障。

10）温控器温度设置不当、蒸发器表面结霜过厚、箱门漏气、放入的食品过多过挤或开门次数过多造成箱内温度偏高时，应根据不同的原因分别加以排除。

6. 磁性门封和内胆的检修

（1）磁性门封故障的维修

电冰箱门封不严会引起降温效率降低，箱内结霜过快，压缩机长时间运转不停的不良后果。

磁性门封不严的主要原因及维修方法如下：

1）门封老化变形，软质聚氯乙烯出现裂纹。

出现这一情况，需更换新的门封。先将门封从门上拆下（见图 4—11），再用 60～70℃热水浸泡调平。如尺寸不对，在裁时应保留四角，从门封条的中间部位斜面断开，在连接时可将钢锯条烧红插入斜面，然后迅速抽出，用手捏紧，最后用螺钉将门封固定好。

图 4—11　拆卸门封条

2）磁性门封本身不平，有凹陷处而出现缝隙。

可将固定门封的螺钉压板松开，在门封的凹陷处垫上薄的 X 光胶片，再将螺钉上紧，如此反复调整直至缝隙消除为止。

有的门胆和门封是与聚氨酯泡沫塑料粘连为一体，门封不可单独拆装。若门封破裂、老化时，只能采用换门的方法。

（2）内胆破裂的修补

电冰箱内胆绝大部分用 ABS 塑料制成。如果开裂，可用毛笔蘸取少量丙酮，仔细地涂在破裂处，待其干后即可补牢。如果开裂较大，可先用 ABS 塑料细窄条嵌入缝内，再用丙酮涂粘。

电冰箱 HIS 塑料内胆开裂时，就不能用丙酮来修补，而要用氯仿。

7. 冷藏室温度过低，但压缩机不停机

（1）主要原因

1）温控器使用不当。

2）温控器失灵。

3）温控器感温管尾端与蒸发器表面不密贴。

（2）故障的排除

1）当温控器的旋钮置于强冷位造成压缩机不停机时，可将旋钮旋至中间位置。

2）温控器的触点粘连或最低极限温度过低时，可拆下温控器修复触点或更换新的温控器。

3）重新将温控器感温管装于原位。

8. 压缩机开停频繁

（1）主要原因

1）温控器的温差范围过小。

2）过电流过温升保护继电器双金属片失灵。

3）冷凝器积尘过多或紧靠墙壁使散热条件变差。

（2）故障的排除

1）调整温控器的温差调节螺钉，将其温差设定为2～3℃或更换新的温控器。

2）更换过电流过温升保护继电器。如果保护继电器为内埋式，可更换压缩机。

3）冷凝器散热条件差，使电动机运行电流过大，引起过载保护继电器动作时，应定期清洗冷凝器，并使电冰箱与墙保持10 cm以上的间距。

9. 电冰箱夏季运行良好，但冬季不运行或冷冻室温度过高

（1）主要原因

1）环境温度过低，温控器触点不能接通。

2）冷藏室温度补偿加热丝损坏，或者在冬季使用时未接通节能开关。

（2）故障的排除

1）将电冰箱移至环境温度较高处。对于冷藏室无温度补偿电加热器的电冰箱，可加装节能开关和加热器。

2）更换温度补偿加热丝，环境温度过低时接通节能开关。

10. 双温双控直冷式电冰箱冷冻室制冷正常，冷藏室不制冷

（1）主要原因

1）冷藏室温度控制器损坏。

2）进入冷藏室蒸发器的毛细管堵塞。

3）电磁阀损坏。

（2）故障的排除

1）修复或更换温度控制器。

2）找出堵塞部位及原因，并加以排除（方法同前）。

3）更换电磁阀。

11. 箱体漏电

（1）主要原因

1）温度控制器、照明灯和门灯开关等受潮后对地绝缘电阻达不到规定的要求。

2）电动机线圈对地绝缘电阻过小。

3）压缩机机壳与电动机接线柱相碰。

4）电路连线的绝缘层破损并与电冰箱金属部位相碰。

（2）故障的排除

1）将温控器、照明灯和门灯开关干燥处理后加绝缘层。

2）重绕电动机绕组或更换压缩机。

3）修理压缩机电动机的接线柱。

4）找出电路连线绝缘层破损处并进行相应的绝缘处理。

12. **电冰箱噪声过大**

电冰箱噪声过大的主要原因有放置地面不平、地脚螺钉调整不当、压缩机安装螺栓松动、管路相碰、压缩机磨损、毛细管或储液器的插入深度太大、制冷剂流动声大等，应针对不同原因进行相应处理。

二、电冰箱检修流程

检修电冰箱时，首先可从压缩机入手，检查压缩机的运转情况，根据压缩机不转、压缩机运转但不停、压缩机频繁保护、压缩机频繁启停等状况来一步一步深入检查，最终确定故障，流程如下：

1. **压缩机不运转**（见图 4—12）

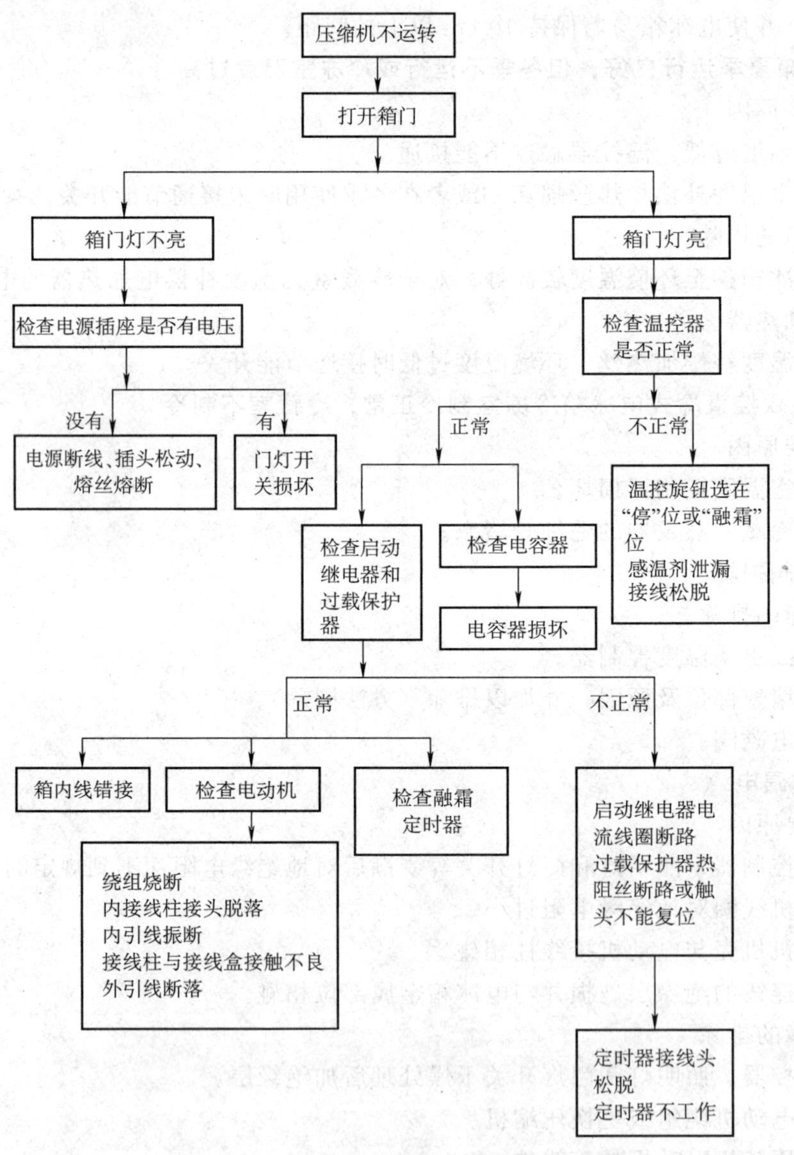

图 4—12　检修压缩机不运转故障

2. 压缩机运转但不停（见图 4—13）

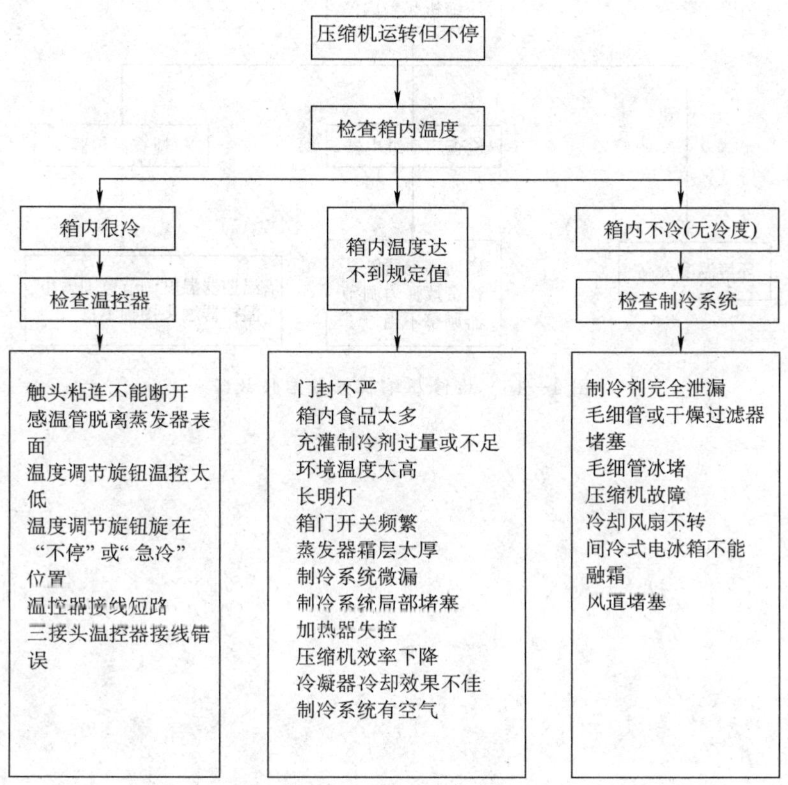

图 4—13　检修压缩机运转但不停故障

3. 压缩机出现频繁保护现象、制冷效果差（见图 4—14）

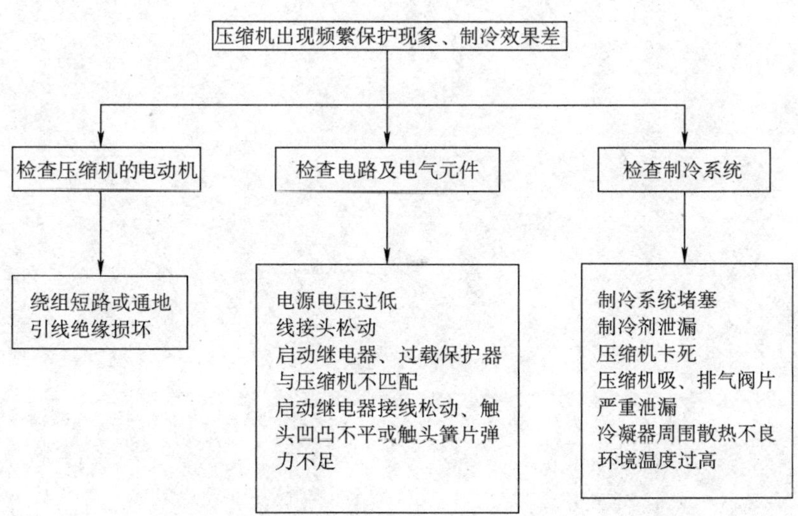

图 4—14　检修压缩机频繁保护、制冷效果差故障

4. 压缩机频繁启停（见图 4—15）

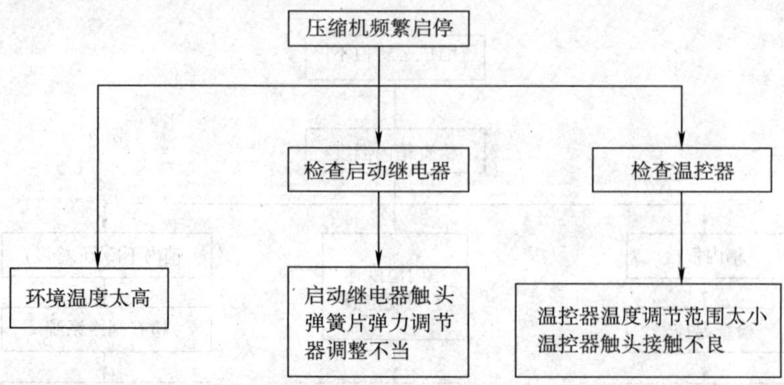

图 4—15　检修压缩机频繁启停故障

第五章　商用电冰箱

§5—1　商用电冰箱的分类

商用电冰箱又称商业用冷柜，主要用于饭店、超市的食品冷冻、冷藏、陈列。本节将介绍其分类方法。

一、按用途分类

商用电冰箱按其用途分为冷藏柜、冷冻柜、冷藏冷冻柜、冷藏陈列柜和冷冻陈列柜5类。

冷柜一般设有冷藏室和冷冻室。冷藏室用以储藏非冻结食品，一般冷藏温度保持在0℃以下，最低不低于－6℃，较大体积的冷藏柜尚可分成多个小间。冷冻室是用以冷冻或储藏冻结食品，通常冷冻室温度可分为“一星”“二星”和“三星”级室，其室内温度分别不高于－6℃、－12℃和－18℃。某些特殊用途的冷冻柜，室内温度可达－25℃或更低。

1. 冷藏柜

冷藏柜主要由制冷机组和冷藏室组成，仅用于储藏不需冻结的食品，其温度应保持在0℃以下，最低不低于－6℃。

2. 冷冻柜

冷冻柜主要由制冷机组和冷冻室组成，用于冷冻或储藏冻结食品，其温度视冷冻室“星”级而定。

3. 冷藏冷冻柜

冷藏冷冻柜主要由制冷机组、冷藏室和冷冻室组成，分别用于储藏和冻结食品，其温度按要求而定。

4. 冷藏陈列柜

冷藏陈列柜又称冷藏展示柜，主要由制冷机组和冷藏室组成，如货架式陈列柜，它主要用于储藏、销售和陈列展示非冻结食品。其温度一般在0℃上下，最低不低于－6℃。它可以是敞开式，也可以是带有透明围护结构的封闭式。

5. 冷冻陈列柜

冷冻陈列柜又称冷冻展示柜，由制冷机组和冷冻室组成，如岛式陈列柜，它主要用于储藏、销售和陈列展示冻结食品，兼有食品冻结功能。室内温度按星级要求而定。这类冷柜的冷冻室可以是敞开式，也可以是带有透明围护结构的封闭式。

二、按使用场合分类

商用电冰箱按使用场合分为厨房冷柜和超市冷柜两类。

厨房冷柜主要功能是冷冻、冷藏食品；超市冷柜除了本身的冷冻、冷藏功能外还有陈列、展示功能。

三、按结构形式分类

商用电冰箱按结构形式分为整体式和分体式两类。

整体式冷柜的制冷机组与冷柜柜体以固定方式连成一体；分体式冷柜的制冷机组与柜体是分开的。制冷机组均采用蒸气压缩式制冷方式，制冷剂采用 R22 或 R134a 等，机组按冷凝器的冷却介质不同可分为水冷式机组和风冷式机组两种。

四、按蒸发器冷却方式分类

商用电冰箱按蒸发器冷却方式分为盘管式冷却和吹风式冷却两类。

盘管冷却是以空气自然对流直接与冷却盘管或冷却平面换热，实现冷室的冷却。这种冷柜也可称作直接盘管冷却式冷柜。吹风冷却式冷柜，是以空气强迫对流直接与冷却盘管组进行换热，实现冷却。这种冷柜一般设有自动或手动融霜及排除融霜水装置，也称无霜冷柜。

冷柜可按有效容积来区分大小，有效容积的概念和家用电冰箱相同，国家标准推荐的规格系列为：0.3 m^3、0.4 m^3、0.5 m^3、0.6 m^3、0.8 m^3、1.0 m^3、1.2 m^3、1.5 m^3、1.8 m^3、2.0 m^3、2.5 m^3、3.0 m^3，可以看出，商用电冰箱比家用电冰箱要大得多，有效容积最大可达 3 m^3 左右。

§5—2　商用电冰箱制冷系统的主要组成部件

商用电冰箱制冷系统的主要部件包括压缩机、冷凝器、蒸发器、热力膨胀阀、干燥过滤器、截止阀等。

一、压缩机

压缩机是制冷系统的心脏，它将低温、低压制冷剂气体压缩为高温、高压制冷剂气体，并且消耗了电能。目前采用的压缩机主要有活塞式、旋转式、涡旋式三类，而活塞式又分为开启式、全封闭式、半封闭式三种，由于开启式容易泄漏制冷剂，所以用的最多的是全封闭式、半封闭式活塞压缩机。

二、冷凝器

冷凝器的作用是将压缩机排出的高温高压制冷剂气体冷却，实际上有两个过程，其一是将制冷剂过热气体冷却为饱和气体，其二是将制冷剂饱和气体冷凝为饱和液体，进一步至过冷液体。厨房冷柜冷凝器主要是风冷式，在风扇作用下强制对流换热，水冷却的水冷式冷凝器，冷凝效果更好，适用于大型系统，特别是多台拼装的超市冷柜，但增加了初始投资，安装、操作上要求更高。

三、蒸发器

蒸发器的作用是使制冷剂在蒸发器内汽化，吸收外界热量，实现制冷。冷藏柜用的蒸发器有两种：一种是排管式；另一种是排管加强制对流风扇式。前一种冷却温度均匀，但冷却速度较慢，适于长期冷藏；后一种冷却速度快，但食品干耗严重，适于快速冷却、冻结。

四、热力膨胀阀

热力膨胀阀起节流降压作用，同时可根据蒸发器出口制冷剂气体的过热度，调节供液量。它有内平衡式与外平衡式两种，厨房冷柜一般用内平衡式，大型超市冷柜一般用外平衡式。

五、干燥过滤器

干燥过滤器的作用是吸收制冷剂中的水分，过滤系统中的杂质，商用电冰箱干燥过滤器的结构与家用电冰箱差不多，只是体积大一些，而且可拆，必要时可更换里面的干燥剂。

六、储液器

储液器一方面储存高压制冷剂液体，保证系统供液量，使风冷凝器充分发挥作用，另一方面可以起到高低压液封作用。在其上设有出口关断阀，有易熔塞，便于操作又安全。

七、截止阀

商用电冰箱制冷系统管道中，一般都设有截止阀。截止阀的种类很多，商用电冰箱采用的截止阀有三通截止阀和二通截止阀两种。它们的作用是通过手动控制阀芯的启闭来控制管道中制冷剂的通过或截止。

§5—3　商用电冰箱电控系统的主要组成部件

商用电冰箱电控系统的主要部件和家用电冰箱差不多，这里介绍有一定差异的部件：电磁阀、压力继电器、温度控制器等。

一、电磁阀

电磁阀是一种开关式自动阀门，能自动切断或接通制冷系统的供液管路，它在商用电冰箱中的应用较为广泛。

按结构形式不同，电磁阀可分为直接作用式和间接作用式两种。商用电冰箱中广泛采用的是直接作用式电磁阀（见图 5—1）。

电磁阀与电动机同步工作。即电动机启动时，电磁阀的线圈得电接通，产生磁场并吸引衔铁向上运动，阀针随之上移，电磁阀门打开，制冷剂按箭头方向通过。当电动机停止运转时，电磁阀的线圈失电，电磁力消失，衔铁和阀针由于自身重力的作用而下降，将阀门关闭，制冷剂不能通过。这样可防止停机时液态制冷剂进入蒸发器，以免下次开机时发生液击。

电磁阀的选用要根据制冷管路管径的大小，选择接管尺寸与它相同的电磁阀，同时还要考虑适用介质。

电磁阀的线圈常有交流 380 V、220 V、110 V、36 V 等几种，直流有 12 V、24 V、110 V、220 V 等几种，选用时应注意电压。

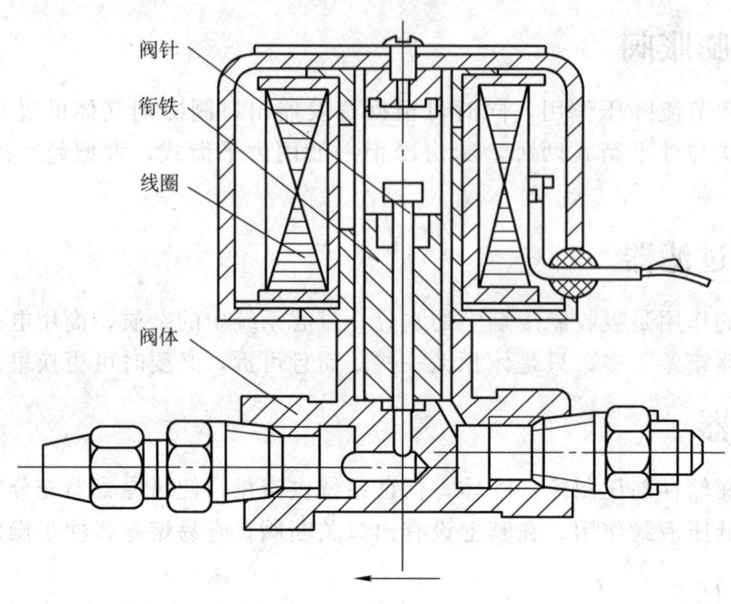

图 5—1 直接作用式电磁阀

二、压力继电器

压力继电器的作用是将压缩机的吸排气压力控制在某一范围之内，以达到安全保护的目的。当吸气和排气压力超出这一范围时，压力继电器的触点会断开，切断电动机电源，压缩机停止工作，这样就可以防止压力过高或过低时对机组的损坏及发生安全事故。

常见的压力继电器由高压继电器和低压继电器组成，其结构如图 5—2 所示。它主要由三部分组成：冷凝压力控制的高压部分、蒸发压力控制的低压部分和触点开关部分。其中，压力继电器的高压气箱用连接管与压缩机的排气腔连接；低压部分的低压气箱与压缩机的吸气腔相连。

高压压力的控制：水冷式机组由于冷凝器断水或冷却水量供应不足、风冷式机组冷凝器散热不良、系统中有空气等不凝性气体、制冷剂充注过多及系统管路发生堵塞等都会引起冷凝压力上升，如不能及时排除，而压缩机仍在运转时，就会发生爆炸事故。因此，应使用压力继电器对冷凝压力进行控制。如冷凝压力超过压力继电器设定的压力，压力继电器会动作，切断电源，压缩机停止运转，起到保护作用。

压力继电器高压部分的工作原理：当高压压力正常或低于额定值时，高压调节弹簧的弹力大于高压波纹管的压力，通过传动螺钉和传动杆，将高压微动开关触点闭合，电路接通，压缩机运转。由于某种原因，冷凝压力升高，排气压力也会升高，当高于额定值时，高压波纹管压力大于高压调节弹簧的弹力，通过传动螺钉和传动杆，将高压微动开关常闭触点断开，压缩机停止。待高压故障排除后，压力恢复到额定值以内，高压调节弹簧的弹力大于波纹管的压力，高压微动开关触点再次闭合，压缩机重新运转。

低压压力的控制：系统内低压压力如果过低，低于外界大气压力，容易使外界空气大量

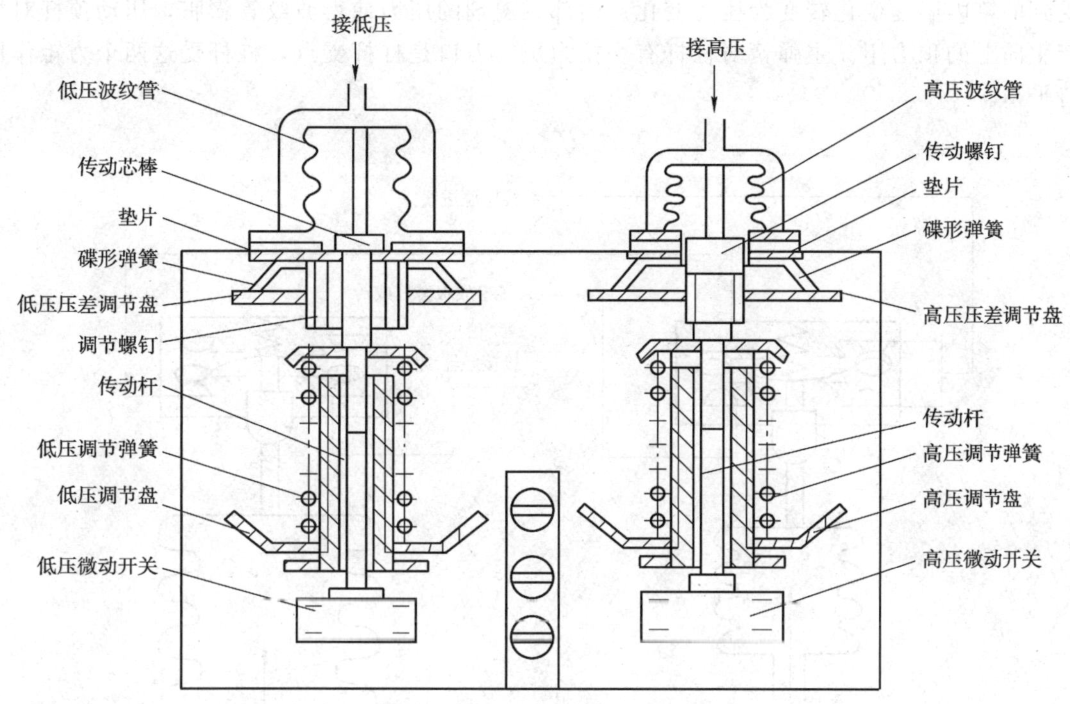

图 5—2　压力继电器的结构

渗入系统内，所以在低压端也必须用压力继电器控制吸气压力，使吸气压力维持在某一压力值以上。如果压力低于这一设定值，压力继电器动作，压缩机停止运转。

压力继电器低压部分的工作原理：当低压压力正常或高于继电器的设定值时，低压波纹管收缩，通过传动芯棒和传动杆克服低压调节弹簧的压力，传动杆上移使低压微动开关触点闭合，接通电源，压缩机运转。当蒸发压力下降，吸气压力会降低，一旦低于压力继电器的低压调定值时，低压调节弹簧的压力大于低压腔的顶力，将传动杆下推，使低压波纹管伸长，这时低压微动开关常闭触点跳开，切断电源，压缩机停止运转。

压力继电器的高压压力和低压压力出厂前已经调好，如发现与使用条件不符，可通过调整高低压端的调节螺钉，自行调整压力的设定值。如将高压端调节螺钉向下旋，压紧弹簧时高压设定的压力就升高，反之就降低；对于低压端压力，旋转低压调节螺钉，使弹簧拉紧则低压设定的压力升高，反之则降低。压力继电器三个接线柱的接法如图 5—3 所示。

三、温度控制器

温度控制器又称温控开关或温度继电器，它是制冷设备电气控制系统中的主要部件。温度控制器利用感温元件，将温度的变化转换成电气触点的通与断，以控制压缩机的启、停，使制冷设备的温度保持在一定范围内。

温控器的形式很多，国产商用电冰箱普遍采用型号为 WT－1226 的温度控制器。这种温度控制器的结构如图 5—4 所示。温度控制器的工作原理如图 5—5 所示。在图 5—5 中，充有感温剂的感温包、毛细管和波纹管组成了温度控制器的感温机构，该机构可以将感温包感受到的箱内温度变化转变为压力变化。内部感温剂的压力使得波纹管膨胀，压动顶杆对杠杆产生向上的顶力矩。主弹簧对杠杆有一拉力矩，刀口是杠杆支点，杠杆受这两个力矩作用保持平衡。

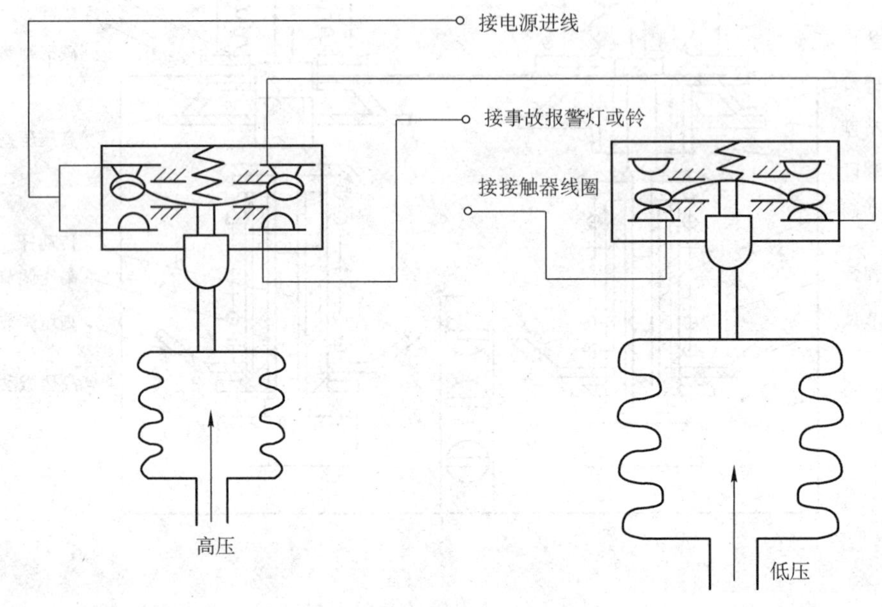

图 5—3　压力继电器接线图

当箱内温度降低时，感温机构中波纹管内的压力随之下降，顶力矩下降，杠杆顺时针转动，杠杆右端下移，左端上升。温度达到设定的下限值时，通过拨臂和跳簧使动触点向右倾斜，断开电源，压缩机停止工作。

当箱内温度升高时，感温剂压力增大，顶力矩增大，杠杆逆时针转动。温度达到设定的上限值时，动触点向左倾斜闭合，电源接通，压缩机开始运转，制冷开始，箱内温度下降。因此，这种温度控制器利用触点的自动切换来控制箱内的温度。

用旋具可调节温控器的调节螺杆，顺时针旋转螺杆，主弹簧上移，主弹簧拉力增大，下限温度值调高；逆时针旋转时，弹簧下移，拉力减小，下限温度值调低。下限温度数值的大小可通过标尺反映，但标尺上无法反映上限温度，箱温的上限温度可由温差调节旋钮来确定。旋动差动旋钮可调节温度控制器的温差（电路接通与断开之间的温度差值），即调节温度控制器的上、下限温度差值。差动旋钮上标有刻度 0～10，其中 0 为最小温差，10 为最大温差。温差范围一般为 3～5℃，顺时针旋转差动旋钮，弹簧压紧，冷藏箱停开的温度差值增大；逆时针旋转时，温差则减小。如果要求箱内的温度范围为－5～－1℃，则下限温度应设定为－5℃，温差设为 4℃。

在选用时，应根据被冷却对象的控温范围选择温度范围和温差范围合适的温控器，同时还应考虑毛细管长度及触点承受的电流是否合适。

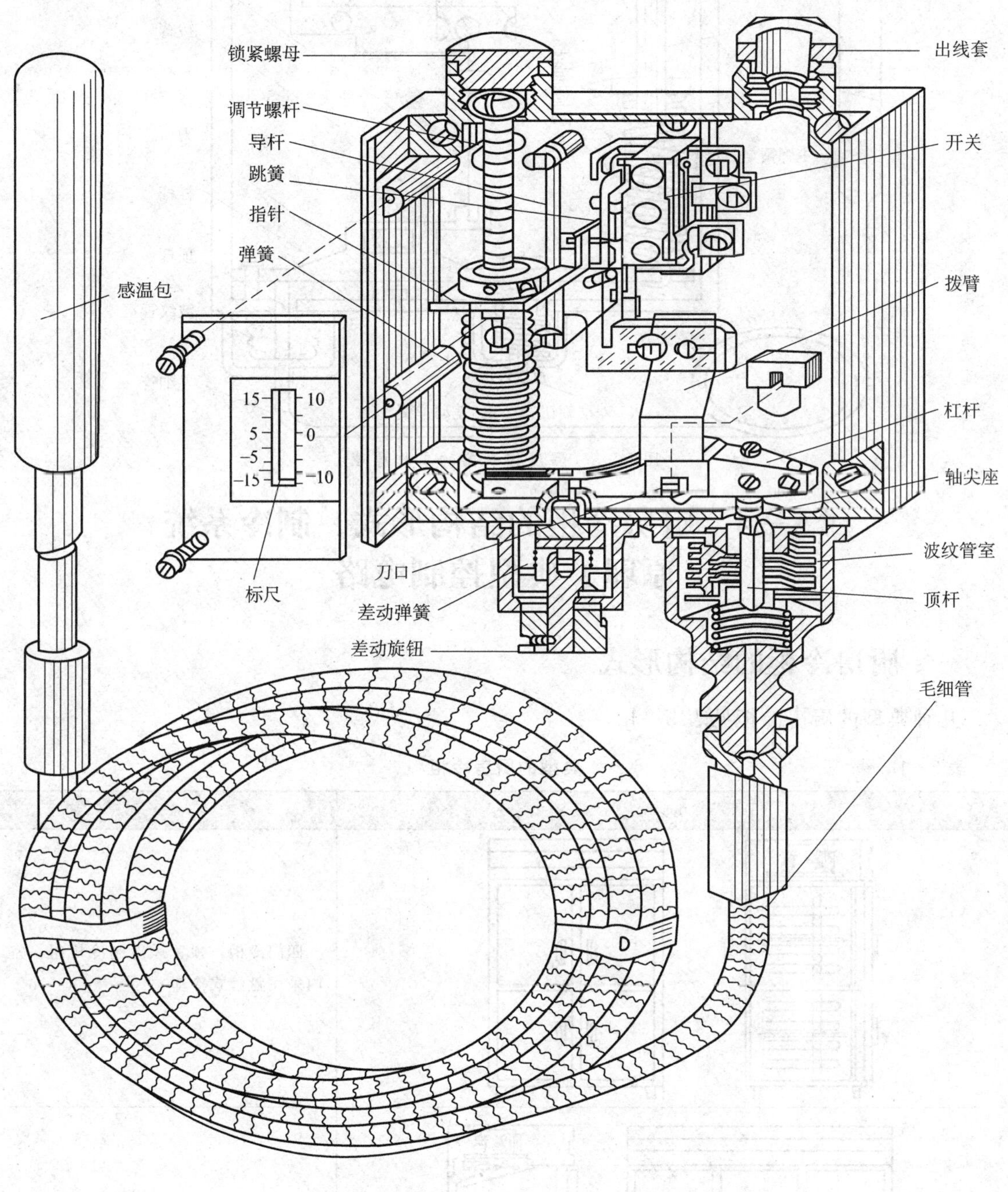

图 5—4　WT－1226 型温度控制器的结构

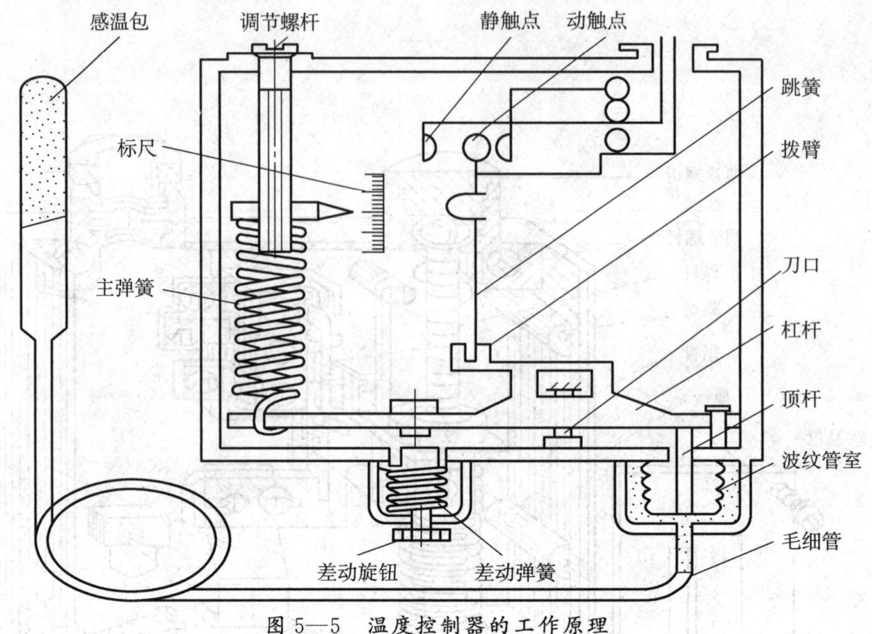

图 5—5　温度控制器的工作原理

§5—4　厨房冷柜的结构形式、制冷系统原理、典型控制电路

一、厨房冷柜的结构形式

几种典型的厨房冷柜见表 5—1。

表 5—1　　典型的厨房冷柜

结构形式	特点
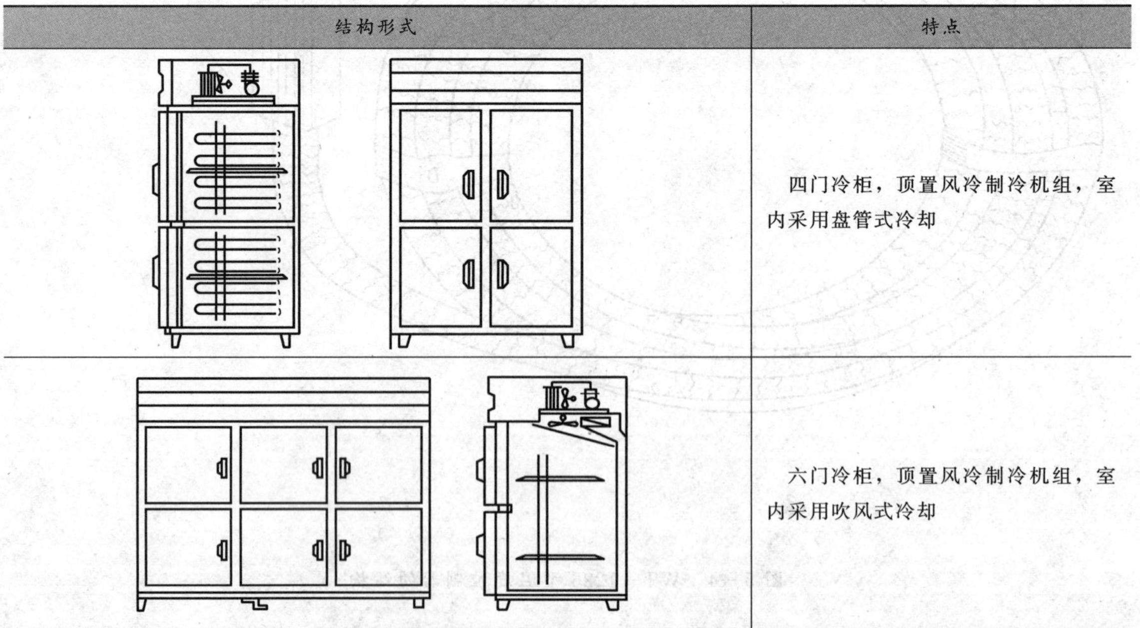	四门冷柜，顶置风冷制冷机组，室内采用盘管式冷却
	六门冷柜，顶置风冷制冷机组，室内采用吹风式冷却

续表

结构形式	特点
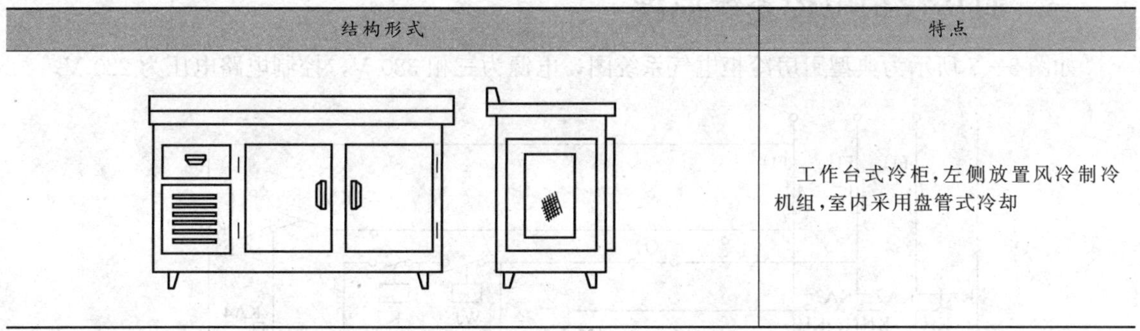	工作台式冷柜，左侧放置风冷制冷机组，室内采用盘管式冷却

二、厨房冷柜制冷系统原理

1. 制冷系统原理

如图 5—6 所示为典型的厨房冷柜制冷系统示意图，其制冷原理与家用电冰箱有许多相同之处。在压缩机未启动时，整个制冷系统的压力是平衡的，压缩机启动之后，制冷剂开始循环，蒸发器中的低压制冷剂气体被压缩机吸入，经压缩后，变成高压、高温气体，并排至冷凝器，在冷凝器中制冷剂将热量释放到周围环境中被冷却，冷凝为高压制冷剂液体，进入储液器，从储液器出来后经过干燥过滤器吸收水分，滤出杂质，经过电磁阀，进入热力膨胀阀，热力膨胀阀起节流、降压作用，使高压制冷剂液体变成低压制冷剂液体（实际上液体中有一部分闪发性气体）。然后，进入蒸发器，低压制冷剂液体在蒸发器中经过蒸发器管壁与冷藏柜内空气换热。这是一个吸热过程，吸收柜内热量，一方面使制冷剂汽化，另一方面使蒸发器所置的冷藏柜内空间降温、实现制冷。汽化后的低压制冷剂气体再次被压缩机抽走，重复上述过程，实现了制冷循环的过程。

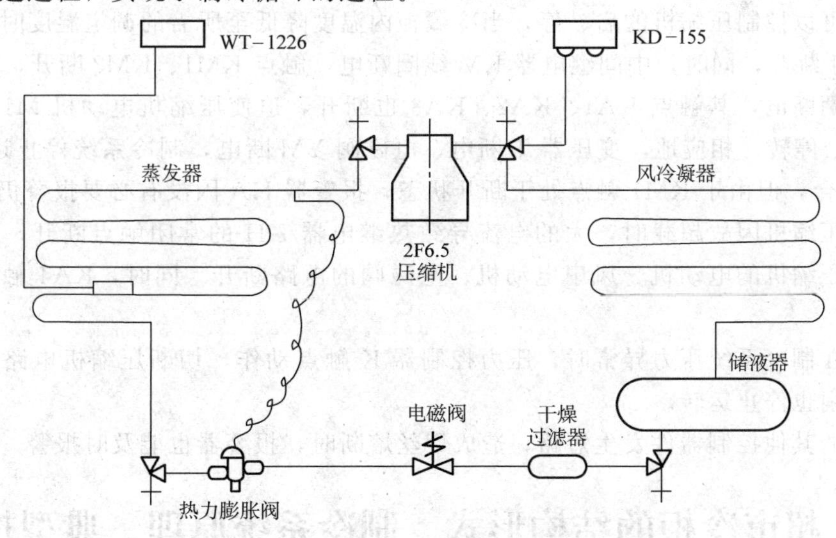

图 5—6　典型的厨房冷柜制冷系统示意图

2. 主要部件

从图 5—6 中可知，制冷系统中主要部件有压缩机、风冷凝器、蒸发器、储液器、干燥过滤器、热力膨胀阀等。

三、厨房冷柜电控系统原理

如图 5—7 所示为典型厨房冷柜电气系统图，电源为三相 380 V，控制电路电压为 220 V。

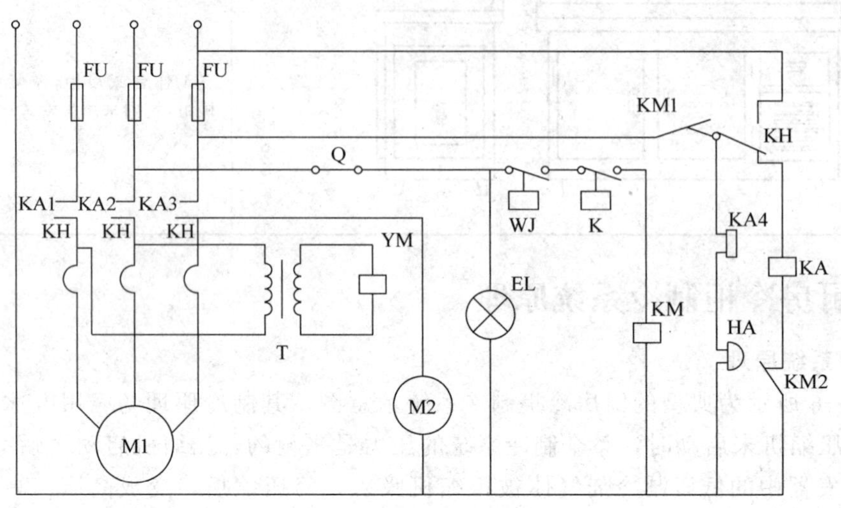

图 5—7 典型厨房冷柜电气系统图

接通电源开关 Q 后，电源指示灯 EL 亮，温控器的触点 WJ 处于吸合状态，压力继电器 K 的触点也处于吸合状态，中间继电器 KM 线圈通电，其触点 KM1、KM2 吸合。这样，交流接触器 KA 线圈得电，触点 KA1、KA2 及 KA3 也吸合，压缩机和风扇电动机 M1、M2 均可启动运转。电磁阀 YM 的线圈也得电，阀门开启，制冷系统进入运转。在正常运转条件下，不需报警，触点 KA4 处于断开状态。

温控器可以控制压缩机的启、停，当冷藏柜内温度降低至所需的调定温度时，温控器动作，触点 WJ 跳开，同时，中间继电器 KM 线圈断电，触点 KM1、KM2 断开，导致交流接触器 KA 线圈断电，其触点 KA1、KA2、KA3 也断开，迫使压缩机电动机 M1、风扇电动机 M2 断电、停转。相应地，变压器 T 断电、电磁阀 YM 断电，制冷系统停止运转。此时，KA4 触点吸合，但由于 KM1 触点处于断开状态，报警器 HA 因没有必要报警仍无电。

在制冷压缩机因故超载时，大的电流导致热继电器 KH 的常闭触点断开，从而将交流接触器以及压缩机的电动机、风扇电动机、电磁阀的电路断开。同时，KA4 触点吸合，报警器报警。

同样，在制冷系统压力异常时，压力控制器 K 触点动作，切断压缩机电路，压缩机停止运转，风扇也停止运转。

电路中的其他控制器件发生短路，造成熔丝熔断时，报警器也能及时报警。

§5—5 超市冷柜的结构形式、制冷系统原理、典型控制电路

一、超市冷柜的结构形式

几种典型的超市冷柜见表 5—2。

表 5—2　　典型的超市冷柜

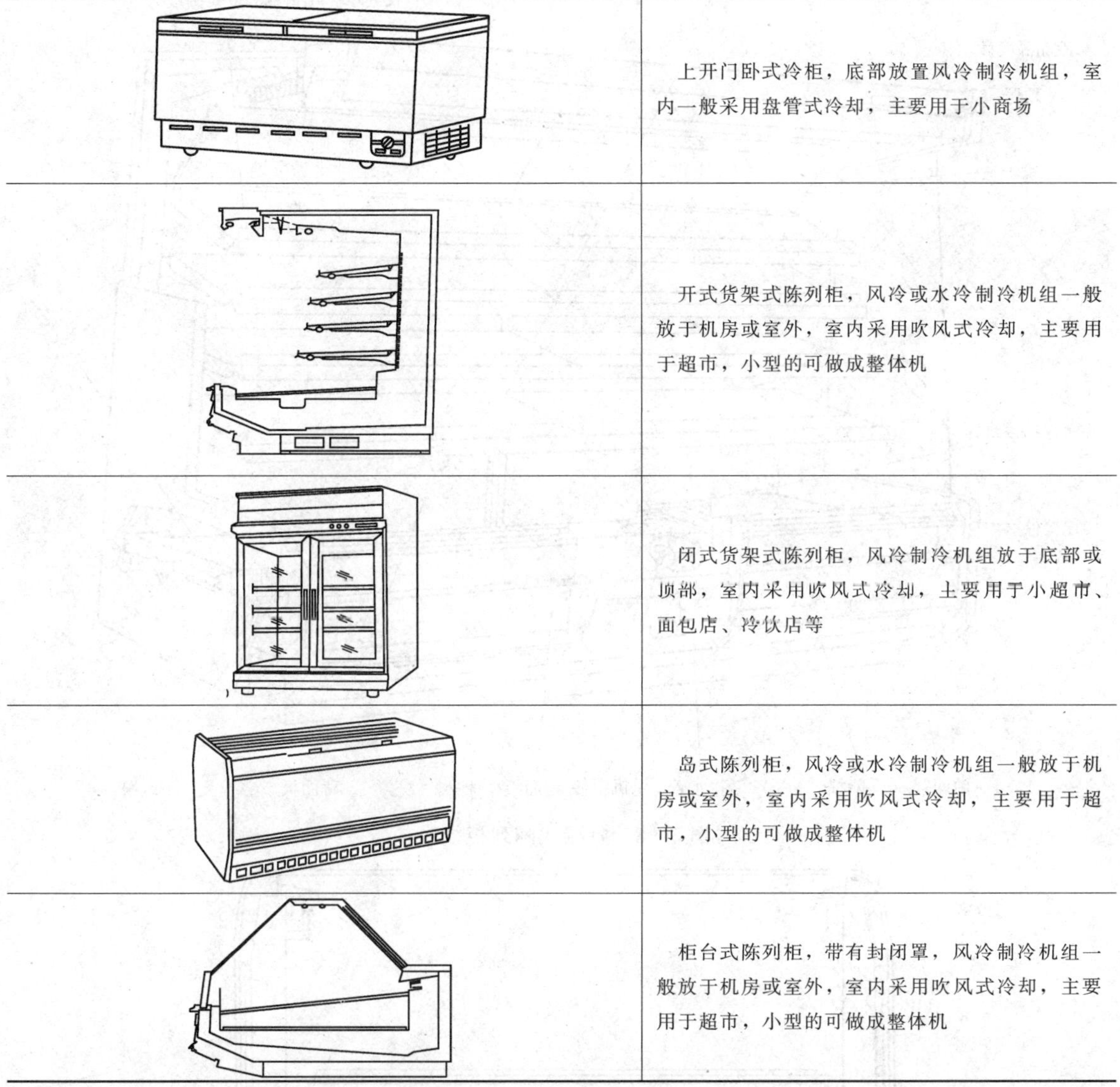

	上开门卧式冷柜，底部放置风冷制冷机组，室内一般采用盘管式冷却，主要用于小商场
	开式货架式陈列柜，风冷或水冷制冷机组一般放于机房或室外，室内采用吹风式冷却，主要用于超市，小型的可做成整体机
	闭式货架式陈列柜，风冷制冷机组放于底部或顶部，室内采用吹风式冷却，主要用于小超市、面包店、冷饮店等
	岛式陈列柜，风冷或水冷制冷机组一般放于机房或室外，室内采用吹风式冷却，主要用于超市，小型的可做成整体机
	柜台式陈列柜，带有封闭罩，风冷制冷机组一般放于机房或室外，室内采用吹风式冷却，主要用于超市，小型的可做成整体机

其中货架式陈列柜和岛式陈列柜是超市最常见的。货架式陈列柜一般靠墙布置，单体最大长度 5 m，可以多个拼装在一起，所以通常在超市里都布置成长长的几组；岛式陈列柜单体最大长度也是 5 m，也可以拼装，但一般不靠墙，所以双体的岛式陈列柜较为常见。图 5—8 所示为货架式陈列柜的结构图，图 5—9 所示为岛式陈列柜的结构图。

二、超市冷柜制冷系统原理

超市陈列柜的制冷方式，类同于一般厨房冷柜，并采用蒸气压缩式制冷装置。新型冷柜已全部选用 R22 或 R134a 制冷剂，根据其制冷装置机组的形式分为整体式和分体式两大类。制冷装置选用的压缩机全部为半封闭式或全封闭式。这类制冷压缩机结构紧凑，质量轻、效率高，运行可靠，且噪声低、振动小。对大容量的冷柜，要求制冷量大，负荷变化也较大，为了实现经济运行，则采用多台半封闭压缩机并联成组合式机组，向多台陈列柜供冷。

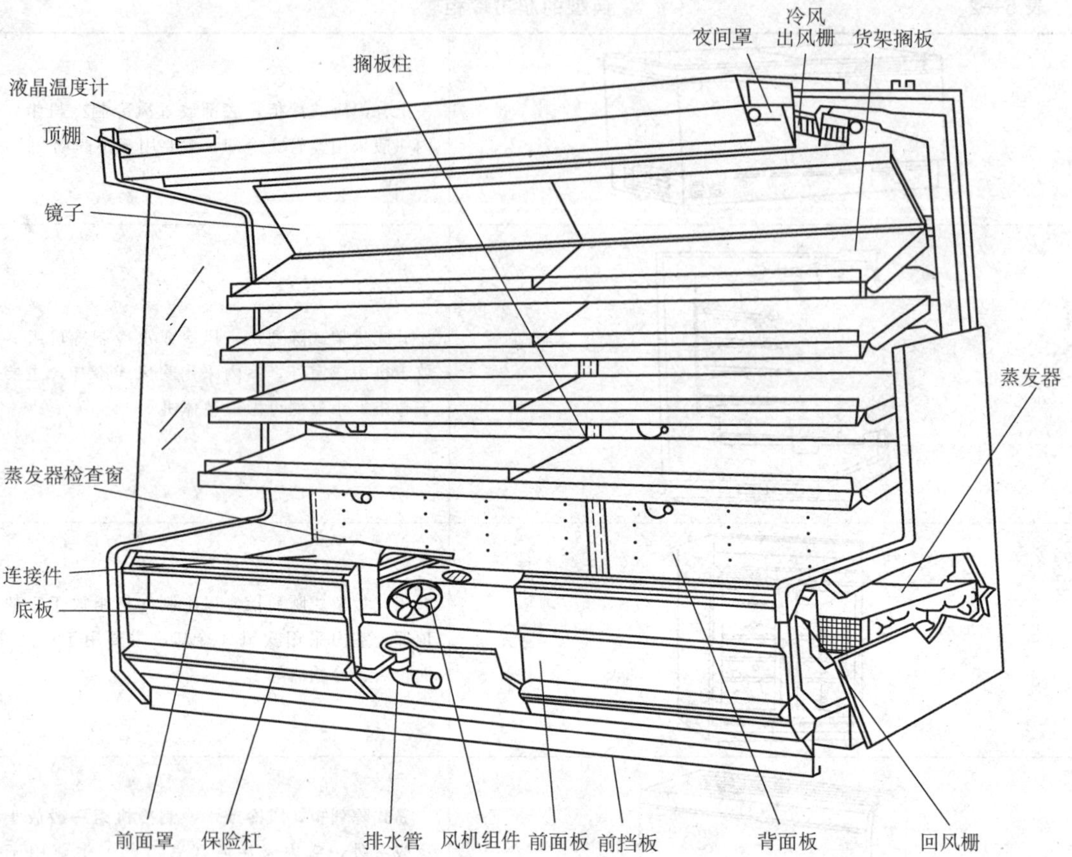

图 5—8　货架式陈列柜结构

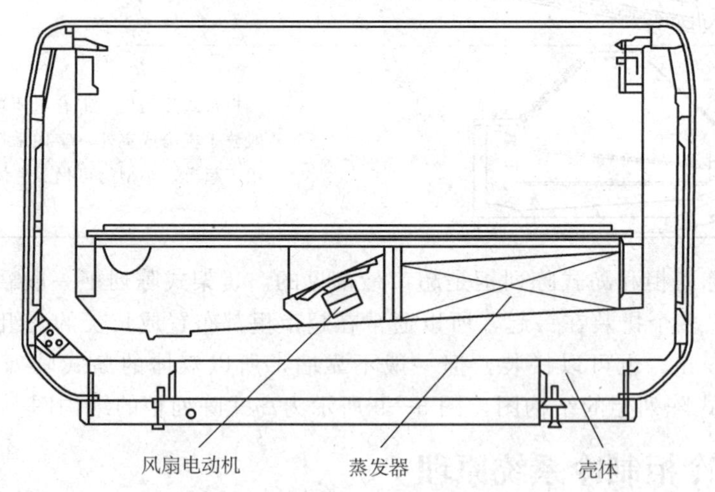

图 5—9　岛式陈列柜结构

1. 整体式陈列柜

整体式陈列柜的制冷机组安装在陈列柜柜体内部，如图 5—10 所示。独立的制冷系统向冷柜供冷，制冷循环过程，工质的压缩、冷凝、节流和汽化均在冷柜内完成。其制冷系统紧凑，制冷连接管路短，工作效率较高，且方便操作和控制。

具有内藏式制冷机组的陈列柜整体结构紧凑、使用方便，但制冷机组运行噪声对超市、商场有一定的干扰，且冷凝器放出的热量排至室内，会影响购物环境。

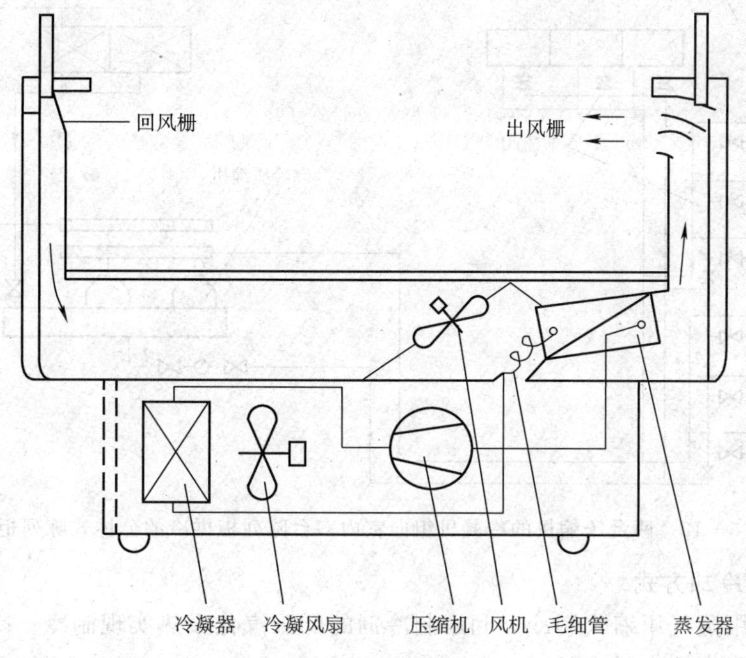

图 5—10 整体式陈列柜

2. **分体式陈列柜**

分体式陈列柜的制冷压缩冷凝机组、电气控制系统的部分设备与柜体、冷却系统分开。分体式陈列柜可以一台室外机组向一台室内陈列柜供冷，也可以一台较大制冷容量的室外机组向多台室内陈列柜同时供冷，实现经济运行。也可以将多台制冷压缩机并联成组合式机组，同时向多台室内陈列柜供冷，并实现能量调节。分体式陈列柜由于压缩冷凝机组在室外，其噪声、振动和散热对室内没有影响，有利于创造较安静、舒适的购物环境。

外置机组的分体式陈列柜制冷管路较长，管路阻力损失较大，除严格安装工艺外，更应选择较大制冷量的制冷装置。外置机组的分体式陈列柜已被广泛地用于大型超市，形成多种形式的陈列柜。图 5—11 所示为一台室外机向一台室内陈列柜供冷；图 5—12 所示为两台

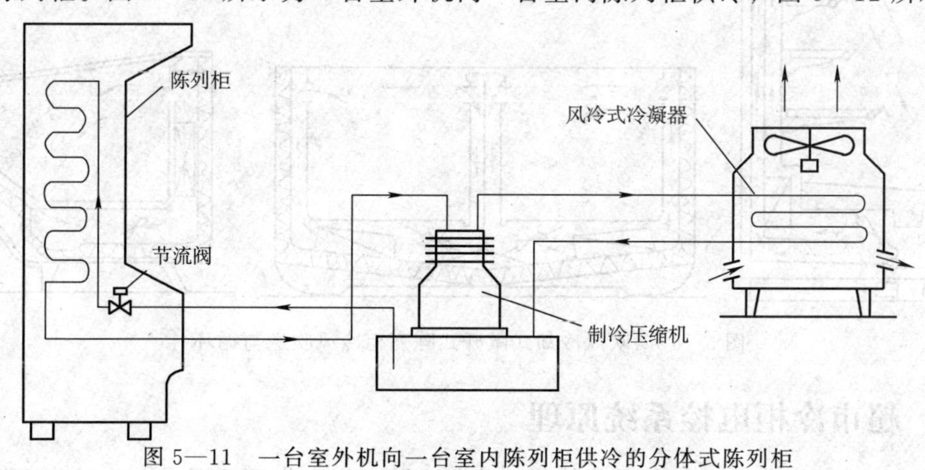

图 5—11 一台室外机向一台室内陈列柜供冷的分体式陈列柜

压缩机的压缩冷凝机组向室内多台陈列柜供冷。

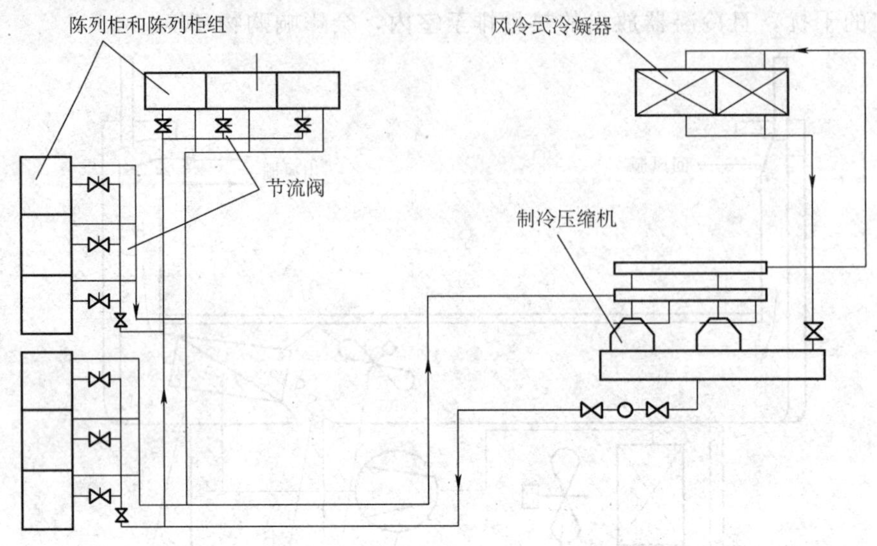

图 5—12 两台压缩机的冷凝机组向室内多台陈列柜供冷的分体式陈列柜

3. 陈列柜的冷却方式

陈列柜均采用蒸气压缩式制冷，利用制冷剂的低压汽化吸热实现制冷。冷却方式基本上是直接盘管冷却和直接吹风冷却。

陈列柜传统的直接盘管冷却，是将蒸发器盘管直接布置在陈列柜内壁板上，借助空气的自然对流，降低柜内温度。这种方式结构简单、容积利用率较高，柜门开关时冷量损失小，柜内温度稳定，不会造成食品干耗，更适合陈列展示饮品、乳制品、新鲜肉鱼或鲜花等。

吹风冷却式陈列柜一般有自动化霜功能，故又称无霜陈列柜。吹风冷却广泛应用于货架式、岛式陈列柜。敞开式陈列柜柜内循环空气分成了两路，一路吹过蒸发器，另一路形成风幕，以隔断柜内外空气，减少冷量损失，提高冷柜的制冷效率，如图 5—13 所示。

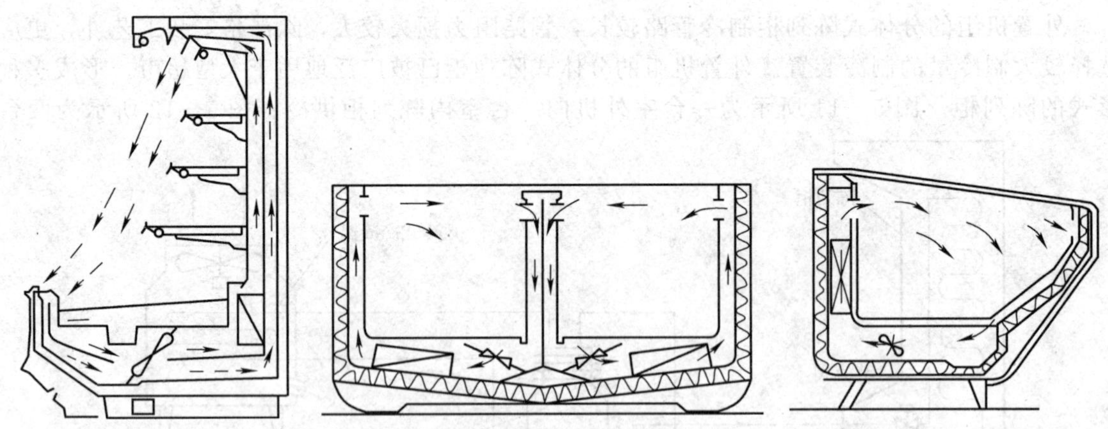

图 5—13 吹风冷却式敞开式陈列柜冷风吹送与循环

三、超市冷柜电控系统原理

如图 5—14 所示为典型的单段分体货架式超市陈列柜电气原理图。

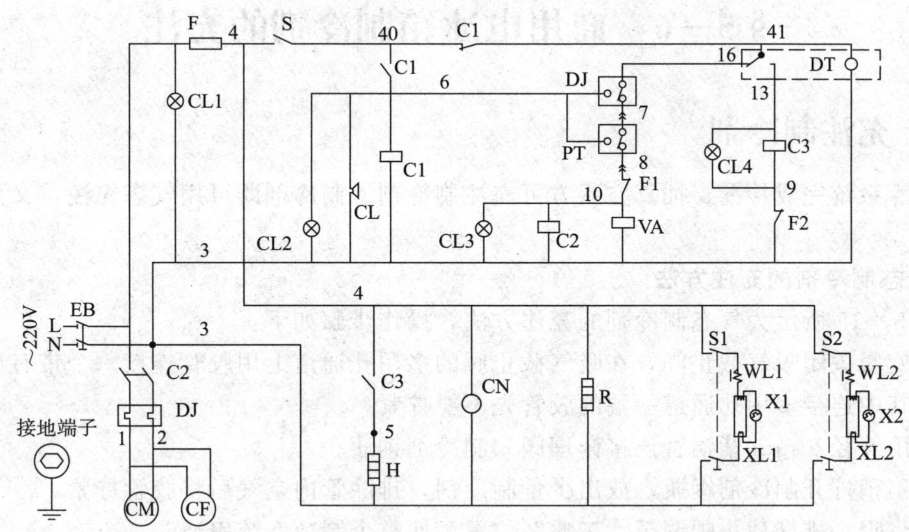

图 5—14 典型的单段分体货架式超市陈列柜电路原理图

EB—漏电开关 C1—交流中间继电器 C2—3—交流接触器 F—熔丝管 CM—压缩机电动机
CF—冷凝风扇电动机 S—系统运转开关 H—除霜电热管 CN—蒸发风扇电动机
R—防露发热线 PT—高低压力开关 VA—电磁阀 DT—定时化霜器 CL—故障蜂鸣器 S1、S2—灯开关
WL1、WL2—镇流器 X1、X2—启辉器 XL1、XL2—荧光灯 F1—制冷温控器 F2—化霜温控器 CL1—电源指示灯
CL2—故障指示灯 CL3—制冷指示灯 CL4—除霜指示灯 DJ—热继电器

图中灯开关、镇流器、启辉器、荧光灯组成照明电路，在电源正常的情况下，可以任意开关。

要开机制冷必须先合上漏电开关 EB、系统运转开关 S，制冷温控器 F1 设定温度低于柜内温度使触点闭合，这样电流经 L－EB－F－S－C1－41－16－DJ－PT－F1－C2（CL3 或 VA）－N 构成回路，线圈 C2 得电，触点闭合，压缩机 CM 和冷凝风扇电动机 CF 开始运转。同时电磁阀 VA 开启，制冷管路打开，制冷指示灯亮。只要电源正常，蒸发风扇电动机 CN 始终运转。这样便完成了制冷启动。

当柜内温度低于设定温度则制冷温控器 F1 触点跳开，C2 失电，压缩机停止。

当定时化霜器 DT 累计运转 2 h（也就是压缩机累计工作 2 h）后，触点动作，41 和 16 断开（压缩机 CM、冷凝风扇电动机 CF 停止，电磁阀 VA 关闭，制冷指示灯灭），变为 41 和 13 接通。当制冷正常时，柜内温度应低于化霜温控器 F2 的化霜点时，化霜温控器 F2 触点闭合，这样 C3 得电，H 除霜电热管得电，开始除霜。（反之，如果不制冷，则化霜温控器触点不会闭合，除霜电热管不会工作。）即当柜内温度升高到解除化霜温度点，化霜温控器 F2 触点跳开，除霜电热管停止工作，此时定时器还未恢复到制冷状态，只有达到了定时器设定的除霜时间（一般 5 min 左右），定时器才会恢复到制冷状态，即 41 和 16 接通。

当热继电器 DJ 或压力开关 PT 动作，则交流中间继电器 C1 线圈得电，C1 常闭触点断开，停止制冷，C1 常开触点闭合，CL 故障蜂鸣器响、CL2 故障指示灯亮。

§5—6　商用电冰箱制冷剂的充注

一、充注制冷剂

当制冷系统完成检漏、抽真空后方可充注制冷剂。制冷剂既可用气态充注，又可用液态充注。

1. 气态制冷剂的充注方法

如图 5—15 所示为气态制冷剂的充注方法，操作步骤如下：

（1）旋紧关闭吸气截止阀，在吸气截止阀的多用孔通道上用胶管连接一个带有压力表的修理阀，其中连接多用孔通道一端的胶管先不要拧紧。

（2）用外径 6 mm 紫铜管连接修理阀和制冷剂钢瓶。

（3）稍稍拧开制冷剂钢瓶，放出少量制冷剂，排除管内空气后将胶管拧紧。

（4）将吸、排气截止阀调至“三通”位置，使整个制冷系统串通。

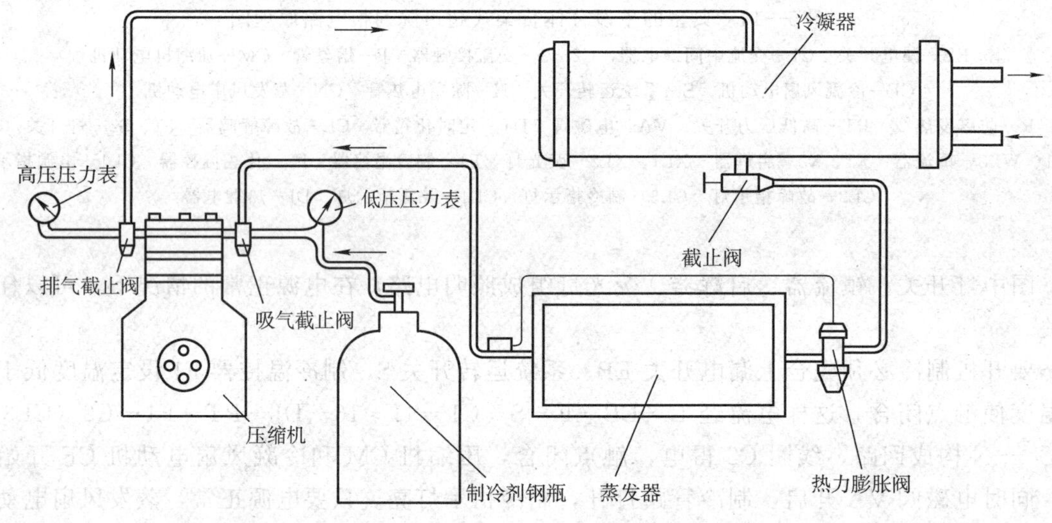

图 5—15　气态制冷剂的充注方法

（5）完全打开制冷剂钢瓶，开启压缩机，按规定量充入制冷剂。最后，关闭制冷剂钢瓶阀，旋紧关闭吸气截止阀，拆除修理阀，装上多用孔通道螺塞，关停压缩机，充注制冷剂结束。

以上是基于冷藏箱本身没有低压压力表时所采用的方法。如果系统有低压压力表，则无须接修理阀和真空压力表，可直接利用系统自身的压力表进行充注。

2. 液态制冷剂的充注方法

除了从吸气截止阀多用孔通道充注气态制冷剂外，还可以从排气截止阀处直接充注制冷剂液体。如图 5—16 所示为液态制冷剂的充注方法。采用液态制冷剂充注时的速度较快，其操作步骤如下：

（1）旋紧关闭排气截止阀。按图 5—16 所示接好制冷剂钢瓶，不开启压缩机（为保证液态制冷剂进入制冷系统，钢瓶应倒置吊高，靠制冷剂钢瓶与系统内的压力差和液位差使液态制冷剂进入制冷系统)。

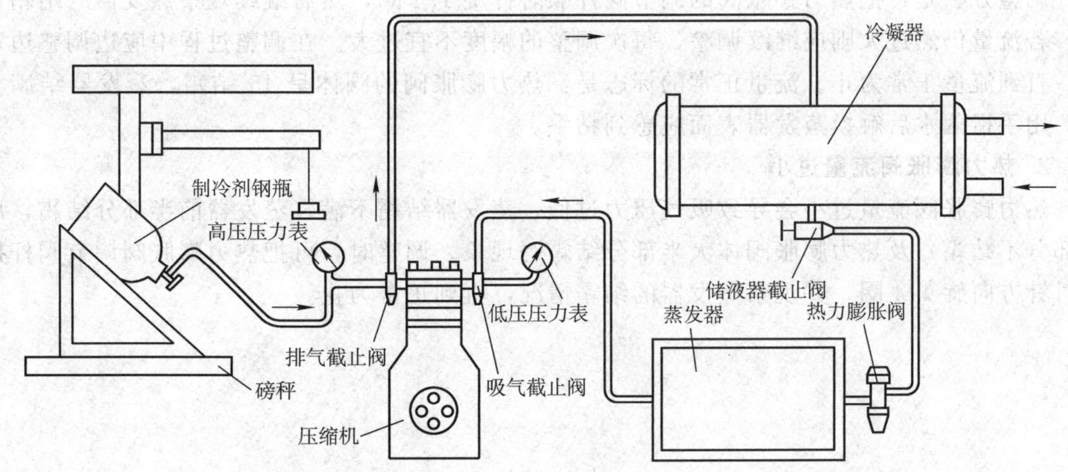

图 5—16 液态制冷剂的充注方法

(2) 排出连接管内的空气,拧紧螺母。

(3) 顺时针旋排气截止阀 2~3 圈,使排气截止阀处于"三通"位置。

(4) 当按规定量充入适量制冷剂后,关闭制冷剂钢瓶。

(5) 旋紧关闭排气截止阀,关闭其多用孔通道。

(6) 拆下连接管,装上螺塞。

制冷剂充注量的判断主要有称量法(按说明书标注质量或铭牌标注质量)、参数法等。若无磅秤,可采用控制低压压力法,压缩机的压力可通过压力表来控制。高、低压压力的具体压力值见表 5—3。采用低压压力法的同时应结合其他参数,吸气管应结有一层薄霜,蒸发器结实霜,且结霜均匀,用手指蘸水摸蒸发器,应有粘手的感觉。

表 5—3 **压缩机的压力** MPa

压力表	工况条件	制冷剂 R12		制冷剂 R22	
		水冷	风冷	水冷	风冷
排气(高压压力)	标准	0.6~0.8	0.8~1.0	1.1~1.4	1.2~1.6
	空调	0.8~1.0	1.0~1.2	1.2~1.6	1.6~2.2
吸气(低压压力)	标准	0.05~0.1	0.05~0.1	0.1~0.15	0.1~0.15
	空调	0.15~0.25	0.15~0.25	0.4~0.6	0.4~0.6

二、流量调整

向机组充注制冷剂后,应观察机组在运行过程中有无异常现象、压力是否正常,以及蒸发器和热力膨胀阀的结霜情况。当制冷剂的流量过大或过小时就需要进行调整。

1. 热力膨胀阀流量过大

热力膨胀阀流量过大会导致吸气压力过高,蒸发器的前部不结霜或结霜不实,而后半部分则结霜至压缩机的吸气端。流量过大将导致制冷量不足，甚至出现液击现象。

调整方法是：把热力膨胀阀的调节阀杆顺时针旋 1/4 圈，然后继续观察蒸发器的结霜情况。若流量仍然过大则应继续调整，每次调整的幅度不宜过大。在调整过程中应边调整边观察，直到流量正常为止。流量正常的标志是：热力膨胀阀的阀体呈 45°结霜，蒸发器结满实霜，用手指蘸水后触摸蒸发器表面应感到粘手。

2. 热力膨胀阀流量过小

热力膨胀阀流量过小会导致吸气压力过低、蒸发器结霜不满（蒸发器前半部分结霜，后半部分不结霜）及热力膨胀阀体大半部分结霜等现象。调整时，可把热力膨胀阀调节阀杆按逆时针方向旋 1/4 圈，并观察蒸发器的结霜情况，直到正常为止。

实 习 Ⅰ

课题一 认识电冰箱的结构

一、实习目的

认识电冰箱箱体、制冷系统、电气控制系统的结构与原理，学会拆装箱门、门封条以及电气系统零部件等。

二、主要设备、工具与材料

直冷式、间冷式双门电冰箱（前者主要用于箱体与制冷系统认识，后者主要用于电气控制系统认识）、500 型兆欧表、旋具、万用表。

三、直冷式电冰箱

1. 操作步骤

（1）通电后，观察直冷式电冰箱的箱体组成和工作状态。

（2）观察制冷系统暴露在外的部分，至少应找到压缩机、干燥过滤器、毛细管等制冷部件。

（3）分析制冷系统的走向，记录可观察到的焊接点的个数。

（4）将耳朵贴在电冰箱上部的侧面，听制冷剂的流动声。

（5）把脚放到压缩机上，感觉压缩机正常工作时的颤动。

（6）20 min 后，用手感觉电冰箱各部分温度，用“烫”“热”“常温”“凉”“冷”等词汇填写完成实习表Ⅰ—1。

实习表Ⅰ—1　　电冰箱

部位 / 温度	压缩机	冷凝器中间	回气管	排气管	干燥过滤器

（7）断电，用旋具拆下电冰箱冷藏室的箱门，方法是先拆中铰链，后拆下铰链。

（8）拆门封条及门内胆。方法是翻开门封条的翻边，将门封条固定螺钉分别旋松，门封条即可抽出，最后拆下门内胆。

（9）照原样依次装好门内胆、门封条以及箱门。

2. 注意事项

（1）拆装门封条时注意不要损坏内胆。

（2）通电触摸电冰箱时应注意安全。

四、风冷式电冰箱

1. 操作步骤

（1）通电后，将风冷式电冰箱冷藏室与冷冻室的箱门同时打开，用手按压冷藏室门开关，可观察到箱灯亮，同时按下冷冻室门开关，可感觉到风扇工作，能听到风扇电动机转动的声音。

（2）断电（以下均断电），打开冷冻室箱门，拆下装有感温风门温控器的蒸发器绝热板，观察翅片式蒸发器、风扇、双金属化霜停止温控器、温度熔断器等部件。

（3）分析风冷式电冰箱的风路系统；分析感温风门温控器的控制原理。

（4）在翅片式蒸发器的下方凹槽内装有化霜电加热器，可慢慢将其撬出观看。

（5）打开冷藏室箱门，拆下冷藏室温控器的控制板，观察温控器、定时器等电气部件。

（6）在电冰箱后面拆下压缩机上的接线盒，观察压缩机启动与保护组件。

（7）根据电冰箱电路图，分析电气控制系统的工作原理。

（8）将电冰箱复原，用兆欧表检查电冰箱的绝缘性能，绝缘电阻应大于 2 MΩ，通电检查电冰箱应能正常工作。

2. 注意事项

（1）拆出化霜电加热器时要用巧劲，要注意不要被蒸发器上的翅片划伤。

（2）拆冷藏室温控器控制板时，当心将箱内胆碰坏。

（3）拆装电冰箱零部件时，一定要在断电的情况下进行，确保人身安全。

课题二　压缩机的更换

一、实习目的

熟悉压缩机的更换方法，掌握其操作步骤。

二、主要设备、工具与材料

电冰箱、全封闭式压缩机、气焊设备、锉刀、扳手、旋具、尖嘴钳、胶塞、砂纸等。

三、操作步骤

1. 拆下电气连接线。
2. 用锉刀将压缩机的工艺管锉开一个小口，排尽制冷剂。
3. 用气焊焊开压缩机高压排气管和低压排气管的连接部位。
4. 用胶塞塞住连接管的管口。
5. 用扳手拧下底板上压缩机的安装螺母，拆下压缩机。
6. 取出压缩机底座的防振橡胶垫。
7. 将橡胶垫安装在新压缩机的底座上。
8. 将新压缩机安装在电冰箱底板上，并拧紧安装螺母。

9. 取下连接管中的胶塞。

10. 将焊接部位清理干净并打磨光亮。

11. 将新压缩机的高低压管与制冷系统的管道焊接好。

12. 接好电气连接线。

四、注意事项

1. 排放制冷剂时，不宜将工艺管整根切断，否则润滑油会随制冷剂喷出。

2. 压缩机的防振垫老化后应予以更换。

3. 新压缩机的功率、启动方式等规格应与原压缩机相同。

4. 在无法得到相同功率的压缩机时，若以功率稍大的代用，则应适当加长毛细管，同时减少制冷剂的充注量；若以功率稍小的代用，则应截短毛细管，增加气流量。毛细管的加长或截短应反复试验，以达到良好的制冷效果。

5. 压缩机的安装螺母不得过松或过紧，否则会增大噪声和振动。

课题三　全封闭式压缩机电动机绕组的判定

一、实习目的

掌握全封闭式压缩机三个接线端子性质的判别方法，掌握电动机绝缘电阻的测量方法，如实习图 I—1 所示。

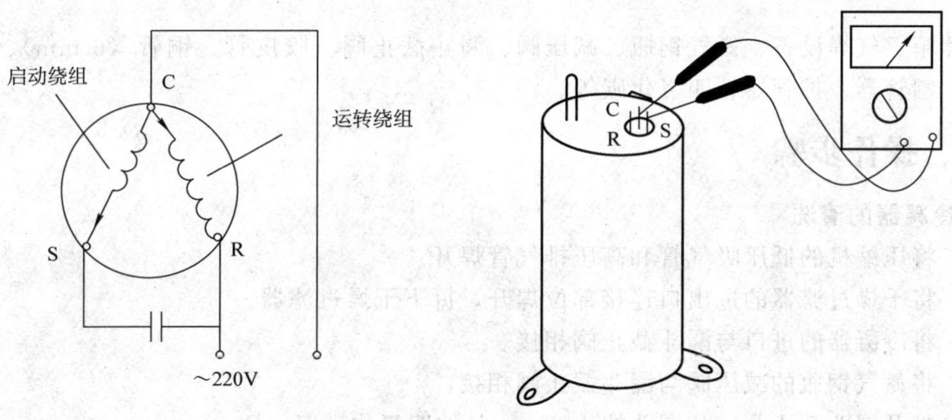

实习图 I—1　压缩机绕组测量、判定

二、主要设备、工具与材料

全封闭式压缩机、万用表、500 V 级兆欧表等。

三、操作步骤

1. 卸下压缩机的接线盒，拆下保护器和启动器。

2. 在压缩机电动机的三个接线端旁标以 A、B、C 标记。

3. 将万用表的量程选定为 $R\times1$ 挡，并调零。

4. 用万用表测三个端子间的电阻值，并记录电阻值 R_{AB}、R_{AC}、R_{BC}。

5. 据测得的阻值判断电动机绕组的阻值是否正常。

6. 据测得的阻值判断电动机三个端子的性质。

7. 用兆欧表测三个端子中任意一个与压缩机机壳间的电阻值，并判断绝缘电阻是否正常。

四、注意事项

1. 三个端子间某两个电阻值相加等于另一个电阻值时为正常。但应注意某些电冰箱中采用的是电容启动式压缩机，启动绕组的电阻值反而小于运行绕组。

2. 最大阻值为启动绕组和运行绕组阻值之和，阻值次之的为启动绕组，阻值最小的为运行绕组。据此可判定三个接线端子的性质。

3. 绝缘电阻大于 2 MΩ 为正常。

课题四　电冰箱制冷系统的清洗

一、实习目的

熟悉电冰箱制冷系统（严重污染）的清洗方法，掌握其操作步骤。

二、主要设备、工具与材料

电冰箱、气焊设备、氮气钢瓶、减压阀、漏斗截止阀、胶皮管、铜管（6 mm）、扳手、尖嘴钳、割管器、扩管器、四氯化碳等。

三、操作步骤

1. 冷凝器的清洗

（1）将压缩机的低压吸气管和高压排气管焊开。

（2）将干燥过滤器的进出口连接部位焊开，拆下干燥过滤器。

（3）将冷凝器的进口与漏斗截止阀相接。

（4）将氮气钢瓶的减压阀与漏斗截止阀相接。

（5）打开漏斗截止阀，从漏斗注入 200 mL 的四氯化碳。

（6）关闭截止阀。

（7）打压 0.8 MPa。

（8）用手不断堵住和松开冷凝器的出口。

（9）重复步骤（5）～（8），反复清洗，直至放在出口处的白纸不变色。

（10）关闭氮气钢瓶，将减压器调节杆旋回原位，拆除连接管和截止阀。

2. 蒸发器的清洗

（1）将蒸发器的管口与漏斗截止阀相接。

（2）将氮气钢瓶的减压阀与漏斗截止阀相接。

(3) 打开漏斗截止阀，从漏斗注入 200 mL 的四氯化碳。

(4) 关闭截止阀。

(5) 打压 0.8 MPa。

(6) 用手不断堵住和松开毛细管的管口。

(7) 重复步骤 (3) ～ (6)，反复清洗，直至放在出口处的白纸不变色。

(8) 关闭氮气钢瓶，将减压器调节杆旋回原位，拆除连接管和截止阀。

四、注意事项

1. 最后一次氮气吹洗时应将洗涤剂吹洗干净。

2. 制冷系统清洗后不应久放，应及时更换压缩机、过滤器，并组装、封焊好。

课题五　电冰箱制冷系统的检漏

一、实习目的

熟悉肥皂水检漏、电子检漏仪检漏的方法，掌握检漏的操作步骤。

二、主要设备、工具与材料

电冰箱、气焊设备、制冷剂钢瓶、氮气钢瓶、减压阀、三通修理阀、割管器、扩管器、连接管、砂纸、小刀、肥皂、空杯、毛笔、电子检漏仪等。

三、操作步骤

1. 肥皂水检漏

(1) 用小刀将肥皂削成薄片，浸泡在杯中的热水内，并不断搅拌，使肥皂溶化成稠状溶液。

(2) 用割管器割断压缩机的工艺管，并加焊 6 mm 铜管。

(3) 用连接管连接加焊铜管和带有压力表的三通修理阀。

(4) 将减压阀安装在氮气钢瓶的出口。

(5) 用连接管连接三通修理阀和减压阀。

(6) 开启氮气钢瓶，顺时针旋动减压阀的调节杆。

(7) 当减压阀的指示数值为 0.6 MPa 时，开启三通修理阀。

(8) 当三通修理阀压力表的指示数值为 0.6 MPa 时，关闭三通修理阀和氮气钢瓶阀，并将减压器的调节杆旋回原位。

(9) 用毛笔蘸肥皂水，涂抹于被检处。

(10) 仔细观察被检处是否有气泡冒出。

2. 电子检漏仪检漏

(1) 通过三通修理阀向制冷系统内充入 0.3～0.4 MPa 的制冷剂后，关闭制冷剂钢瓶阀和三通修理阀。

(2) 调整工作状态调节电位器，将仪器调至正常使用工作点。

(3) 将探头靠近被检处约 5 mm 处，并慢慢移动。

(4) 当移至某处，发光二极管和蜂鸣器发出声光报警信号时，该处即为泄漏点。

四、注意事项

1. 向系统充入高压氮气时，充气速度不能过快，以免管道爆裂。

2. 检漏应在系统内压力平衡后进行。

3. 使用电子卤素检漏仪检漏时，环境空气应洁净、流动，以免出现误报警。

4. 使用电子卤素检漏仪检漏时，应严防大量的制冷剂蒸气吸入检漏仪而污染电极，降低仪器的灵敏度。

5. 使用电子卤素检漏仪检漏时，探头移动速度应不高于 50 mm/s。

课题六　电冰箱制冷系统的抽真空和充注制冷剂

一、实习目的

熟悉电冰箱制冷系统抽真空和充注制冷剂的方法，掌握抽真空和充注制冷剂的步骤。

二、主要设备、工具与材料

电冰箱、气焊设备、复式修理阀（又叫歧管式压力表）、连接管、真空泵、计量加液器、割管器、扩管器、封口钳等。

三、操作步骤

1. 管道连接

(1) 用割管器割开压缩机的工艺管并加焊 6 mm 的铜管。

(2) 用连接管连接压缩机加焊铜管和复式修理阀的三通接头。

(3) 用连接管连接真空泵和复式修理阀的真空压力表三通接头。

(4) 用连接管连接计量加液器的出液阀口和复式修理阀的压力表三通接头。

2. 抽真空

(1) 关闭复式修理阀中通往计量加液器的压力表三通阀。

(2) 打开复式修理阀中通往真空泵的真空压力表三通阀。

(3) 开启真空泵。

(4) 当复式修理阀真空压力表的指示数值小于 133 Pa 时，关闭真空压力表三通阀，关停真空泵。

3. 充注制冷剂

(1) 打开计量加液器的出液阀。

(2) 打开复式修理阀的压力表三通阀。

(3) 仔细观察计量加液器的液位变化，当充注量达到电冰箱铭牌上的规定值时，迅速关闭计量加液器的出液阀。

4. 试运行

(1) 接通电冰箱的电源，将温控器置强冷点。

(2) 电冰箱运行 30 min 后，观察蒸发器及回气管的结霜情况。

5. 封口

(1) 确认电冰箱制冷系统性能正常后，关闭压力表三通阀。

(2) 用气焊将加焊铜管在距压缩机 10 cm 处烧红，并迅速用封口钳夹扁 1～2 处。

(3) 在距夹扁处 2～3 cm 的地方切断连接铜管。

(4) 封焊工艺管口。

四、注意事项

1. 用连接管连接复式修理阀的压力表三通接头和计量加液器的出液阀时，应先将复式修理阀的压力表三通接头虚接，开启计量加液器的出液阀，排尽连接管内的空气后，再拧紧压力表三通接头，关闭出液阀。

2. 制冷剂充注过多或不足时，应放出或补充制冷剂。

3. 压缩机工艺管的封口应在压缩机运行时进行。

课题七　加注润滑油

一、实习目的

熟悉加注润滑油的方法，掌握其操作步骤。

二、主要设备、工具与材料

电冰箱、润滑油、盛油容器、真空泵、复式修理阀、扩管器、连接管、吸油管等。

三、操作步骤

1. 用连接管连接压缩机的工艺管和复式修理阀的三通接头。

2. 用连接管连接真空泵和复式修理阀的真空压力表三通接头。

3. 将吸油管接至复式修理阀的压力表三通接头。

4. 关闭复式修理阀的压力表三通阀。

5. 打开复式修理阀的真空压力表三通阀。

6. 开启真空泵，抽空数分钟。

7. 关闭真空压力表三通阀，关停真空泵。

8. 缓慢打开压力表三通阀，容器中的润滑油即被吸入压缩机。

四、注意事项

1. 连接吸油管时，应预先在吸油管内灌满润滑油。

2. 润滑油的加注量应以产品说明书为标准，或比检修时的倒出量多加注 10%～15%。

3. 代号不同的润滑油不能混合使用。

4. 加注的润滑油与原润滑油不同时，应将原润滑油倒出，再加入新润滑油，启动压缩机数分钟，将油再次倒出后重新加注润滑油。

课题八　电冰箱开背修理

一、实习目的

了解电冰箱开背修理操作程序，掌握电冰箱开背修理的方法。

二、主要设备、工具与材料

实验用电冰箱、铅笔、小刀或者其他利器、500 型兆欧表、旋具、万用表等。

三、操作步骤

1. 根据电冰箱型号，观察电冰箱结构，查阅说明书，用铅笔标明电冰箱的管道焊接点(也就是最易泄漏点)，增加开背修理的可靠性。

2. 在电冰箱背部铁皮上与下蒸发器接管穿入发泡隔热层的位置，用小刀开一个宽 6 cm、长 12 cm 的孔，揭掉所挖的铁皮，即可以露出隔热材料。

注意：在用小刀或其他利器切开电冰箱背部铁皮的过程中，以切开铁皮为限，切不可一次进刀过深。因有些电冰箱的防冻加热丝的电源引线就埋设在后背，若进刀过深，容易切断电源线。如果不小心在开背的过程中弄断或损伤了电源线，应将断线接上并用绝缘胶带包扎。对电源线的损伤处也应认真包扎，防止电冰箱外壳带电，发生意外事故。

3. 用塑料或木制工具小心挖出发泡材料。在挖出发泡材料的过程中，最好不要使用锐器，而且在操作过程中应该小心谨慎，切不可用力过猛，防止将管道弄坏。

4. 对露出管子的接头进行检查。若需再寻找其他接头，可再在适当位置开孔或采取顺着管路查找接头的方法进行。

在查找泄漏的过程中，注意该电冰箱接头的数量，应逐个寻找查漏直至找出最后一个接头为止。多数电冰箱在上、下蒸发器各自的末端都有一小段铜管，而在蒸发器之间和蒸发器与毛细管、回气管连接时采用钎焊。这样，在查找接头时，除了寻找铜—铜钎焊接头外，还应找出各自的铜—铝接头（铝蒸发器）。也有一些电冰箱在下蒸发器的两根连接管伸入发泡材料内装设有防冻加热丝，用铝箔粘胶带将其包裹在管道外。在查漏的过程中，应仔细剥开铝箔，拉开加热丝后检查被包裹的铝管是否有泄漏。在维修中经常发现该部位有不同程度的腐蚀，而在修理完毕后电热丝应仍然包裹在管道上，切不要将其切断，更不能将其短接。

5. 挖开电冰箱后背找到泄漏点后，进行补漏处理。补漏处理的方法如下：

（1）对于方便焊接的管道或接头，进行焊接补漏。但在焊接的过程中注意不要过多地烧坏隔热层，更不应使蒸发器受到损伤。

（2）对于铜—铝接头或不便焊接的地方需进行补漏时，应采用粘补的方法。将泄漏点附近用砂纸打磨后，用四氯化碳或汽油对打磨处进行清洗，除去油污，然后将 JC－311 型环氧树脂胶按 A、B 管比例配好调匀，仔细地涂在已经清洗过的泄漏点四周，在常温下固化 24 h

即可。

6. 对泄漏点处理完毕后，进行试压检漏，详见制冷系统的高压检漏或真空试漏部分。

7. 泄漏确已排除后，对所挖的孔洞进行发泡处理，或将原挖出的隔热材料回填，再用一块比所割范围稍大的铁皮，覆盖在原来的开背位置上，用自攻螺钉固定即可。

四、注意事项

1. 对需要进行开背修理的电冰箱在操作前应做到：判断准确，征得同意，准备对策。

2. 也有一些电冰箱，生产厂家在生产时就考虑到方便维修，把上述各个接头集中到一个或几个不大的范围中，且在平整的电冰箱后背上打有凹形印记。出现低压泄漏需检查内藏接头时，只需从凹形印记范围内切开后背铁皮，挖掉发泡隔热层，即可露出接头，检修很方便。修理完毕，可将原发泡物或另用隔热材料充填回去，再用一块比所切开范围稍大的铁皮覆盖在原开口的位置上，用自攻螺钉固定即可。

3. 在实际修理工作中，并不是每次都在接头或发生故障较多的地方找到泄漏点，有时也遇到泄漏点十分难找到的情况。为进一步确认泄漏点的所在部位，可将上、下蒸发器连接点分开，并分别对其试压。如果是下蒸发器泄漏，可以进行更换或粘补，对于上蒸发器泄漏，若仔细检查已露出的接头仍无结果，应采取其他处理方法加以解决。

课题九　电冰箱电气元件的拆装

一、实习目的

熟悉电冰箱电气线路的结构，掌握电气元件的拆装方法（见实习图Ⅰ—2)。

二、主要设备、工具与材料

直冷式电冰箱或风冷式电冰箱、旋具、电烙铁、扳手、尖嘴钳、焊锡、松香等。

三、操作步骤

1. 用十字旋具拆下温控装置。

2. 拆下压缩机外壳上的接线盒护盖。

3. 拆除启动保护装置的连接线。

4. 从启动保护装置中拆下过载保护器。

5. 从启动保护装置中拆下启动继电器。

6. 拆除外罩，卸下灯泡。

7. 拆除开关连接线，并拆下箱门开关。

8. 拆下液晶显示器。

9. 拆下主电路板、变压器。

10. 拆下化霜加热器。

11. 拆下感温头。

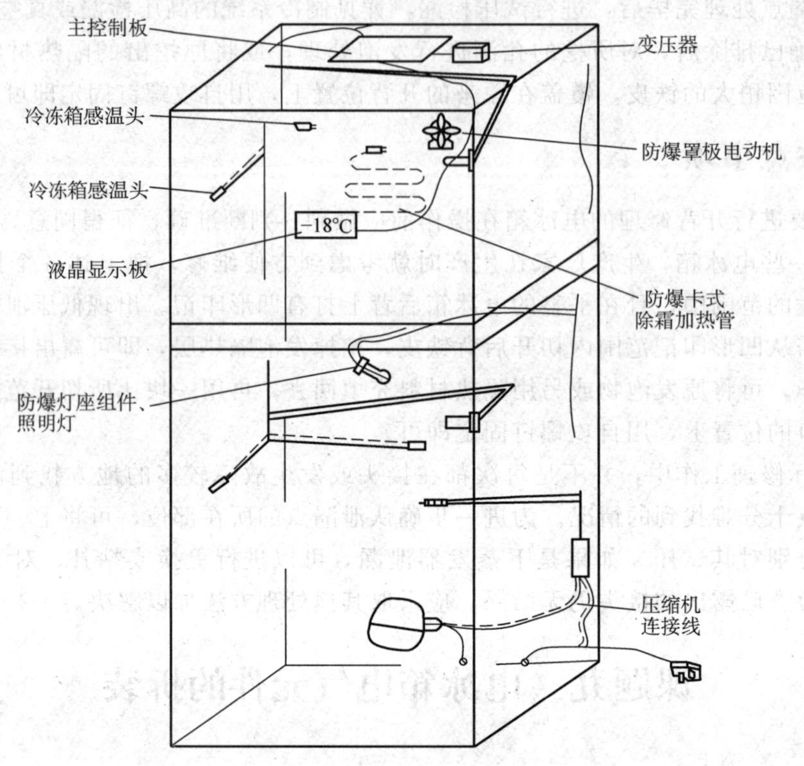

实习图Ⅰ—2　典型微型计算机控制电冰箱电气元件布置图

12. 将电气元件按原来的形式连线并安装好。

13. 整机检测时，用万用表在电冰箱的电源线插头处测量整机电阻，并判断接线是否有误。

14. 试运行，接通电源，开启电冰箱，判断压缩机电动机、照明灯、门灯开关、温控器等是否工作正常。

课题十　电冰箱电气元件的检测

一、实习目的

掌握重锤式启动继电器、PTC 启动继电器、碟形过电流过温升保护继电器、温度控制器、化霜定时器等电气元件的检测方法。

二、主要设备、工具与材料

交流调压器、万用表、电流表、大功率负载电阻、开关、重锤式启动继电器、PTC 启动继电器、碟形过电流过温升保护继电器、温度控制器、化霜定时器等。

三、检测方法

1. 重锤式启动继电器的检测

（1）用万用表的欧姆挡测量启动继电器线圈的电阻值。

（2）将启动继电器直立放置，用万用表检查其常开触点是否断开。

（3）将启动继电器倒立放置，用万用表检查其常开触点是否闭合。

（4）将启动继电器的线圈和电流表、负载电阻及开关串联后，接入调压器。

（5）闭合电路开关，调节调压器的输出电压，使输出电压从零开始逐渐增大，并观察电流表的读数。

（6）当启动继电器吸合时，记录电流表所指示的启动继电器的吸合电流。

（7）启动继电器吸合后，将调压器的电压逐渐调低，并观察电流表的指示数值。

（8）当启动继电器释放时，记录电流表所指示的启动继电器的释放电流。

（9）重复步骤（5）～（8）若干次，求出吸合电流和释放电流的平均值。

（10）根据检测结果判断启动继电器的性能是否正常。

2. PTC 启动继电器的检测

（1）用万用表的欧姆挡测出并记录 PTC 启动继电器在室温下的电阻值。

（2）将 PTC 启动继电器、电流表及电路开关串联后接入调压器。

（3）闭合电路开关，调节调压器的输出电压，使输出电压从零开始逐渐增大，观察电流表的指示数值。

（4）当电流表的指示数值突然下降时，立即断开电路开关，测出并记录 PTC 启动继电器的热态电阻值。

（5）重复步骤（3）～（4）若干次，求出热态电阻的平均值。

（6）根据检测结果判断 PTC 启动继电器的性能是否正常。

3. 碟形过电流过温升保护继电器的检测

（1）用万用表的欧姆挡检测过电流过温升保护继电器的通断情况。

（2）用打火机加热过电流过温升保护继电器的安装面，同时用万用表检测其通断情况。

（3）将过电流过温升保护继电器和电流表、负载电阻、电路开关串联后接入调压器。

（4）缓慢调节调压器的电压，使电压从零开始逐渐升高，观察过电流过温升保护继电器的动作电流。

（5）据检测结果判断过电流过温升保护继电器的性能是否正常。

4. 温度控制器的检测

（1）将温控器的旋钮分别置断开位和中间位，用万用表检查温控触点间的通断情况。

（2）将温控器的旋钮置中间位置，按下化霜按钮，用万用表检查温控触点间的通断情况。

（3）将温控器的旋钮置中间位置，把温控器放入制冷正常的电冰箱冷冻室内冷冻数分钟，用万用表检查温控触点间的通断情况。

（4）取出温控器，等温控器温度回升后，检查温控触点的通断情况。

（5）根据检测结果判断温控器的性能是否正常。

5. 化霜定时器的检测

（1）用万用表测量化霜定时器电动机绕组 A、C 端的阻值（正常值为 7 000 Ω 左右）。

（2）将化霜定时器的手控转轴按顺时针方向旋至化霜点，当听到触点动作声后，测 B、C 和 C、D 的通断情况（正常时：B、C 不通，而 C、D 接通）。

（3）将手控转轴按顺时针方向旋转一个很小的角度，使转轴旋离化霜点，测 B、C 和 C、D 的通断情况（正常时：B、C 接通，而 C、D 不通）。

（4）在化霜定时器手控转轴所处的位置做好标记。

（5）由调压器向化霜定时器的 A、C 端通以 220 V 的交流电。

（6）通电 1～2 h 后，观察转轴是否顺时针转动了一个角度。

（7）根据检测的结果判断化霜定时器的性能是否正常。

课题十一　电冰箱门封的更换

一、实习目的

熟悉电冰箱门封的更换方法，掌握其操作步骤。

二、主要设备、工具与材料

电冰箱、磁性门封条、旋具、钢锯条、手电筒、大水盆、热水等。

三、操作步骤

1. 拆下门封条的螺钉和压板，取下门封条。
2. 将箱门封条贴合面清洗干净。
3. 将新门封条放在 60～70℃的热水中浸泡调平。
4. 当新门封条尺寸过大时：在门封条的中间部位按 45°斜面切断，截去多余部分，然后用烧红的钢锯条插入搭接处的斜面。钢锯条插入后立刻拔出，并用手捏紧粘接处，使其粘接密贴。
5. 用螺钉和压板将门封固定在箱门上。
6. 将点亮的手电筒放入电冰箱内，关上箱门，若门封有漏光则应进行调整。

四、注意事项

1. 应选取尺寸合适的门封条。
2. 在没有尺寸合适的门封条时，应选取尺寸稍大的。
3. 截断门封条时，每边应留出约 4 mm 左右的余量，以便热粘时的搭接。

课题十二　直冷式电冰箱的故障判断与排除

一、实习目的

能判断直冷式电冰箱的常见故障，并加以排除。

二、主要设备、工具与材料

直冷式电冰箱（由指导教师设置故障），电冰箱检修常用设备、工具与材料。

三、操作步骤

接通电源，将温控器旋钮置强冷点，观察压缩机的运转情况、蒸发器的结霜情况。

1. 压缩机不运转

（1）检查电源电压是否正常。

（2）用导线短接温控器的温控触点，观察压缩机是否运转，判断温控器是否正常。

（3）拆下启动继电器，接上试验线，观察压缩机是否运转，判断启动继电器是否正常。

（4）拆下过电流过温升保护继电器，接上试验线，观察压缩机的运转情况，判断保护继电器是否正常。

（5）检查压缩机电动机绕组的电阻值，判断压缩机电动机是否正常。

2. 压缩机频繁启动

（1）拆下启动继电器，接上试验线，观察压缩机的运转情况，判断启动继电器是否正常。

（2）检查运行电流，判断过载保护器和压缩机是否正常。

3. 压缩机运转 30 min 后，蒸发器不结霜

（1）检查冷凝器的温度。

（2）检查压缩机机壳的温度。

（3）听压缩机内部是否有气流声。

（4）在停机后切开工艺管，观察是否有气流喷出。

（5）判断制冷剂是否已全漏。

（6）重新开机，用手指堵住工艺管切口，检查切口是否有压力。

（7）判断压缩机是否正常。

（8）判断制冷系统是否全堵。

4. 压缩机运转 30 min 后，蒸发器局部结霜

（1）检查冷凝器的温度。

（2）停机后，仔细听蒸发器内气流声时间的长短。

（3）判断制冷剂是否部分泄漏。

（4）判断制冷系统是否部分堵塞。

5. 压缩机正常运转 30 min 后，蒸发器结虚霜

（1）检查冷凝器通风积尘情况。

（2）检查冷凝器的温度。

（3）观察压缩机回气管的结霜情况。

（4）停机后，切断压缩机的工艺管。

（5）重新开机，用手指堵住工艺管切口，检查切口压力的大小。

（6）判断冷凝器的传热效率。

（7）判断压缩机是否效率低下。

（8）判断制冷剂是否充注过多。

6. 压缩机正常运转，但结霜、化霜交替出现

（1）观察毛细管的结露、结霜情况。

（2）检查毛细管的温度情况。

（3）用热毛巾加热毛细管。

（4）检查蒸发器是否有气流声，电冰箱是否开始制冷。

（5）拿走热毛巾，电冰箱是否正常制冷一定时间后又不制冷。

（6）判断毛细管是否有冰堵。

7. 箱内温度过低，压缩机运转不停

（1）检查温控器的旋钮位置是否合适。

（2）检查温控器的感温管是否脱出原位。

（3）将温控器的旋钮置停止位置，观察压缩机是否仍然运转，判断温控器的触点是否粘连。

（4）将温控器旋钮置弱冷位置，观察压缩机是否仍然运转不停，判断温控器是否失灵。判断出故障后，根据不同的原因分别加以排除。

课题十三　风冷电冰箱的故障判断与排除

一、实习目的

能判断风冷电冰箱的常见故障，并加以排除。

二、主要设备、工具与材料

风冷电冰箱（由指导教师设置故障），电冰箱检修常用设备、工具与材料。

三、操作步骤

接通电源，将温控器旋钮置强冷点，观察压缩机的运转情况、蒸发器的结霜情况。

1. 压缩机不运转

（1）检查电源电压是否正常。

（2）用导线短接温控器的温控触点，观察压缩机是否运转，判断温控器是否正常。

（3）拆下启动继电器，接上试验线，观察压缩机是否运转，判断启动继电器是否正常。

（4）拆下过电流过温升保护继电器，接上试验线，观察压缩机的运转情况，判断保护继电器是否正常。

（5）用试验线短接化霜定时器的 B、C 端子，观察压缩机的运转情况，判断化霜定时器是否正常。

（6）检查压缩机电动机绕组的电阻值，判断压缩机电动机是否正常。

2. 压缩机频繁启动

（1）拆下启动继电器，接上试验线，观察压缩机的运转情况，判断启动继电器是否正常。

（2）检查运行电流，判断过电流过温升保护继电器和压缩机是否正常。

3. 压缩机运转正常但不制冷

（1）检查化霜温度熔丝是否熔断。

（2）检查化霜电热丝是否被烧断。

（3）检查化霜温控器是否断路。

（4）检查化霜定时器是否损坏。

（5）检查风扇扇叶是否被卡住。

（6）检查风扇电动机是否损坏。

（7）检查箱门开关是否接触不良。

（8）切开压缩机工艺管，观察是否有气流喷出，判断制冷剂是否已全漏。

（9）开机后检查切口是否有压力，判断压缩机是否正常，制冷系统是否堵塞，如实习图Ⅰ—3 所示。

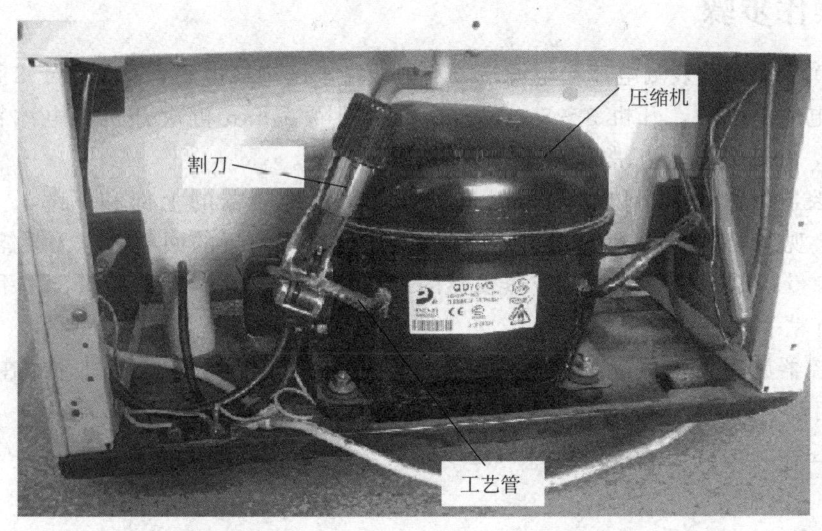

实习图Ⅰ—3　割开压缩机工艺管

4. 压缩机运转正常，但制冷量达不到要求

（1）检查冷凝器是否积尘过多。

（2）检查蒸发器是否交替结霜，判断制冷系统内水分是否过多。

（3）检查冷凝器是否温度较低、蒸发器内的气流声是否较弱、停机后液流声是否消失慢，判断制冷系统是否部分堵塞。

（4）检查冷凝器是否温度较低、蒸发器内的气流声是否较弱、停机后液流声是否消失快，判断制冷剂是否部分泄漏。

（5）检查冷凝器是否温度较低，切开压缩机工艺管，开机后工艺管吸力是否较低，判断压缩机是否效率低下。

5. 冷冻室温度正常，但冷藏室不降温

（1）检查冷藏室出风口是否被堵。

（2）检查风门感温元件是否正常。

（3）检查风门传动机构是否卡阻。

判断出故障后，根据不同的原因分别加以排除。

课题十四　电冰箱的性能测试

一、实习目的

熟悉电冰箱性能测试项目，掌握维修后电冰箱的正常标准。

二、主要设备、工具与材料

检修后的电冰箱、500 V 级兆欧表等。

三、操作步骤

1. 用 500 V 级兆欧表测电冰箱电源端子与地线端子的绝缘电阻，其值大于 2 MΩ 为正常。

2. 接通电冰箱电源，开机 3～5 min，停机后间隔 5 min 再次开机。电冰箱重复开机、关机 2～3 次，每次均应能正常启动。

3. 将温控器旋钮置中间位置，开机 30 min。手摸冷凝器的上部和下部，上部应较热，下部应温热；观察压缩机回气管的结霜情况，其中压缩机附近的回气管应无凝露，靠近箱体段应无霜或少量结霜；打开箱门检查蒸发器的结霜情况，蒸发器应结满霜，用手指蘸水触摸蒸发器，应有粘手的感觉。

4. 将温控器旋钮置于强冷位，电冰箱开机运行 1～2 h 后应自动停机，并在停机一段时间后能重新启动。

5. 将温控器旋钮置于强冷位，开机连续运行 2～3 h，应能正常制冷。

第二篇 空调器原理与维修

第六章 房间空调器概述

房间空调器是一种向密闭空间、房间或区域直接提供经过处理的空气设备。它能对空气的温度、湿度、洁净度及流速进行调节，以保证空气参数符合使用要求。按照国家标准（GB/T 7725—2004）规定，制冷量在 14 000 W 以下、使用全封闭式压缩机和风冷式冷凝器的空调器称为房间空调器。

§6—1 房间空调器的分类、规格型号和性能指标

一、房间空调器的分类

1. 按结构形式不同分类

房间空调器按结构形式不同分为整体式空调器和分体式空调器。

整体式空调器中，最为常见的是窗式空调器，另外还有移动式等形式。窗式空调器把全部器件组装在一个壳体内，使用时穿墙或穿窗安装，窗式空调器的蒸发器盘管部分置于内侧，冷凝器盘管部分置于外侧。移动式空调器所有的器件也都集中组装在一个壳体内，底座带有轮子，便于在地板上移动，它的冷凝器排风管通过墙上或窗户上的孔洞向外排热。

分体式空调器分成室内机组和室外机组两个部分，使用时由管路和线路连接成一体，如图 6—1 所示。根据室内机组的安装位置不同，分体式空调器可分为挂壁式（室内机组挂装在墙上，见图 6—1）、落地式（室内机组坐地安装，又叫立柜式）、吊顶式（室内机组吊装在天花板下）、嵌入式（室内机组嵌装在天花板内）和台式（室内机组安置在台面上）等多种形式。

2. 按用途不同分类

房间空调器按用途不同分为冷风型、热泵型、电热型和热泵辅助电热型四种形式。其中，冷风型空调器只有制冷和除湿功能；热泵型空调器除制冷、除湿功能外还有制热功能，它的制热是通过热泵运行来实现的；电热型空调器也具有制冷、除湿和制热功能，它是通过

电热器制热的；热泵辅助电热型空调器除具有制冷、除湿功能外，它还能通过热泵和电加热管进行制热。

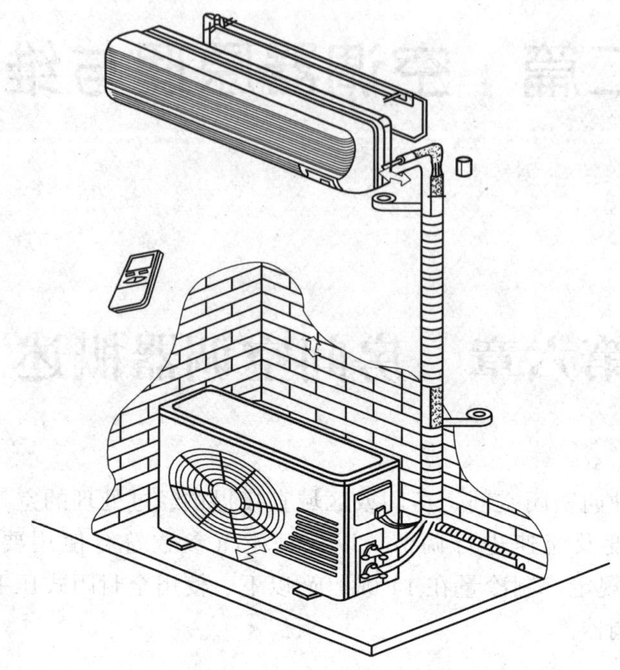

图 6—1　分体式空调器

根据结构和用途不同，常见房间空调器的分类形式及其代号见表 6—1。

表 6—1　**房间空调器的分类形式及其代号**

分类形式	代号
整体式	窗式 C、移动式 Y
分体式	F
冷风型	L（代号可省略）
热泵型	R
电热型	D
热泵辅助电热型	RD
室外机组	W
室内机组挂壁式	G
室内机组落地式	L
室内机组吊顶式	D
室内机组嵌入式	Q
室内机组台式	T

3. 按气候类型不同分类

房间空调器按气候类型不同分为 T_1、T_2、T_3 三种气候类型，其工作的环境温度见表6—2。

表 6—2　　房间空调器工作的环境温度

形式		气候类型		
		T_1	T_2	T_3
冷风型		18～43℃	10～35℃	21～52℃
热泵型	具有除霜功能	－7～43℃	7～35℃	－7～52℃
	不具除霜功能	6～43℃	6～35℃	6～52℃
电热型		≤43℃	≤35℃	≤52℃

4. 按冷却方式不同分类

房间空调器按冷却方式不同分为空冷式（其代号省略）和水冷式（其代号为 S）两种。

5. 按压缩机控制方式不同分类

房间空调器按压缩机控制方式不同分为以下三类。

（1）转速一定（频率、转速、容量不变）型，简称定频型，其代号省略。

（2）转速可控（频率、转速、容量可变）型，简称变频型，其代号 BP。

（3）容量可控（容量可变）型，简称变容型，其代号 Br。

二、房间空调器型号及含义

房间空调器的型号及含义如图 6—2 所示。

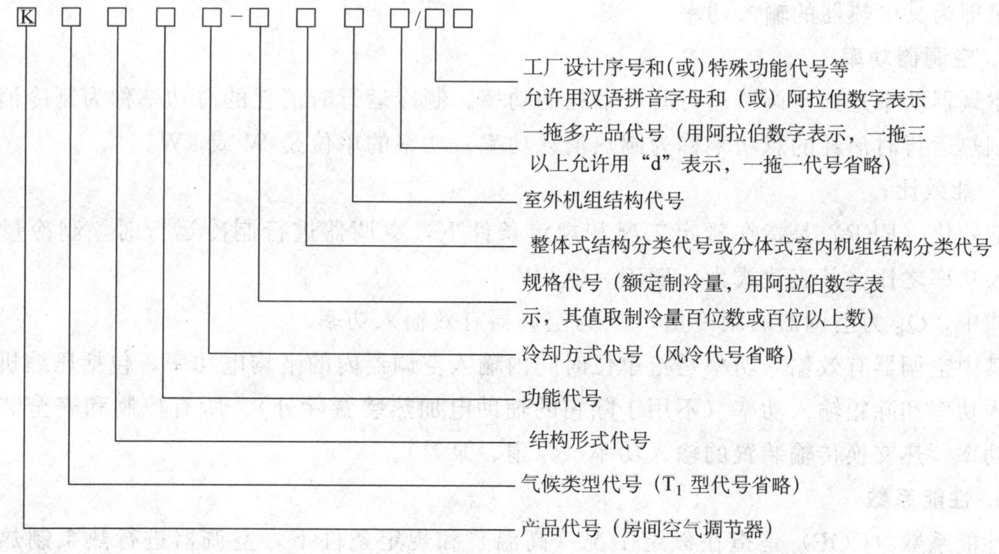

图 6—2　房间空调器的型号及含义

例如：

KFR－35GW：表示 T_1 气候类型，分体热泵型挂壁式房间空调器（整机），额定制冷量为 3 500 W。

KFR－70LW/BP：表示 T_1 气候类型，分体热泵型落地式，变频房间空调器（整机），额定制冷量为7 000 W。

KT_2FR－70L/BPF：表示 T_2 气候类型，分体热泵型落地式变频房间空调器室内机，具有负离子功能的室内机，额定制冷量为 7 000 W。

三、房间空调器的主要性能指标

1. 制冷量

空调器在某种工作环境（即工况）下，在单位时间内从封闭空间、房间或区域内所吸收的热量称为制冷量，其单位是 W 或 kW。

空调器根据制冷量划分的优选系列见表 6—3。

表 6—3　空调器根据制冷量划分的优选系列　W

1 400	2 000	2 800	4 000	5 600	8 000	11 200
1 600	2 200	3 200	4 500	6 300	9 000	12 500
1 800	2 500	3 600	5 000	7 100	10 000	14 000

2. 制热量

制热量是指空调器在单位时间内向封闭空间、房间或区域内所送入的热量，其单位和制冷量相同。热泵型空调器的制热量是在国家标准规定的测试工况下测得的，电热型空调器的制热量即为其电热器的输入功率。

3. 空调器功率

空调器功率是指空调器运行时所消耗的功率。制冷运行时消耗的总功率称为制冷消耗功率；制热运行时消耗的总功率称为制热消耗功率。功率的单位是 W 或 kW。

4. 能效比

能效比（EER）是指在额定工况和规定条件下，空调器进行制冷运行时，制冷量与有效输入功率之比，其表达式为：$EER=Q_c/W$

式中，Q_c 为空调器的制冷量，W 为空调器有效输入功率。

其中空调器有效输入功率是指单位时间内输入空调器内的平均电功率，包括压缩机运行的输入功率和除霜输入功率（不用于除霜的辅助电加热装置除外）、所有控制和安全装置的输入功率、热交换传输装置的输入功率（风扇、泵等）。

5. 性能系数

性能系数（COP）是指在额定工况（高温）和规定条件下，空调器进行热泵制热运行时，制热量与有效输入功率之比，其表达式为：$COP=Q_h/W$

式中，Q_h 为空调器的制热量，W 为空调器有效输入功率。

6. 循环风量

循环风量是指空调器的室内换热器在单位时间内向封闭空间、房间或区域内的送风量，其单位为 m^3/h。

7. 能效等级

空调的能效等级按制冷量来划分，分为三个等级，见表 6—4。

表 6—4　空调的能效等级

类型	额定制冷量（CC）	能效等级		
		1	2	3
整体式		3.30	3.10	2.90
分体式	CC≤4 500 W	3.60	3.40	3.20
	4 500 W<CC≤7 100 W	3.50	3.30	3.10
	7 100 W<CC≤14 000 W	3.40	3.20	3.00

§6—2　房间空调器的结构

一、分体挂壁式空调器的结构

分体式空调器将室内机组和室外机组分开，中间用紫铜管和电缆线相连，它具有噪声低、外形美观、品种多和自动化控制程度高等特点。

如图 6—3 所示为各种分体式空调器室内机组的示意图。室外机组的形式相似，多为方箱形。

在分体式空调器中，挂壁式是一种常见的形式（见图 6—4），它的结构可分为以下三部分。

1. 室内机组

室内机组可紧贴在墙上安装，它既不占地方又有装饰作用，同时噪声小，适合用于家庭的卧室等要求噪声较小的场合。室内机组主要由面板、蒸发器、贯流式风扇及其电动机、电气控制系统、自动风向系统和排水系统等组成，如图 6—5 所示。

分体挂壁式空调器室内机组外壳正面上方为室内回风格栅，下方为送风口，在正面回风格栅的背后为空气过滤网。室内换热器即蒸发器是由紫铜管制成的换热盘管，外有铝合金散热翅片，它用来对室内空气的冷却和加热，在制冷时还兼有除湿的作用。电气控制系统安装在室内机组端部的上方，它用来对空调器进行自动控制。

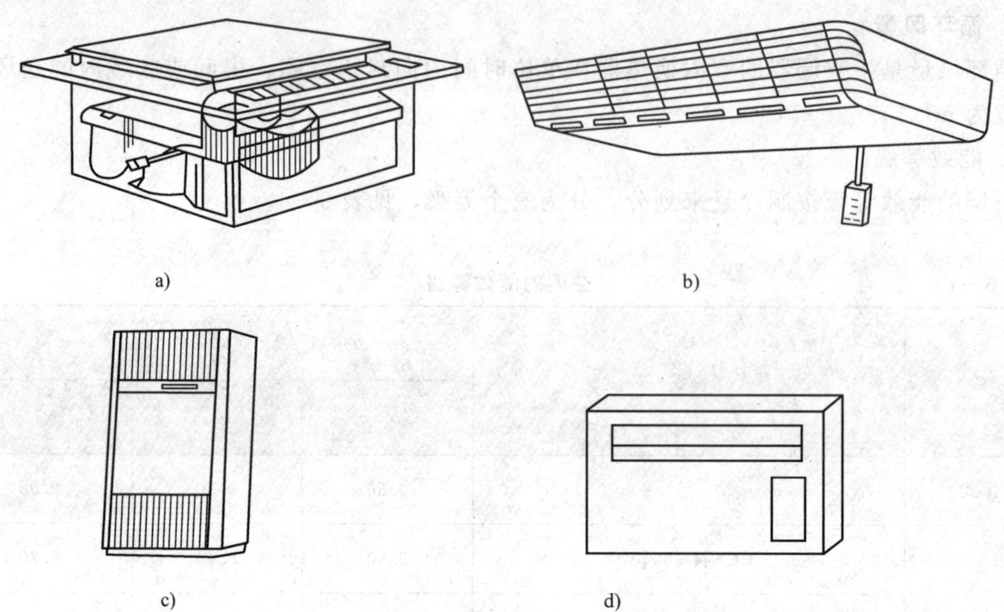

图 6—3　分体式空调器室内机组的示意图

a）嵌入式　b）吊顶式　c）立柜式　d）台式

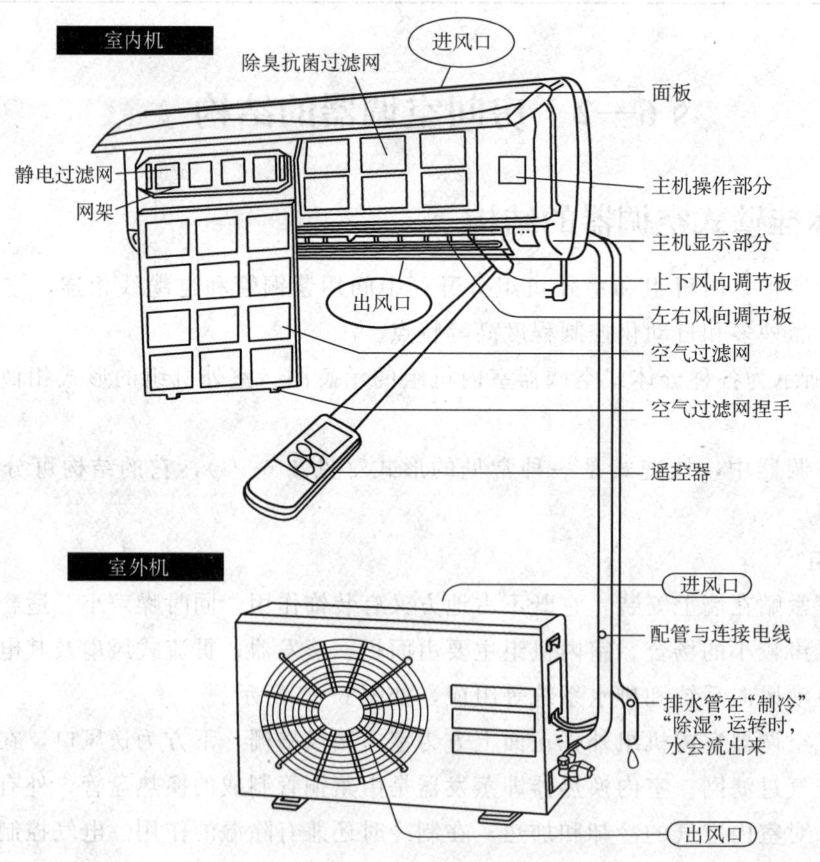

图 6—4　分体挂壁式空调器连接图

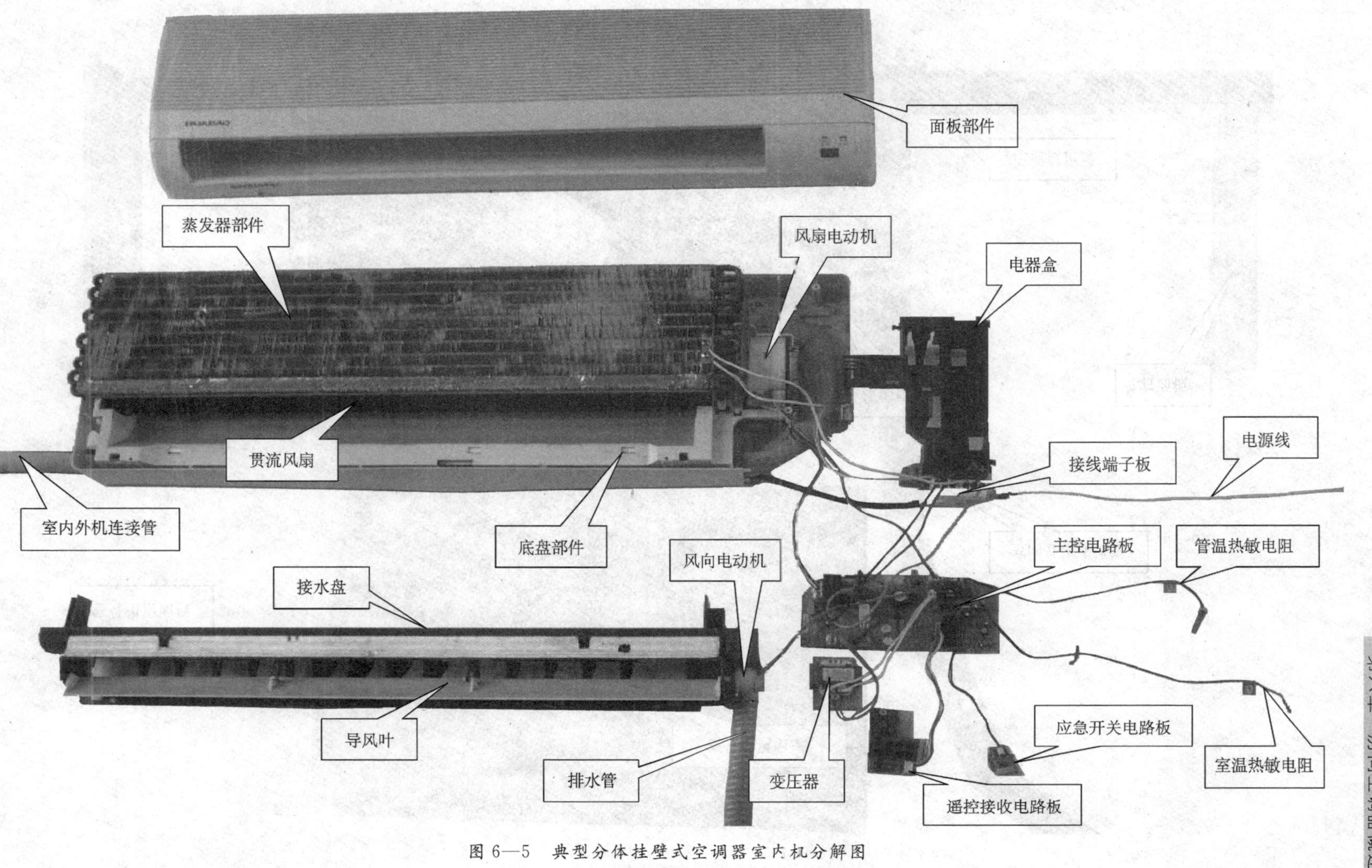

图 6—5　典型分体挂壁式空调器室内机分解图

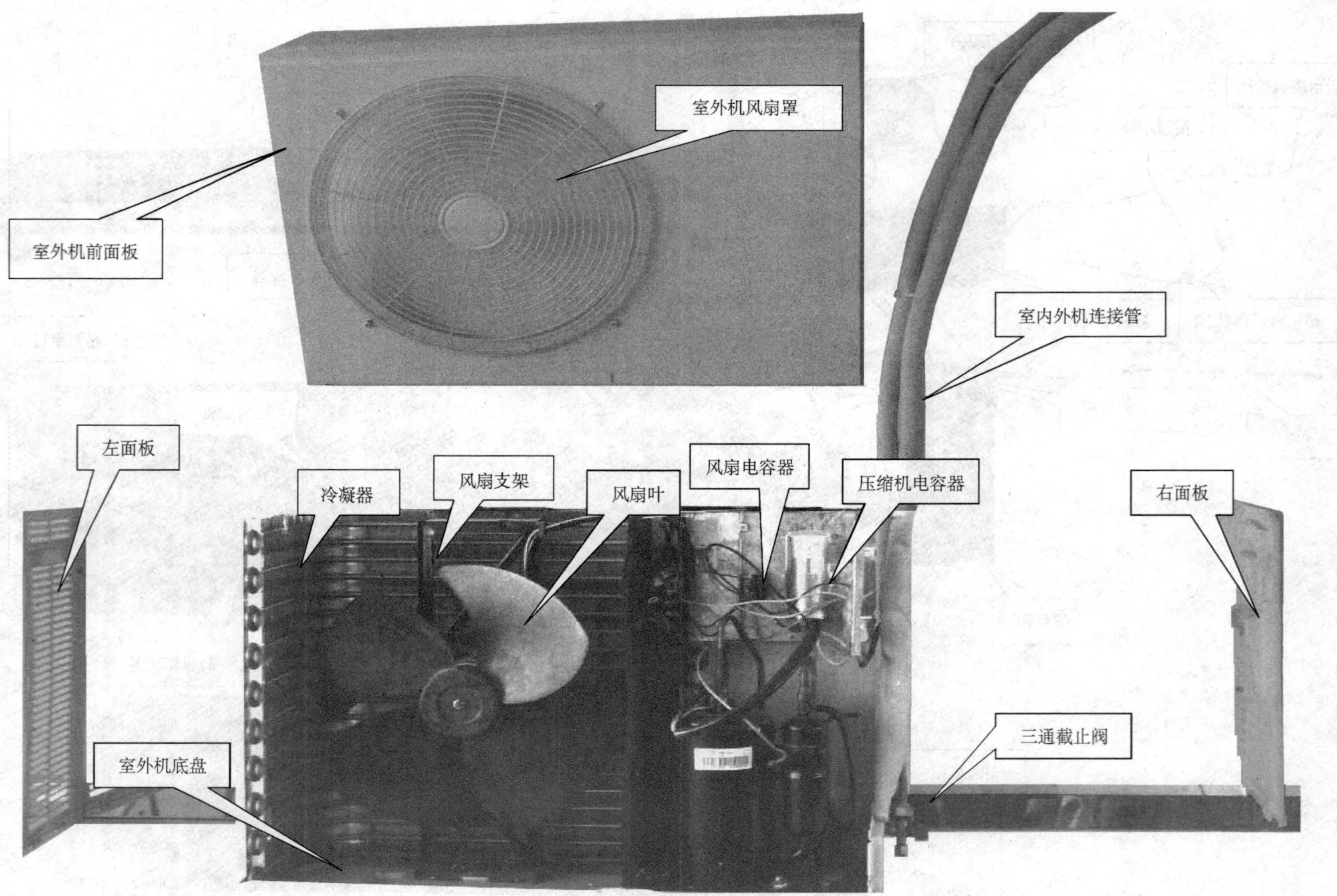

图 6—6 典型分体挂壁式空调器室外机分解

贯流式风扇用以完成室内空气的循环，它具有径向尺寸小、运行噪声低等特点。自动风向系统即摇风机构是为室内均匀送风而设置的，排水系统可将系统制冷时室内蒸发器的冷凝水排到室外。

2. 室外机组

室外机组主要由外壳、底盘、压缩机、冷凝器、毛细管、轴流式风扇电动机等组成。热泵型空调器的室外机组还有电磁四通换向阀和化霜温控器等部件，如图 6—6 所示。

室外机组内用隔板隔出一个电气室，电气室内放置压缩机和电气元件。电气元件位于压缩机的上部，在盖好外壳后，雨水不能淋入电气室，可确保机组的安全运行。外壳的后部、下部、顶部及一侧面开有进风口，另一侧面装有管接头，管接头的上方设有接线窗口，室外机组的冷凝器和轴流风机安装在底盘上。

3. 连接管组件

连接管组件包括连接铜管、连接线路两部分。室内机组管路和室外机组管路通常用两根紫铜管相连接，连接管外包保温材料，减少冷量损失。铜管与室内外机组用扩口管螺母进行连接。

扩口管螺母连接又称喇叭口螺母连接。扩口管螺母接头的连接如图 6—7 所示，它依靠连接管两端的喇叭口与室内外机组管接头的锥端紧密接触，实现密封连接。采用扩口管螺母连接，在现场安装时需切管、扩口及对连接管进行吹气清洗等。这种连接虽然比较麻烦，但它能保证连接管有合适的长度。

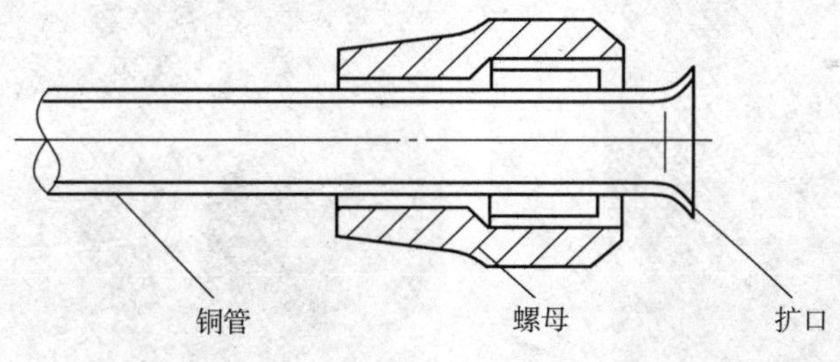

图 6—7 扩口管螺母连接

二、立柜式空调器的结构

立柜式空调器的结构也分为三部分：室内机组、室外机组、连接管组件。室外机、连接管组件和挂壁机形式相同，室内机组则差别较大。室内机立于地面，制冷量比较大，噪声也比较大，适合用于家庭的客厅或者公共场所。室内机结构组成如图6—8所示。

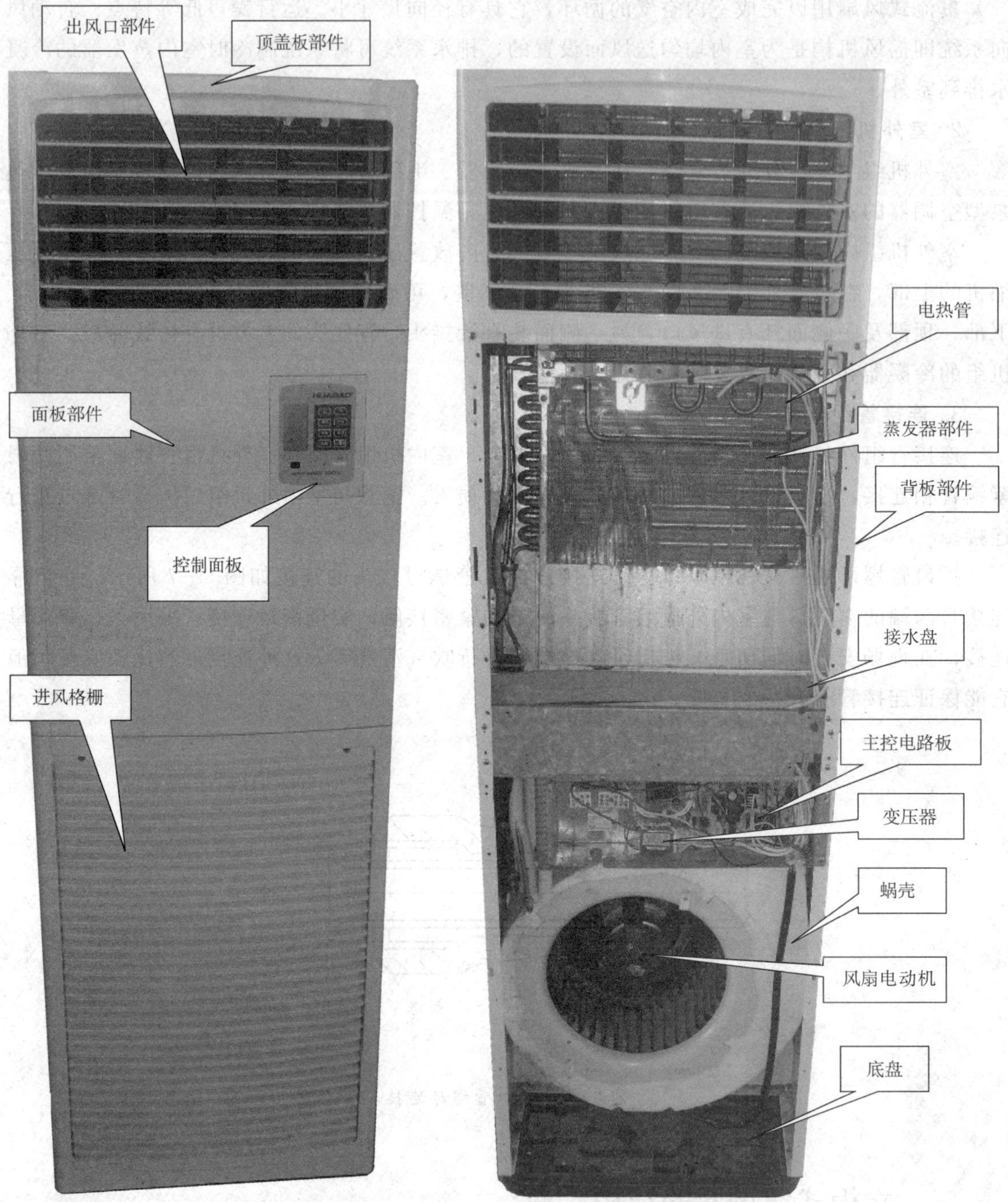

图 6—8　典型立柜式空调室内机结构组成

三、嵌入式空调器的结构

嵌入式空调器的结构也包含三部分：室外机、连接管线、室内机。室外机和连接管线与挂壁式空调机相同，室内机有较大区别，一般安装在室内吊顶的中间或人员较密集的上方，空调通过排水泵进行排水，如图 6—9 所示。

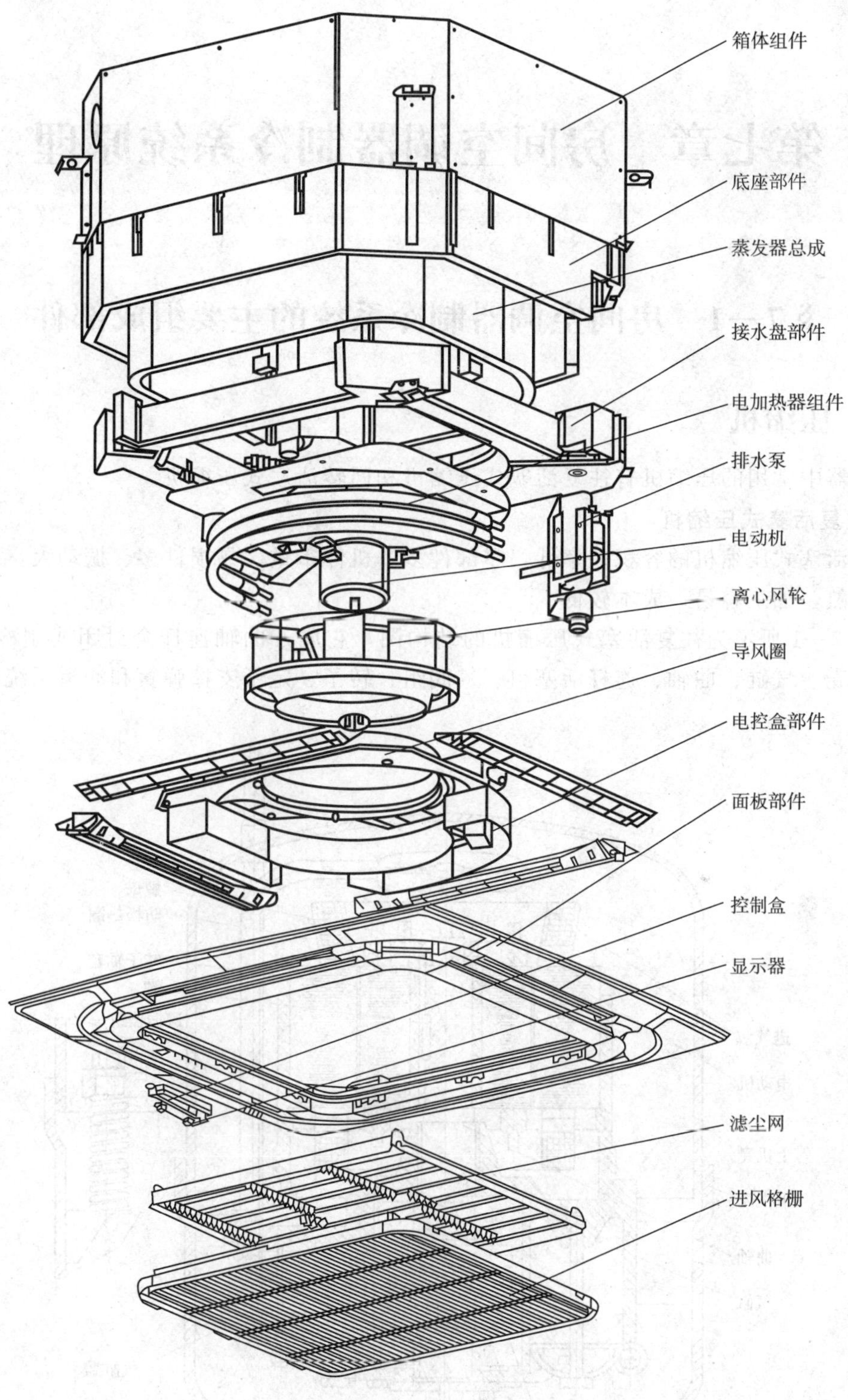

图 6—9　嵌入式空调室内机组成分解

第七章　房间空调器制冷系统原理

§7—1　房间空调器制冷系统的主要组成部件

一、压缩机

空调器中常用的压缩机有往复活塞式压缩机和回转活塞式压缩机。

1. 往复活塞式压缩机

往复活塞式压缩机的容积效率低，零部件多、机体笨重、易损件多、振动大，但它的制造工艺成熟，加工容易，成本较低。

如图 7—1 所示为往复活塞式压缩机的结构图，它属于曲轴连杆全封闭式制冷压缩机，主要由外壳、气缸、曲轴、连杆活塞组、气阀组、转子、定子支撑弹簧和润滑系统等零部件组成。

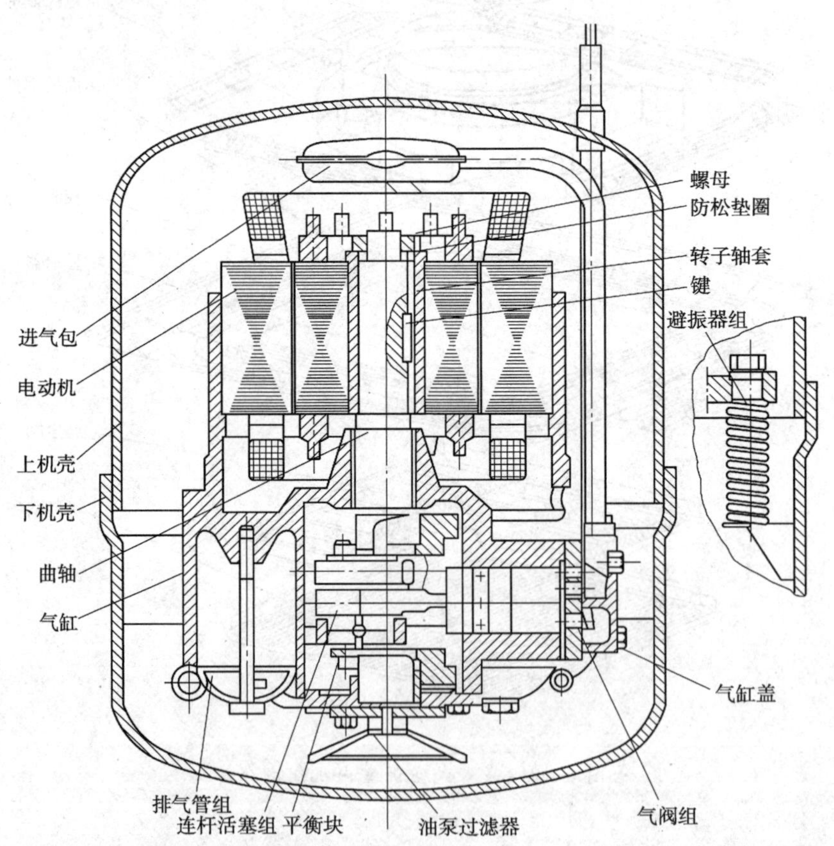

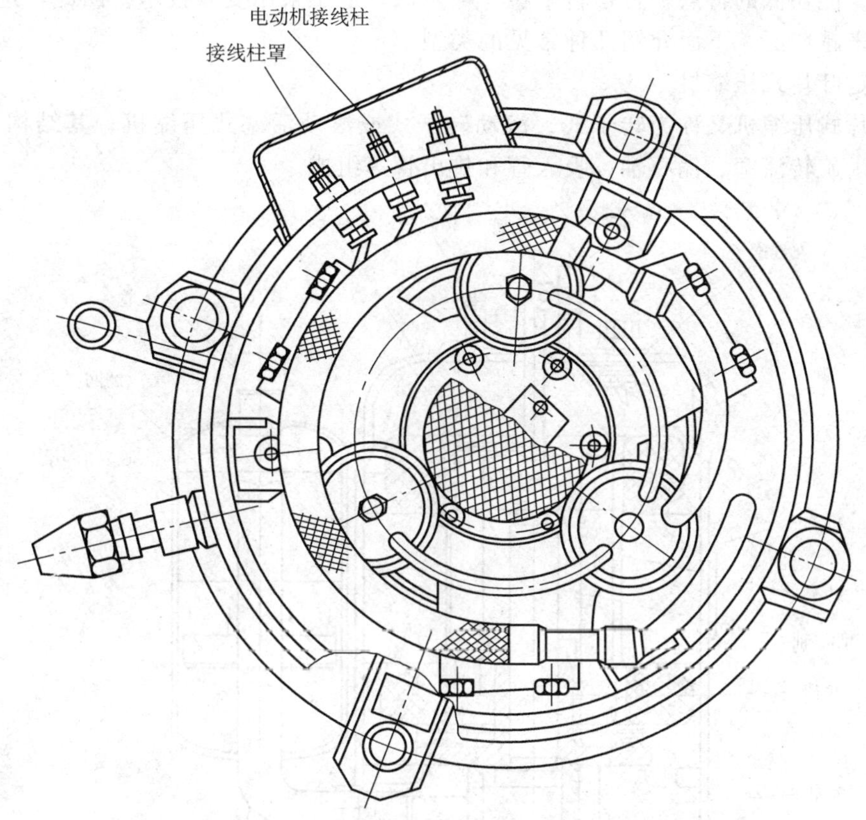

图 7—1　往复活塞式压缩机的结构图

全封闭式压缩机的外壳由上下两壳体焊接而成，电动机和压缩机组成的机芯封装在机壳内。机芯通过减振弹簧和机壳连接，其中，电动机设在上部，压缩机设在下部。电动机的定子支撑座与压缩机的气缸、稳压室等铸成一体，定子垂直安装在定子支撑座上，而转子则紧压在压缩机的曲轴上。压缩机运转时吸入的低压低温的制冷剂蒸气可以对电动机起到冷却作用。

曲轴连杆机构是一个由曲轴、连杆、活塞等组成的传动机构。在曲轴上并排安置着 2～3 根连杆。当电动机通电运转时，由曲轴带动连杆，并由连杆推动活塞在气缸内做周期性的往复直线运动。

气阀组组装在阀板的两侧，由阀板、阀片、压簧、压板等组成，它是压缩机直接用以吸气和排气的组件。当压缩机运转时，制冷剂蒸气从具有消声作用的进气包经吸气管和气缸盖下吸气腔内的吸气阀被吸入气缸，压缩后通过排气阀进入排气腔并流入排气稳压室，最后通过机壳内的减振管从壳体上的高压排气管排出。

润滑系统由油泵、油孔和油泵过滤器等组成，在曲轴下部偏心油道的离心油泵作用下将润滑油送往运动件的间隙，以加强润滑减小摩擦。同时，润滑油在进入环塞环槽时，还起到密封作用。

2. 回转活塞式压缩机

回转活塞式压缩机又称旋转式压缩机。它没有往复运动，具有零件少、结构紧凑、质量轻、体积小、能耗低的特点，且运转平稳、噪声低，适于采用变频技术。因此，这种压缩机的运用已越来越广泛。下面介绍几种常见的类型。

（1）固定叶片式压缩机

固定叶片式压缩机又称为转子式、滚动转子式或滚动活塞式压缩机，其结构如图 7—2 所示，主要由旋转活塞、偏心轴、吸入管和排出管等组成。

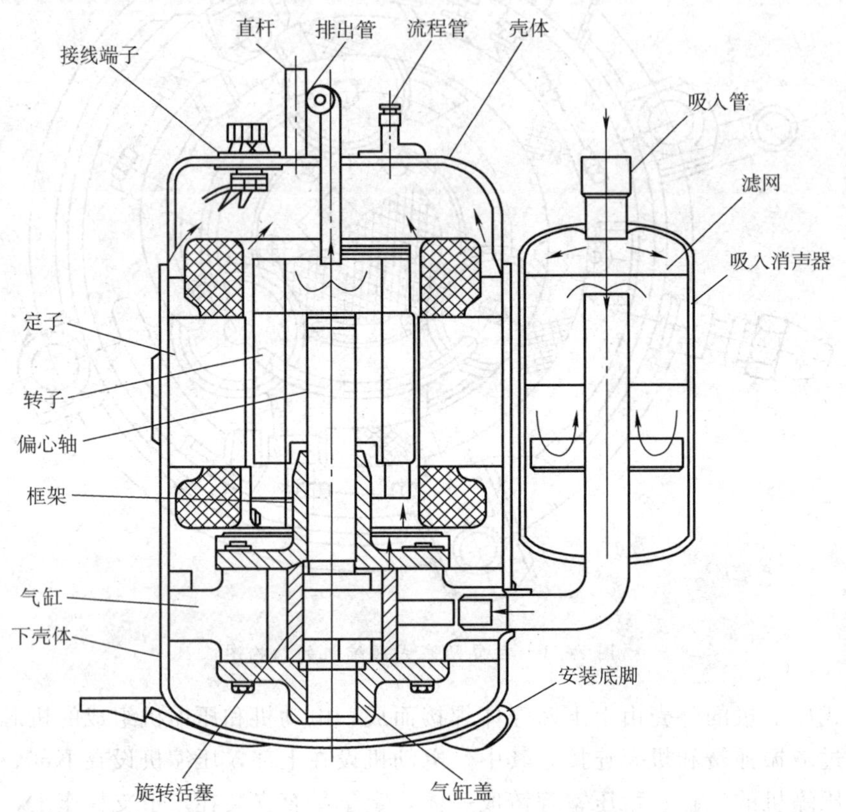

图 7—2　固定叶片式压缩机的结构

固定叶片式压缩机一般为立式结构，压缩机装在机壳的下部，电动机在上部，整个气缸的外部几乎都浸在润滑油中。压缩机中圆柱形的旋转活塞装在气缸内，它由偏心轴驱动，当偏心轴旋转时，活塞也沿着气缸内壁滚动。在气缸内壁有一条槽，槽内装有滑片，滑片在弹簧力的作用下把旋转活塞和气缸内壁之间的月牙形空间分成进气腔和压缩腔两个腔体。这种压缩机不设吸气阀，制冷剂蒸气通过吸气孔直接进入气缸的进气腔，在排气口设有排气阀，压缩腔内的气体经过排气阀排入壳体内，然后再通过排气管排出机外。

压缩机不设吸气阀，为防止蒸发器中未完全汽化的湿蒸气进入气缸，在吸气管道上一般都设有消声器。由于压缩机机壳内空间直接承受高温、高压的制冷剂蒸气，因此机壳的温度要比往复式压缩机的高。固定叶片式压缩机的工作原理如图 7—3 所示。

1）当活塞处于图 7—3a 的位置时：此时为完成上一次排气，同时开始下一次压缩的分界点。在这个位置时，气缸内已经充满低压制冷剂蒸气。

2）当活塞处于图 7—3b 的位置时：此时活塞已由图 7—3a 的位置逆时针转动了一定的

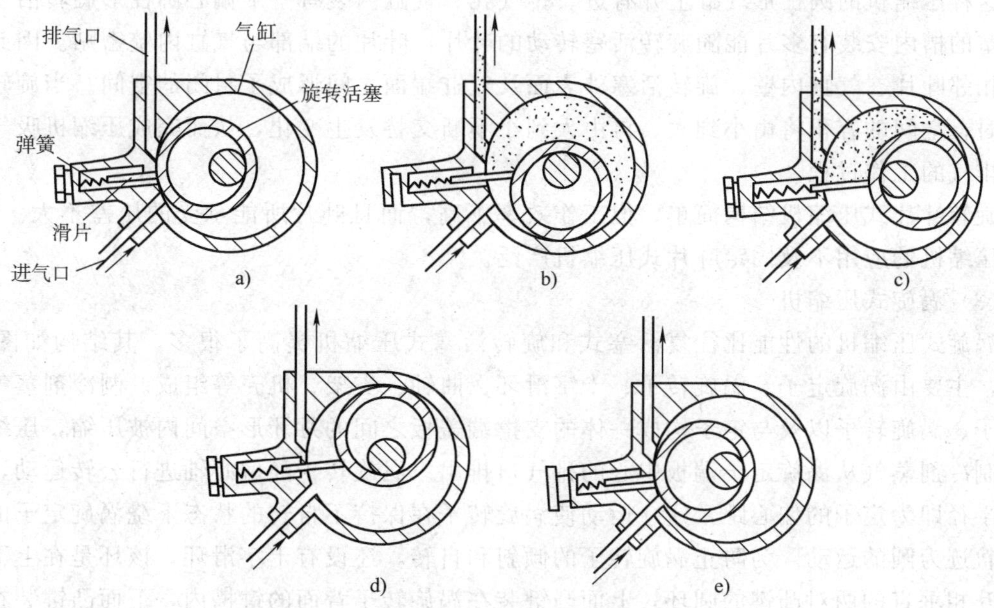

图 7—3　固定叶片式压缩机的工作原理

角度，在这个转动过程中，低压制冷剂蒸气被压缩，其压力增高。当蒸气压力上升到一定的程度，排气阀被顶开，制冷剂蒸气由排气管排出。

3）当活塞处于图 7—3c 的位置时：此时排气和吸气各完成了一半。

4）当活塞处于图 7—3d 的位置时：此时排气即将结束，吸气也基本完成。

5）当活塞处于图 7—3e 的位置时：此时又回到图 7—3a 的位置。

通过活塞在气缸内周而复始的转动，压缩机完成连续吸气、压缩和排气的工作过程。

（2）旋转叶片式压缩机

旋转叶片式压缩机又称滑片式或多滑片式压缩机，它主要由转子、叶片、转动轴、气缸、气缸盖、轴承及轴承盖等组成。旋转叶片式压缩机的工作原理如图 7—4 所示。

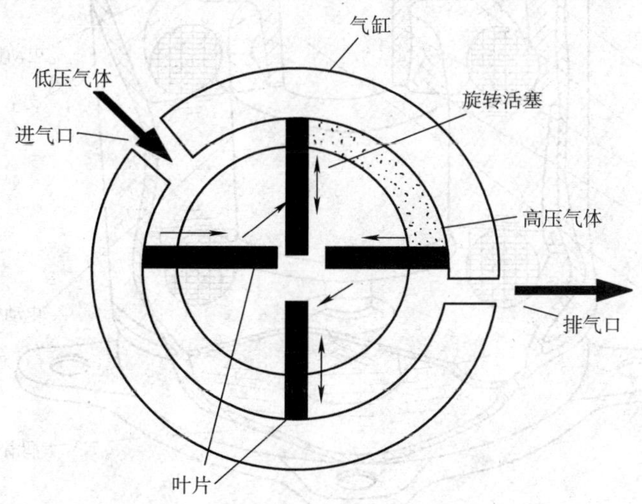

图 7—4　旋转叶片式压缩机的工作原理

这种压缩机的圆柱形气缸上开有进、排气孔。气缸内装有一个偏心圆柱形旋转活塞，旋转活塞的槽内安装有多片能随旋转活塞转动的叶片，叶片的端部与气缸内壁密贴。因此，在两个相邻叶片、气缸内壁、旋转活塞外表面及气缸端面之间形成了封闭的空间。当旋转活塞转动时，空间的容积将由小到大、再由大到小不断交替发生变化，从而完成压缩机吸气、压缩和排气的工作过程。

旋转叶片式压缩机结构简单，但工作效率不高，而且叶片所能承受的压差不大。因此，这类压缩机的应用不及固定叶片式压缩机广泛。

（3）涡旋式压缩机

涡旋式压缩机的性能比往复活塞式和旋转活塞式压缩机提高了很多，其结构如图7—5所示，主要由涡旋定子、涡旋转子、十字滑环、曲轴、支架、机壳等组成。制冷剂蒸气在涡旋定子、涡旋转子以及与定子构成一体的支撑端盖板之间的月牙形空间内被压缩，压缩后的高压制冷剂蒸气从涡旋定子端板中心的排气口排出。涡旋转子随偏心轴进行公转运动，其回旋的半径即为定子的偏心距，这一运动使涡旋转子在保持不自转的状态下绕涡旋定子的中心进行轨迹为圆的运动。为防止涡旋转子的倾斜和自转，还设有十字滑环，该环是在上下两面设置互相垂直的两对凸键的圆环，上面凸键装在涡旋转子背面的键槽内，下面凸键装在支架键槽内。

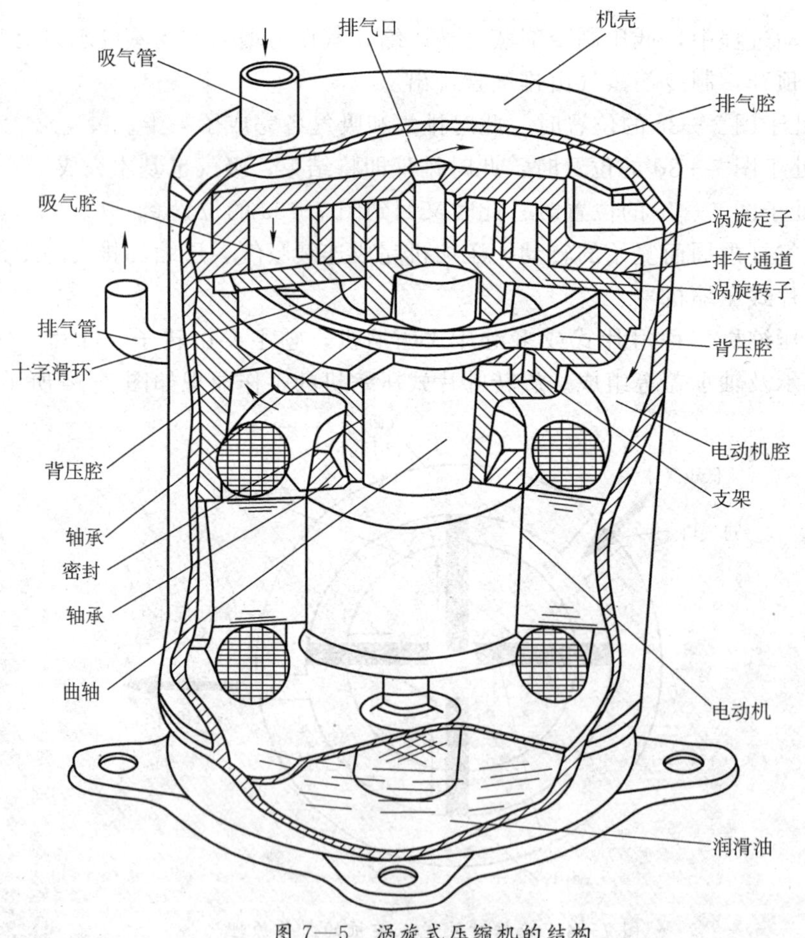

图7—5　涡旋式压缩机的结构

涡旋式压缩机的工作原理如图 7—6 所示，涡旋转子与涡旋定子以相位差 180°进行啮合，以形成压缩空间。

当涡旋转子处于图 7—6a 所示的位置时，涡旋转子的涡卷中心位于涡旋定子涡卷中心的右侧，涡卷密封啮合线在左右两侧，涡卷外圈部分封闭，此时完成吸气过程。

当涡旋转子处于图 7—6b 所示的位置时，涡旋转子已顺时针公转了 90°，涡卷的密封啮合线也顺时针移动了 90°，处在上下位置的两个密封空间内的制冷剂蒸气被压缩，同时涡卷外侧进行吸气过程，内侧进行排气过程。

当涡旋转子处于图 7—6c 所示的位置时，涡旋转子已顺时针公转了 180°，涡卷的外、中、内三个部分分别继续吸气、压缩和排气过程。

当涡旋转子处于图 7—6d 所示的位置时，涡旋转子已顺时针公转了 270°，涡卷内侧部位的排气过程结束，中间部位的两个封闭空间的气体压缩过程结束，即进入排气过程，而外侧部位的吸气过程继续进行。

涡旋转子继续旋转 90°，回到图 7—6a 所示的位置，外侧部位吸气过程结束，内侧部位仍在进行排气过程。

通过以上过程，压缩机完成了吸气、压缩和排气工作过程。

涡旋式压缩机的进气和排气基本上是连续进行的，因此其转矩均匀，振动较小。而且涡旋式压缩机没有吸气阀、排气阀和气缸余隙，它的吸排气压力损失小，压缩机的效率高。

回转活塞式压缩机由于零件的加工精度高，装配精密，而且配套的零部件不易购得，一旦损坏应更换新的压缩机。

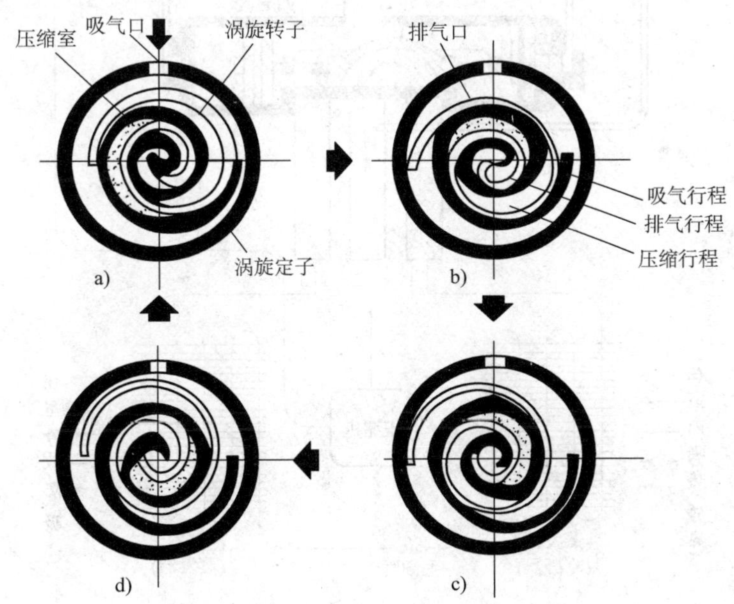

图 7—6　涡旋式压缩机的工作原理

二、电磁四通换向阀

电磁四通换向阀简称换向阀，为使空调器夏季制冷，冬季制热，而且又要使用同一套制冷系统，热泵空调器设置了一个能使制冷剂正向或反向流动的装置，即电磁四通换向阀。它可以根据制冷和制热的不同需要来改变制冷剂的流动方向。当低压制冷剂进入室内换热器时（此时为蒸发器），空调器向室内送冷风，当高压制冷剂进入室内换热器时（此时为冷凝器），空调器向室内送热风。

电磁四通换向阀的结构原理如图 7—7 所示。由压缩机排出的高压蒸气从管 4 进入换向阀气室。气室内活塞Ⅰ和活塞Ⅱ上都设有气孔。在未接通电源的情况下，弹簧 1 将阀芯 A 和阀芯 B 推向左端，使管 E 和管 C 接通，这时活塞Ⅱ外侧的高压气体从管 C 经过阀芯流入管 E，进入压缩机吸气管 2。而活塞Ⅰ外侧的高压气体经管 D 到阀芯 A 处被堵塞，于是形成活塞Ⅰ外侧的压力高于活塞Ⅱ外侧的压力，从而将活塞连同滑块推向左端，使管道 1 和 2 连通。高压气体从管 4 流入管 3 进入室外换热器，冷凝成液体后，经过毛细管、蒸发器进入管道 1，流经管道 2 回到压缩机的吸气口，完成制冷过程。

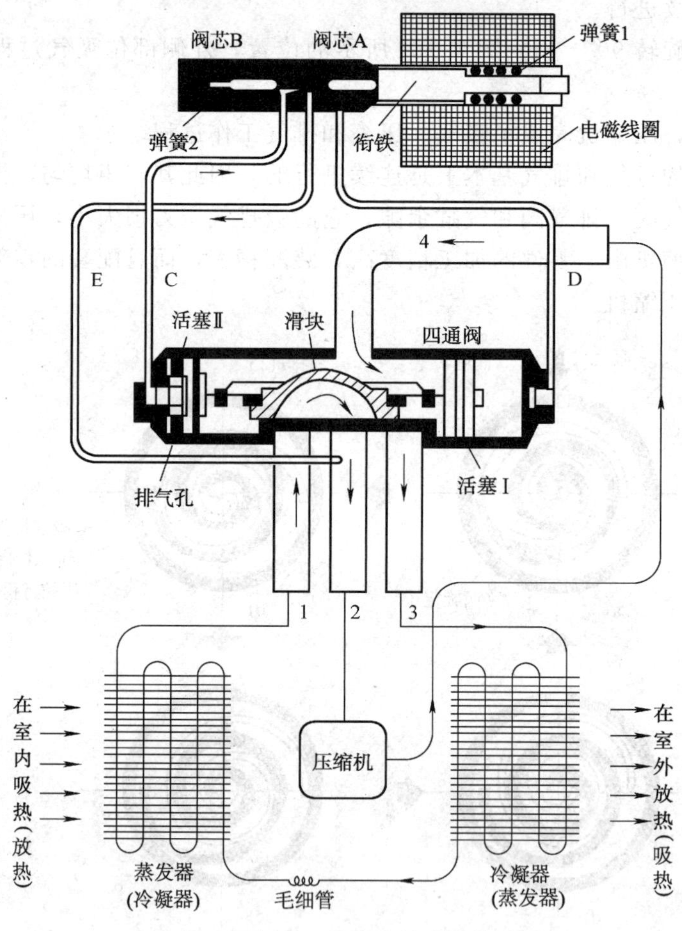

图 7—7 电磁四通换向阀的结构原理

当换向阀电磁线圈接通电源后，由于电磁力的作用将阀芯 A 和 B 吸向右端而压缩弹簧 1，于是管 C 上端口被阀芯 B 堵塞，活塞Ⅰ外侧和管 D 中的高压气体经管 E 流入管 2，形成活塞Ⅱ外侧的压力高于活塞Ⅰ外侧的压力，将活塞Ⅰ和Ⅱ连同滑块推向右端，使管道 3 和 2 连通。从管 4 来的高压气体则流入管 1 进入冷凝器（室内换热器）冷凝成液体。这时，原室内的蒸发器变成了冷凝器，于是产生了制热效果。

三、冷凝器

冷凝器的作用在于将来自压缩机排气管的过热蒸气冷凝，一般经过如下三个放热过程：

1. 过热蒸气冷却为干饱和蒸气。过热蒸气进入冷凝器后放热的初始阶段，由排气温度下降至冷凝温度，成为干饱和蒸气，压力和温度分别为 p_0 和 t_0，这个过程只占用冷凝器的一小部分传热面。

2. 干饱和蒸气冷凝为饱和液体。干饱和蒸气在管中流动时，由于逐渐放热而冷凝成饱和液体，整个过程 p_0 和 t_0 保持不变。这是在冷凝器中的主要放热过程，大部分热量（潜热）由这个过程释放，它占用了冷凝器的大部分传热面。此过程中的制冷剂为气、液两相并存。

3. 饱和液体冷却成过冷液体。在冷凝器的末端，饱和液体进一步被冷却，成为过冷液体，压力保持不变，温度低于 t_0，该过程也占用冷凝器的小部分传热面。过冷液体对于制冷系统有重要意义，它可以使制冷剂在毛细管入口或膨胀阀之前不产生蒸气，有利于提高制冷效果。

家用空调的冷凝器大都是空气冷却型（或叫风冷型），多用套片式翅片结构，如图 7—8 所示。翅片主要分狭缝式、波纹形、平板式三种，其中狭缝式冷凝器效果最好，它的热效率是波纹式的 1.6 倍，因此它的尺寸更小，也减轻了质量，目前应用最广；铜管有的带内螺纹，有的是光管。

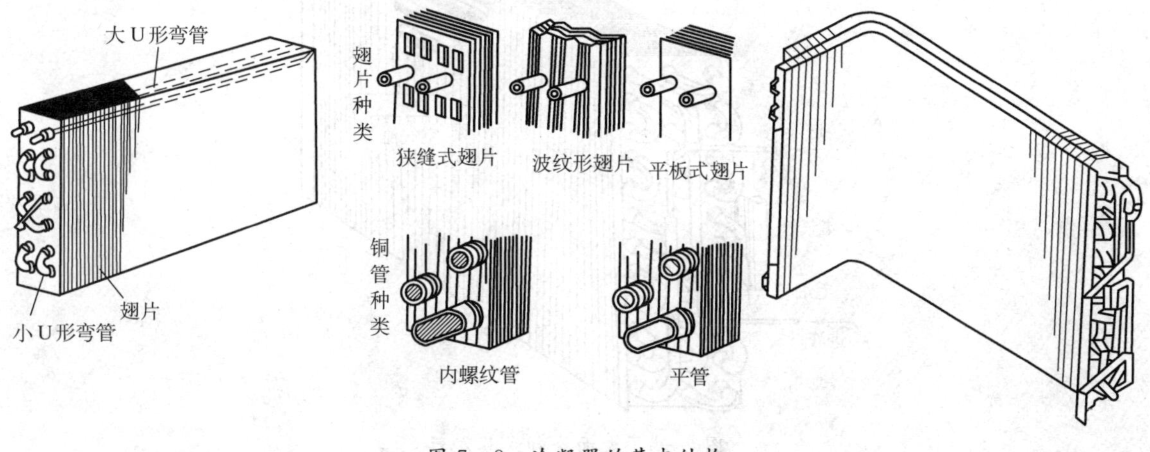

图 7—8　冷凝器的基本结构

风冷型冷凝器的优点是：结构简单，加工方便，制造成本低；不需要用冷却水，至少可节省水配管、冷却水泵和排水设备等；只要通风良好的地方都可以安装；由于是干燥空气传热，即使在大气污染严重的地方使用，也不会受到严重的腐蚀。

风冷型冷凝器的缺点是：冷凝压力高，由于冷凝器安装在室外，对分体式空调器来讲，其配管长而消耗材料多，压力损失大，有冷量损耗；由于使用了风机会造成环境噪声。在使用过程中，冷凝器是使用轴流风扇散热，风从后面吸入，从前面吹出，故使用一段时间后翅片会积尘，造成散热差，制冷效果差，严重时造成压缩机过热保护。用清水把冷凝器翅片积尘清洗干净后，空调器可正常使用。

四、蒸发器

蒸发器中制冷剂的热力变化分两个区域：前面是饱和状态区，温度和压力分别是 p_0 和 t_0，并保持不变，它占用蒸发器的大部分传热面积；后面是过热区，压力仍然是 p_0，但温度已经升高为过热温度，过热蒸气在蒸发器的出口端附近只占用少量传热面积。蒸气的过热，有利于压缩机吸气时避免液击。

在空调器中，蒸发器吸收的热量来自两部分：一是冷却空气所放出的显热；二是空气中水蒸气冷凝时放出的潜热。换句话说，空调器的制冷量一部分用于降低被冷却空气的温度，另一部分用于空气中水蒸气的冷凝。

家用空调中，冷却空气的蒸发器（称为表面冷却式蒸发器）的组成结构与空气冷却型冷凝器一样，只是外观造型不一样，它是用风机鼓动空气强迫对流式的蒸发器。如图 7—9 所示为表面冷却式蒸发器，管内是流动的制冷剂，其流程（往复流动路数）可分几路，图 7—9 的分路是二进二出。管外是强迫流动的空气，管排数按需要而定，一般为两三排。从传热原理可知，尽管使用了空气强迫对流流动，但其空气侧的传热系数还远低于管内制冷剂的传热系数。为提高空气侧的传热系数，可在蒸发器管外加翅片（或称翅片管），用增加空气侧传热面积的方式来增加空气侧的传热系数，从而达到提高制冷量的目的。

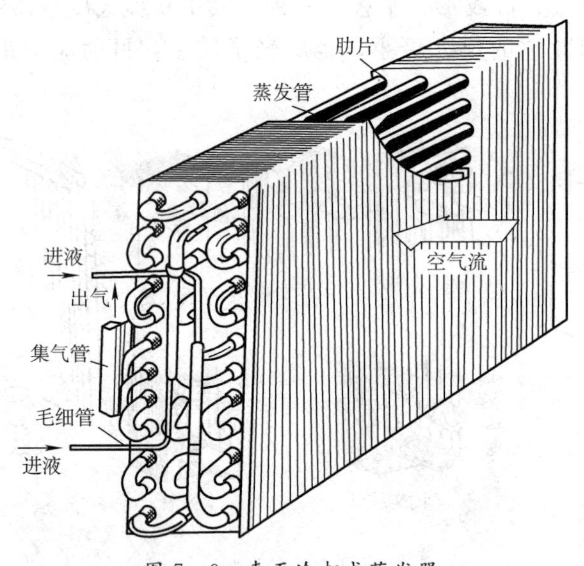

图 7—9　表面冷却式蒸发器

翅片管的形式有很多，常用的有以下两种：

1. L 形绕片式

用绕片机将紫铜片直接绕在铜管上，称 L 形绕片，如图 7—10a 所示。由于根部铜皮不打褶，铜皮受拉伸力很大，因此不能绕较高的翅片。由于肋片根部无皱褶，故空气的流动阻力较小。L 形肋片管加工较麻烦，在冷冻设备上应用较少。

2. 套片式翅片管

如图 7—10b 所示为套片式翅片管的形状，家用空调器全部采用此种形式，和套片式翅片冷凝器结构相同。

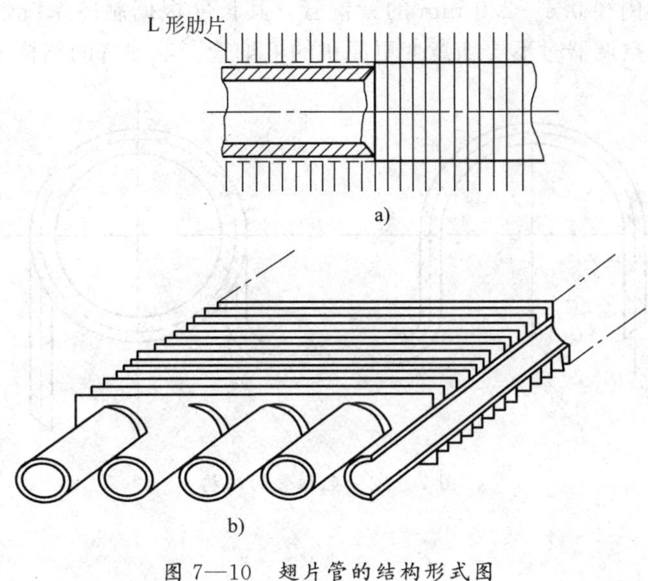

图 7—10 翅片管的结构形式图

a）L 形绕片式 b）套片式翅片管

五、过滤器

过滤器装在冷凝器出口与毛细管之间，过滤器中的滤网可以去除从冷凝器中排出的液体制冷剂中存在的杂质污物，其结构如图 7—11 所示。但当杂物过多时，就会造成脏堵，导致过滤器结霜和制冷量下降。

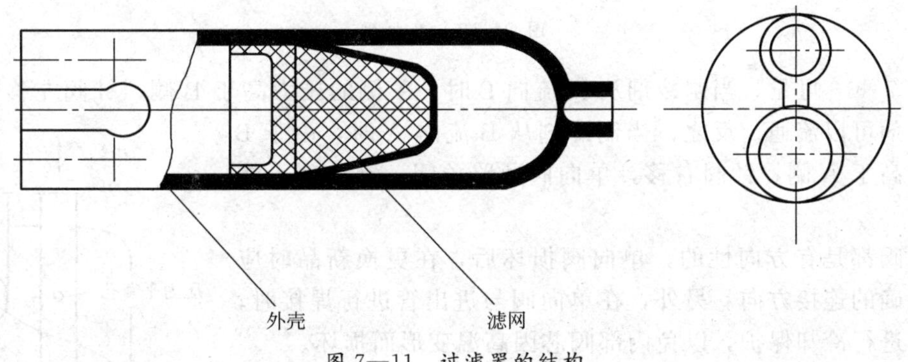

图 7—11 过滤器的结构

六、毛细管

毛细管主要起节流和降压作用。根据流体力学原理，任何一种流体，当它流过细而长的管子时，由于要克服管内的摩擦力，其出口压力就要降低，管径越细，管道越长，则其流动的阻力越大，压力降低越多，流量越小。在制冷系统中，冷凝器与蒸发器之间装上毛细管，从冷凝器中流出的液体，经过细小的毛细管时，将受到较大的阻力，因此，液体制冷剂的流量减少限制了制冷剂进入蒸发器的数量，使冷凝器中保持较稳定的压力，毛细管两端的压力差也保持稳定，这样使进入蒸发器的制冷剂降低压力进行充分的蒸发吸热，达到制冷的目的。毛细管一般采用内径 0.6～2.0 mm 的紫铜管，其长度根据制冷系统性能匹配后确定的流量而定，所以，维修空调器时不要随意变更原机的毛细管。毛细管的结构如图 7—12 所示。

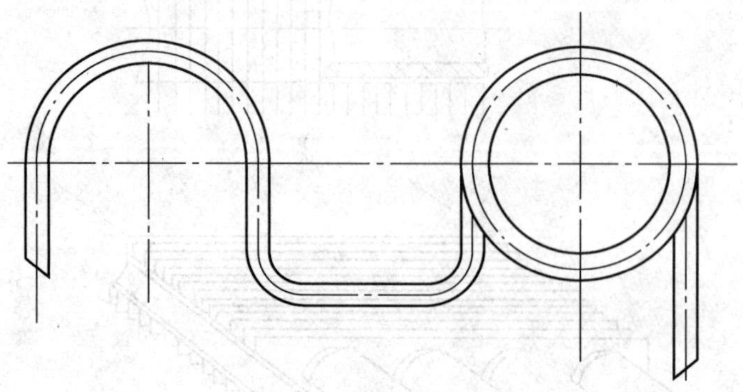

图 7—12　毛细管的结构

七、单向阀

单向阀又称止回阀或逆止阀（见图 7—13），它是一种允许制冷剂从某特定方向流通而不能逆流的阀件。

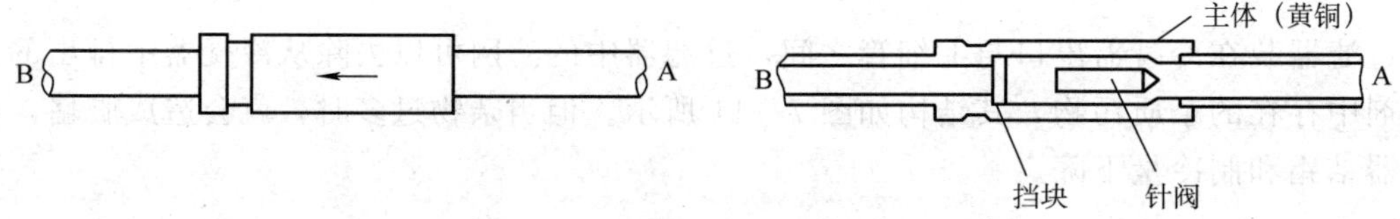

图 7—13　单向阀

由图 7—13 可见，当制冷剂从 A 流向 B 时，A 侧的压力高于 B 侧，针阀左移使阀门打开，制冷剂可以流通。反之，当制冷剂从 B 流向 A 时，由于 B 侧的压力高于 A 侧，针阀右移，单向阀通路关闭，制冷剂不能流动。

单向阀都是有方向性的，单向阀损坏后，在更换新品时应注意其正确的连接方向。另外，在单向阀与进出管进行焊接时，要对阀体进行冷却保护，以免内部阀芯因高温变形而损坏。

八、气液分离器

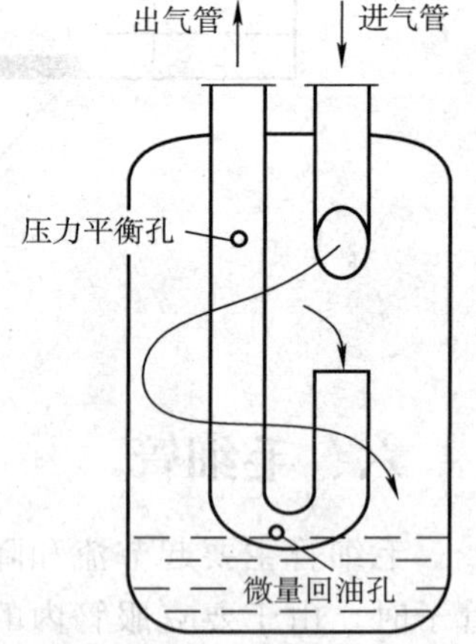

图 7—14　常用气液分离器的结构

气液分离器安装在压缩机的吸气管上，它可使压缩机吸入的制冷剂蒸气中的液体分离出来并储存在其底部，以防止液态制冷剂进入压缩机而引起液击事故。由于房间空调器的制冷系统不设储液器，气液分离器同时也起着储存制冷剂液体的作用。常用气液分离器的结构如图 7—14 所示。

气液分离器筒体内腔有一根吸气管和一根 U 形弯管，弯管的下部开有回油孔，上部开有压力平衡孔。当制冷剂进入筒内时，制冷剂蒸气从弯管出口流出，而液态制冷剂则由于本身的密度大而落入筒底。回油孔的作用是将适量的润滑油连同制冷剂蒸气一起返回压缩机内，而压力平衡孔可防止压缩机停机时，气液分离器内的制冷剂液体通过回油孔流入压缩机内。

§7—2 房间空调器制冷系统结构分析

一、分体挂壁式空调器

1. 冷风型

冷风型分体挂壁式空调器的室内机组和室外机组之间通过接管头和高低压截止阀用制冷管道连接形成封闭系统。如图 7—15 所示为冷风型分体挂壁式空调器制冷原理，由图可知，室外机组有压缩机、冷凝器、毛细管、过滤器等，制冷剂经压缩、冷凝放热、节流后通过室外机组的连接管道和分配器进入室内机组的蒸发器中，在蒸发器中制冷剂吸热汽化而达到冷却空气的目的。

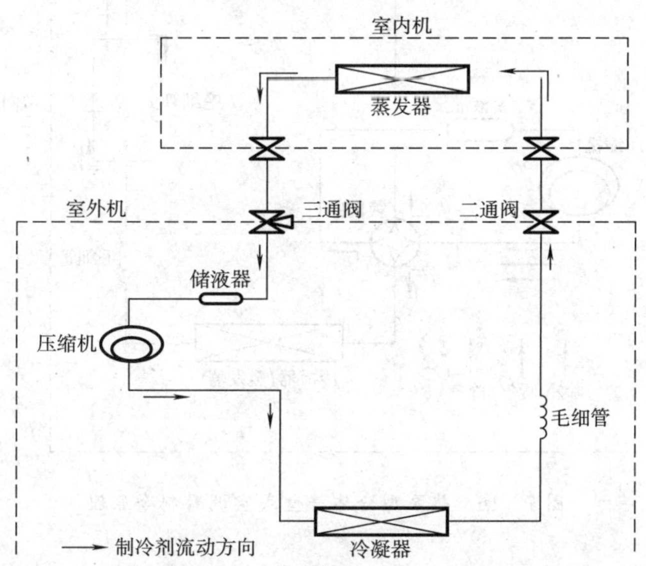

图 7—15 冷风型分体挂壁式空调器制冷原理

2. 热泵（冷暖）型

空调器的制热方式分为电热制热和热泵制热两种。电热制热是用一套加热器件作为发热元件来加热室内空气。通电后，加热器件表面温度升高，室内空气被风机吸入并吹向加热器件，流经加热器件加热后温度升高，升温后的空气又被排入室内，如此不断循环，使室内温度升高。

热泵型的分体挂壁式空调器在原有制冷系统上加了一个电磁四通换向阀、一个单向阀和制热毛细管，完成冷暖两用。热泵制热原理是利用制冷系统的压缩冷凝热来加热室内空气的。空调器在制冷工作时，低压制冷剂液体在蒸发器内蒸发吸热，而高温高压制冷剂气体在冷凝器内放热冷凝。热泵制热是通过电磁换向阀换向，将制冷系统的吸排气管位置对换，原来制冷工作时作蒸发器的室内盘管，变成制热时的冷凝器。制冷时作冷凝器的室外盘管，变成制热时的蒸发器，这样使制冷系统在室外吸热，向室内放热，实现制热的目的。制热时，单向阀和制热毛细管可以起到加长毛细管的作用，制冷时只有制冷毛细管起作用，如图7—16所示。

由于热泵空调器是通过吸收室外空气热量来制热的，所以热泵制热能力随室外温度的变化而变化。一般室外气温为0℃时，其制热量为额定制热量的80%；室外气温为－5℃时，其制热量仅为额定制热量的70%。

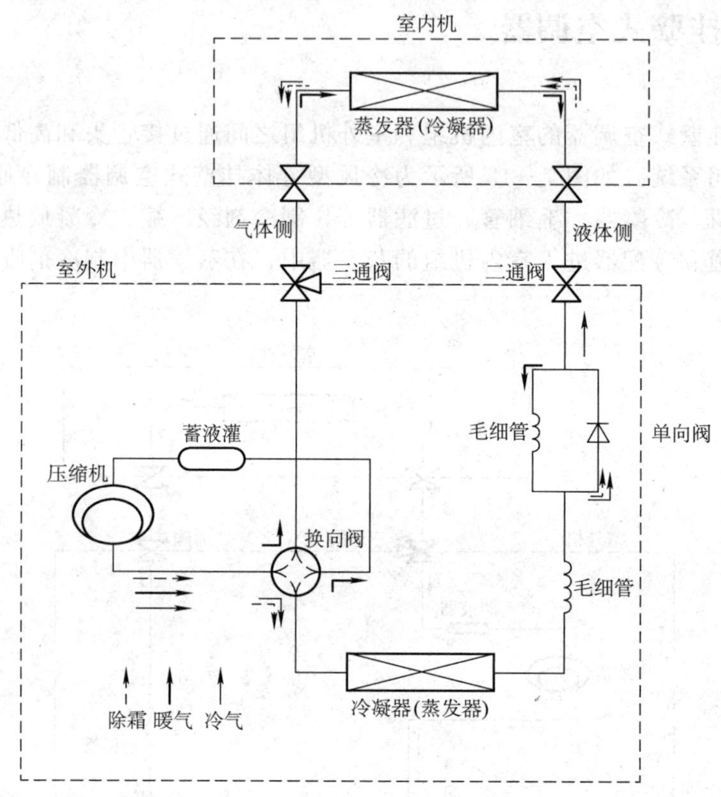

图 7—16　热泵型分体挂壁式空调器制冷原理

二、分体立柜式空调器

1. 制冷循环

如图7—17所示为立柜式空调制冷系统循环原理图。

制冷循环时，从压缩机排出的高温、高压制冷剂气体，经消声器、换向阀进入室外换热器，通过和外部空气的热交换被冷凝液化为高压液体。液体制冷剂再经毛细管、单向阀、过滤器流入冷却管，在冷却管中制冷剂被进一步冷却以提高室内换热器的效率。此后通过室内外机组间的连接管路（配管），制冷剂被送入室内并在室内机组的毛细管中降压，然后低温低压的制冷剂液体在室内换热器中汽化吸热。同时，室内空气在室内风机的作用下通过室内换热器，被冷却后再由风机吹出。蒸发成气体的制冷剂经配管、换向阀和储液器再次返回到压缩机重复循环。

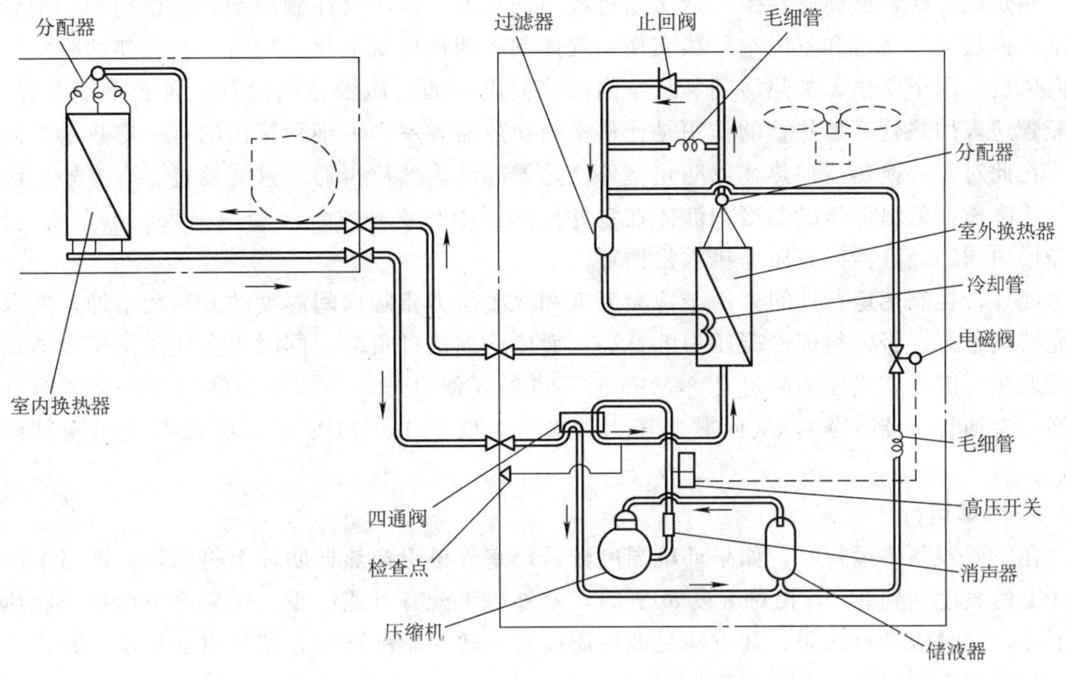

图 7—17 立柜式空调制冷系统循环原理图

2. 制热循环

如图 7—18 所示为立柜式空调器制热循环原理图。

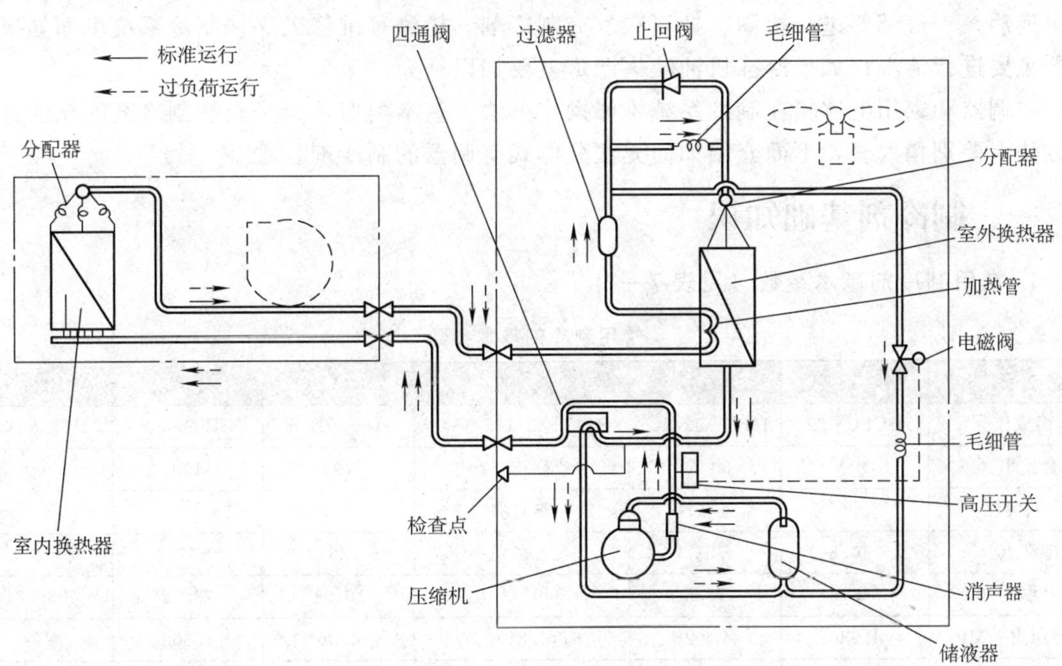

图 7—18 立柜式空调器制热循环原理图

制热运行时，换向阀转换。从压缩机排出的高温、高压气体制冷剂，经换向阀、配管进入室内换热器，通过和室内空气热交换，气体制冷剂被冷凝液化。同时，被加热的暖空气在室内风机作用下吹出，加热房间。从室内换热器出来的高压液体制冷剂，再经毛细管降压，由配管送入加热管。加热管的作用是让从室内换热器和室内毛细管流出的有一定热量的制冷剂，在此对室外换热器加热，以防止室外换热器冻结。然后再通过过滤器过滤、室外毛细管进一步降压，低温低压的制冷剂液体在室外换热器中与室外空气热交换，吸热蒸发成气体，再经换向阀、储液器回到压缩机重复循环。

此外，在制热运行期间，由于冷凝温度和冷凝压力将随房间温度的升高而增加，所以不可能持续运行。否则将因冷凝压力的升高，而使压缩机过负荷，同时也会使压缩机冷冻机油油质恶化。因此，当压力高过 2.2 MPa 时，电磁阀便打开，一部分液体制冷剂被分流（电磁阀—毛细管—储液器），从而减小压力。当压力低于 1.9 MPa 时，电磁阀关闭恢复标准运行。

3. 除霜运行

在空调器制热运行时，如果环境温度较低，室外机组换热器肋片上将结霜。即当干湿温度计上的温度达到3℃，相对湿度80%时，室外机组就有可能结霜。结霜严重可导致制热能力下降，此时应进行除霜。其方法是四通阀换向，转为制冷运行并接通电加热器，经几分钟后，除霜结束再转为原来的制热运行。

§7—3 房间空调器制冷剂的充注

空调器和家用电冰箱一样，会出现制冷剂泄漏、堵塞等故障，特别是制冷系统配件进行了更换后，一般都要进行检漏、抽真空、充制冷剂、检测等维修工序；制冷系统里面如果脏污严重要进行清洗；如果冷冻机油缺失严重就要加以补充。

空调器和家用电冰箱在制冷系统维修操作方法上基本类似，只是充注制冷剂的充注量判断方法上差别稍大些，下面介绍如何充注分体式空调器的制冷剂。

一、制冷剂基础知识

1. 常用制冷剂基本参数（见表7—1）

表7—1　常用制冷剂基本参数

制冷剂型号	R22	R410A	R407C	R134a	R32	R290
组成成分	HCFC-22	HFC-32/125	HFC-32/125/134a	HFC-134a	HFC-32	HFC-290
混合比率（%）	100	50/50	23/25/52	100	100	100
共沸性	—	近共沸	非共沸	—	—	—
标准沸点（℃）	−40.84	−52.7	−43.6	−26.2	−51.7	−42.2
临界温度（℃）	96.13	72.5	97.3	101.1	78.52	96.67
临界压力（MPa）	4.986	4.949	4.819	4.06	5.808	4.24
蒸发压力（5℃）（MPa）	0.482	0.839	0.564	0.248	0.93	0.406

续表

制冷剂型号	R22	R410A	R407C	R134a	R32	R290
冷凝压力（55℃）（MPa）	2.074	3.35	2.374	1.39	3.51	1.907
可燃性	不可燃	不可燃	不可燃	不可燃	可燃	可燃
ODP	0.05	0	0	0	0	0
GWP	1700	1700	1500	1300	675	0
冷冻机油类型	矿物油	醚、酯类	醚、酯类	醚、酯类	醚、酯类	醚、酯类

2. 注意事项

混合制冷剂按其定压下相变时的热力学特征有非共沸混合制冷剂和共沸混合制冷剂。R410A 属于近似共沸混合制冷剂。非共沸制冷剂在液态、气态的成分不同，充填制冷剂只能使用液态充注。

R410A 和 R32 制冷剂系统的压力比 R22 的要大 1.6 和 1.8 倍，所以操作时要使用专用工具及材料。

R32 和 R290 属于可燃可爆的工质，操作时一定要注意周围环境，禁止高温物体、明火及防止静电产生。

二、歧管式压力表

无论是进行检漏，还是抽真空和充注制冷剂，歧管式压力表是最主要的工具之一。

歧管式压力表由高压表和低压表两个表头、阀体、单向阀、高低压侧手动阀及连接软管组成，如图 7—19 所示。三个软管分别采用红、黄、蓝三种颜色，其中红色软管与高压表下面的接头连接，蓝色软管与低压表下面的接头连接，黄色软管接中间接头。歧管式压力表在使用时，红色软管接在制冷系统的高压侧，蓝色软管接在制冷系统的低压侧，黄色软管是工艺管，用来接制冷剂容器或真空泵。

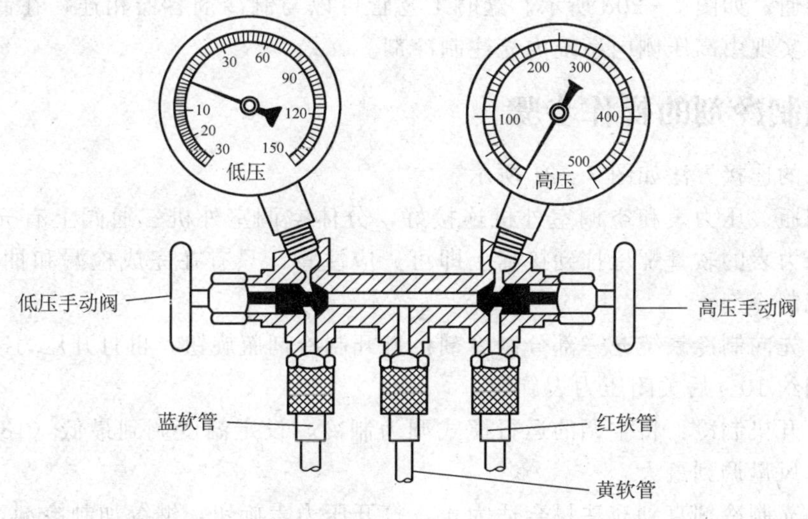

图 7—19 歧管式压力表结构图

当把高压与低压两个手动阀顺时针方向拧到头时，则高低压连接软管分别和系统的高、低压侧连通，同时与中间的工艺软管关断，这时两个压力表分别指示制冷系统的高压侧压力和低压侧压力，如图 7—20 所示。

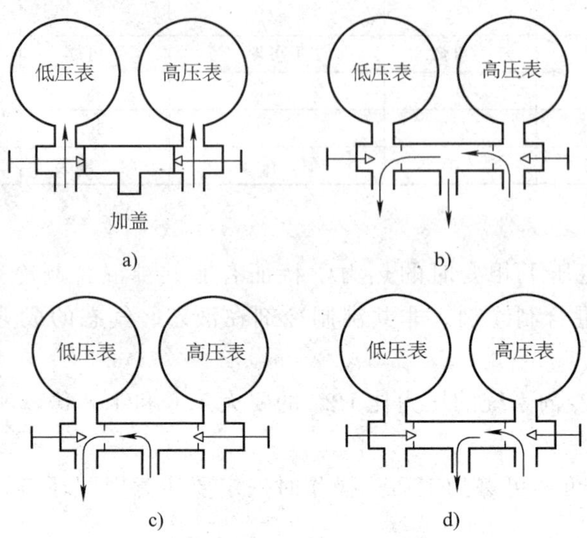

图 7—20 歧管式压力表通断示意图

当同时把高压与低压两个手动阀逆时针拧到头时，高压侧和低压侧同时与中间的工艺管连通，如图 7—20b 所示。这时工艺管可以与氮气瓶连接进行打压试漏，也可以与真空泵连接进行抽真空。

当把低压侧的手动阀逆时针拧到头，高压侧的手动阀顺时针拧到头时，系统的低压侧单独与工艺管接通，如图 7—20c 所示。这时工艺管如果与制冷剂容器相连，可以在低压侧进行制冷剂充注，同时对低压侧压力和高压侧压力进行监察。

当把低压侧的手动阀顺时针拧到头，高压侧的手动阀逆时针拧到头时，系统的高压侧单独与工艺管接通，如图 7—20d 所示。这时工艺管可以与制冷剂容器相连，在制冷系统未工作的条件下，实现由高压侧向系统内充注制冷剂。

三、充制冷剂的操作步骤

充注管路的连接方法如图 7—21 所示。

将制冷剂瓶、压力表和空调室外机连接好，分体空调室外机三通阀上有充制冷剂的接嘴，只要把压力表的软管螺母拧到接嘴上即可。应注意，只有在完成检漏和抽真空操作后，才可以接着充制冷剂。

第一步，先向制冷系统充一部分制冷剂：打开制冷剂瓶旋钮，再打开压力表旋钮，向空调内充制冷剂约 10 s 后关闭压力表旋钮。

第二步，开机制冷：将空调的运行模式调为制冷，设定温度调到最低（18℃），让压缩机连续运行，风量调到最大。

第三步，充制冷剂直到充注量合适为止：打开压力表旋钮，继续加制冷剂，待充注量合适时，关闭压力表旋钮。如果充注量较大，可以将制冷剂瓶倒过来充液体，以加快速度。

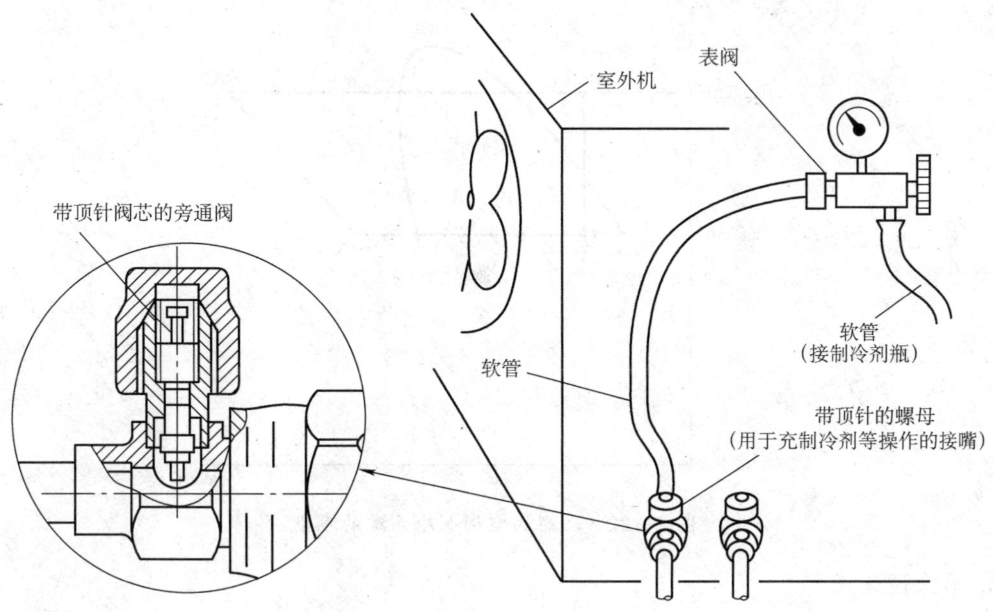

图 7 21 充注管路的连接方法

第四步，拧下压力表和空调的连接软管，拧上空调接嘴螺母即完成充制冷剂的操作。

四、制冷剂充注量的判断方法

1. 称重法

用磅秤称制冷剂瓶，向空调充制冷剂，直到制冷剂瓶质量下降值等于空调铭牌上标明的制冷剂充注量为止。

2. 根据参数判断法

参数判断法就是以标准工况下理想的空调制冷系统的参数（见图 7—22）作为参照点，估计当时环境条件下这台空调制冷系统的参数，然后，充制冷剂直到空调的参数达到估计的参数为止。通常以温度、压力、电流这三种参数作为参照。当然，如果维修时旁边有一台一样的正常空调，就可以作为参照物。

测制冷系统温度要用点温度计，在维修部内可用此法，在用户家就很难操作，通常只能用手摸来感受、估计，可以靠用手摸蒸发器进出口管温度感觉其是否基本一致来判断。

电流对充氟量不是很敏感，多几十克少几十克电流反应不是很明显，只能进行粗略的估计判断。

压力对充注量很敏感，是判断制冷剂充注量的主要参数。

标准工况：室内侧 27℃ 干球温度，19℃ 湿球温度；室外侧 35℃ 干球温度，24℃ 湿球温度。

如果室外环境温度低于标准工况，则压力、温度应低于图 7—22 的参数，电流低于额定电流；反之，如果室外环境温度高于标准工况，则压力、温度应高于图 7—22 的参数，电流低于额定电流。

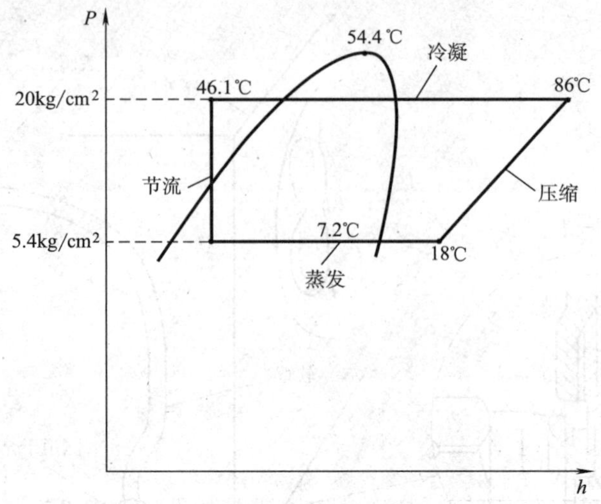

图 7—22　理想的空调制冷系统的参数

3. 最大温差法

最大温差法就是以室内机的进出风温差达到最大值作为判定充注量是否合适标准的方法。充制冷剂的目的是为了制冷，制冷量达到最大的时候就是充注量最合适的时候。通常室内机的进出风温差达到最大值时，进出风焓值差达到最大，制冷量达到最大。

制冷量计算公式为：

$$Q=m\cdot(h_1-h_2)$$

式中　Q——制冷量；

m——室内机循环风的质量流量；

h_1——室内机进风的焓值；

h_2——室内机出风的焓值。

第八章　房间空调器电控系统原理

房间空调器的电气控制系统由微型计算机控制器、压缩机电动机、过载保护器、风扇电动机、风向电动机、温度控制器、电容器、电加热器、主控开关、电磁换向阀、除霜控制器等组成，用以控制、调节房间空调器的运行状态，保护房间空调器的正常安全运行。

§8—1　房间空调器电控系统的主要组成部件

一、压缩机电动机

空调器中压缩机的电动机必须具备耐高温、具有较大的启动力矩、能适应供电电压的波动、耐冲击和振动、耐制冷剂和油的侵蚀等性能。常用的压缩机电动机有单相异步电动机和变频调速异步电动机等。

1. 单相异步电动机

压缩机用的单相异步电动机结构与电冰箱压缩机用的电动机基本相同。电动机从启动到正常运转的全过程中，二次绕组电路中始终都串接一只电容器，这样电动机运行性能好，效率和功率因数都较高，工作可靠，但启动转矩小，空载电流大。若瞬时断电再启动时，间隔时间太短，可能会过载，因而必须有过流保护装置。

房间空调器一般都采用全封闭式压缩机，如图 8—1 所示，即将压缩机和电动机组装在同一个封闭的壳体内。这种电动机直接暴露在高温高压的制冷剂蒸气和冷冻机油的混合物中，易受到制冷剂、冷冻机油及其杂质分解产物的腐蚀；而且在制冷循环过程中，电动机一直处在振动及制冷剂蒸气剧烈冲击下（冷热交替冲击和压力波动冲击），因而电动机在电气方面和化学稳定性方面必须可靠。

2. 变频调速异步电动机

若能根据房间空调器负荷的大小平滑地调节电动机的转速，从而调节制冷（或制热）量的大小，则能降低能耗、提高效率，使电源电压稳定，室内温度波动减小。变频调速可以实现平滑调速，而且调速范围宽、效率高、反应快，启动电流小，对电网影响小，舒适性能好，是一种节能型的理想调速方法。尤其是热泵型空调器，可以通过调频调速来控制热泵制热量的大小，不必受到室外气温的限制，因而大大提高其制热能力。异步电动机采用变频器实现变频调速，其基本结构如图 8—2 所示。

变频器分为直接（交—交）变频和间接（交—直—交）变频两大类。直接变频器能将恒压恒频的交流电直接变换成电压和频率都可以控制的交流电。而间接变频器则是先用整流器将工频交流电变成直流电，然后再经过逆变器将直流电变成频率和电压都可以控制的交流电。压缩机的电动机通常用间接变频器。

图 8—1　全封闭式压缩机

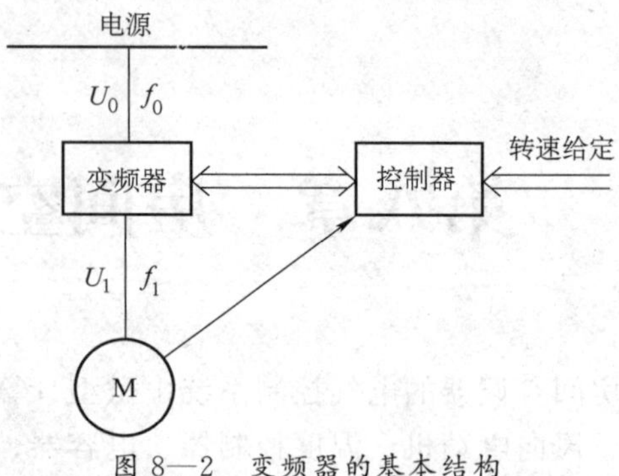

图 8—2　变频器的基本结构

间接变频器有单相和三相之分。单相间接变频器主电路如图 8—3 所示，它用来驱动单相压缩机电动机，而压缩机电动机应采用电容运行式（PSC），但不必配装运行电容器。三相间接变频器主电路如图 8—4 所示。

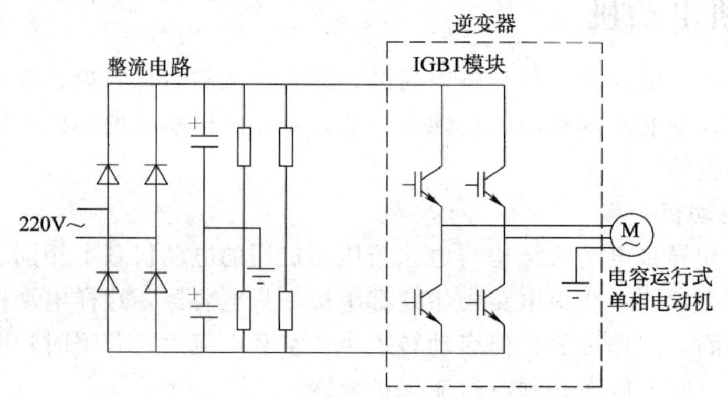

图 8—3　单相间接变频器主电路

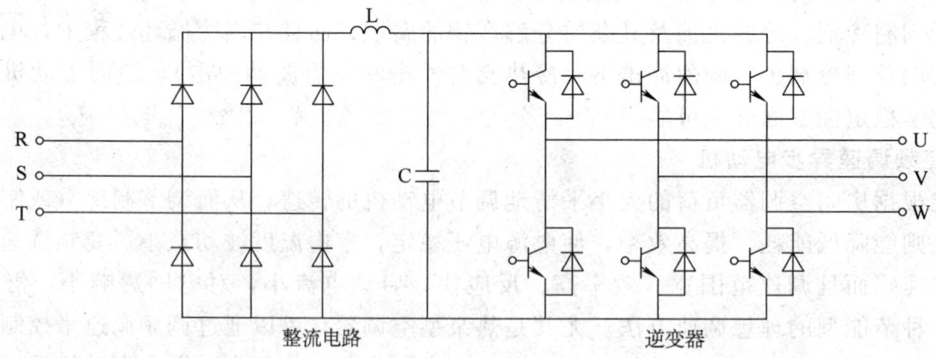

图 8—4　三相间接变频器主电路

二、过载保护器

过载保护器可防止电动机过载烧坏，一般兼有温度保护和电流保护双重功能，其结构如图 8—5 所示。它由双金属片、壳体、动触点、固定触点、调整螺钉等组成，安装在压缩机的外壳上，当压缩机超负荷运行或空调器工作时的环境温度超过 85℃时，保护器就自动切断电源，使压缩机停止运行。

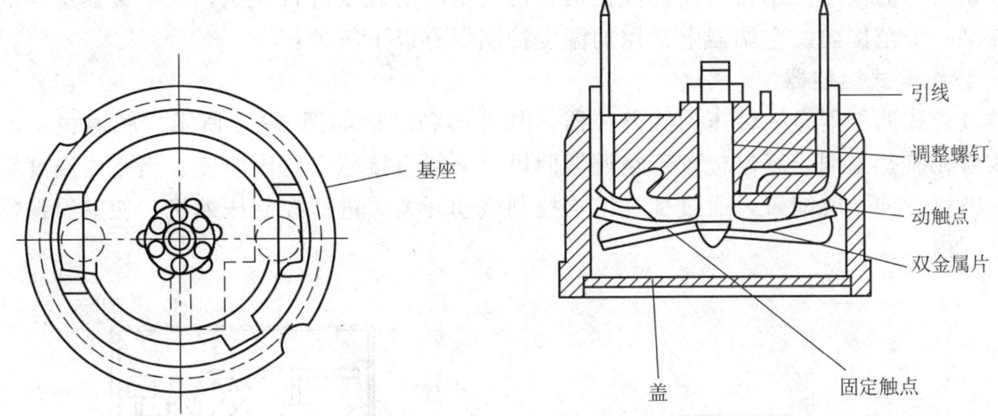

图 8—5　过载保护器的结构

三、风扇电动机

房间空调器的换热器用风扇送风，以增强热交换效果。根据使用的需要，电动机需进行调速。调速方法多为改变电动机定子绕组的匝数来改变一次绕组上的工作电压，从而达到改变磁通、调节转速的目的。其接法均可设计为高速、中速和低速 3 个转速挡，也可以设计两个转速挡。它们都是因中间绕组与一次绕组串接而产生分压作用，使一次绕组的电压降低，从而达到降低转速的目的。风扇电动机外形如图 8—6 所示。

图 8—6　风扇电动机外形

四、风向电动机（见图 8—7）

1. 步进电动机

步进电动机是一种将电脉冲信号转换成直线位移或角位移的执行元件，即外加一个脉冲信号于步进电动机时，电动机就运动一步。脉冲频率高，电动机转速快，反之则慢；脉冲数多，步进电动机直线位移或角位移就大，反之则小。脉冲信号相序改变，步进电动机逆转；脉冲停止，步进电动机即自锁。步进电动机须与专用驱动电源相配套，才能发挥其运行性能。步进电动机常用来控制电子膨胀阀阀门的开度。

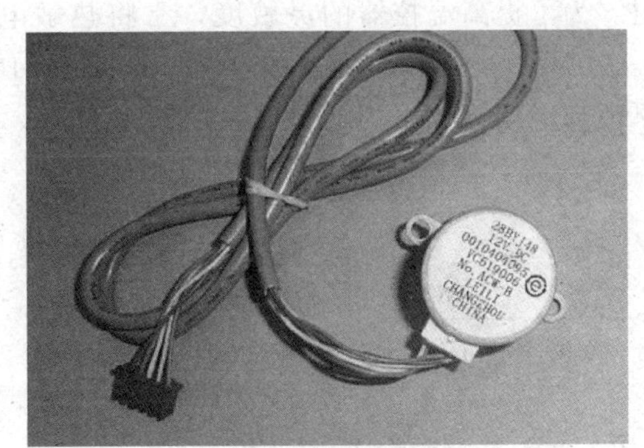

图 8—7　风向电动机

2. 永磁同步电动机

永磁同步电动机分为爪极自启动和异步启动两种类型。空调器出风栅叶摇风装置杆上用的微电动机就属于前一种类型。

五、温度控制器

空调器中的温度控制器（简称温控器）可对房间的温度进行控制，使空调器房间的温度保持在某一个范围内。空调器上常用的温度控制器有以下三种：

1. 波纹管式温控器

波纹管式温控器是一种压力式温控器，其外形和结构如图 8—8 所示。感温包、毛细管和波纹管充有感温剂。感温包置于空调器回风口，能直接感受室内温度。当室内温度发生变化时，波纹管伸长或缩短，通过杠杆结构控制微动开关，进而控制压缩机，使室温保持在一定的范围内。

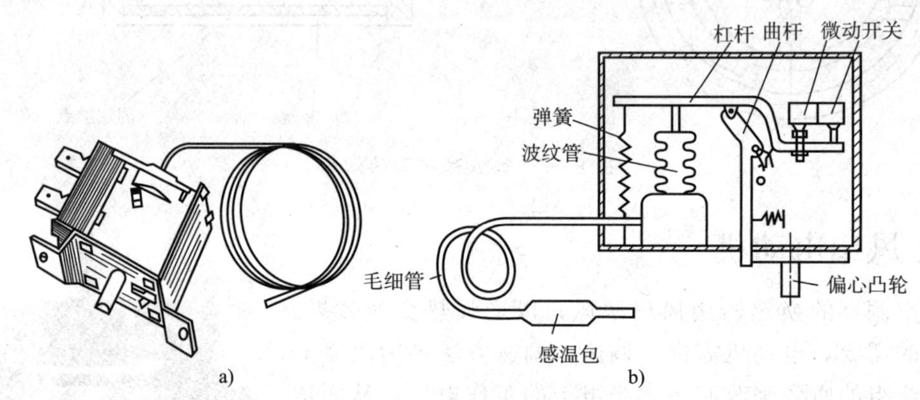

图 8—8 波纹管式温控器

a）外形 b）结构原理

2. 膜盒式温控器

膜盒式温控器的结构与波纹管式温控器的结构类似，作用原理相同，只是把波纹管改为膜盒。

3. 电子式温控器

电子式温控器器通常以具有负温度系数的热敏电阻作为感温元件，并与集成电路配合使用。为了提高温控器的灵敏度，常将热敏电阻接在电桥电阻中，作为电桥的一个臂，如图 8—9 所示。图中 Rt 为热敏电阻（见图 8—10），其他电阻为定值电阻，K 为继电器。其工作原理与电冰箱上用的电子式温控器相同。

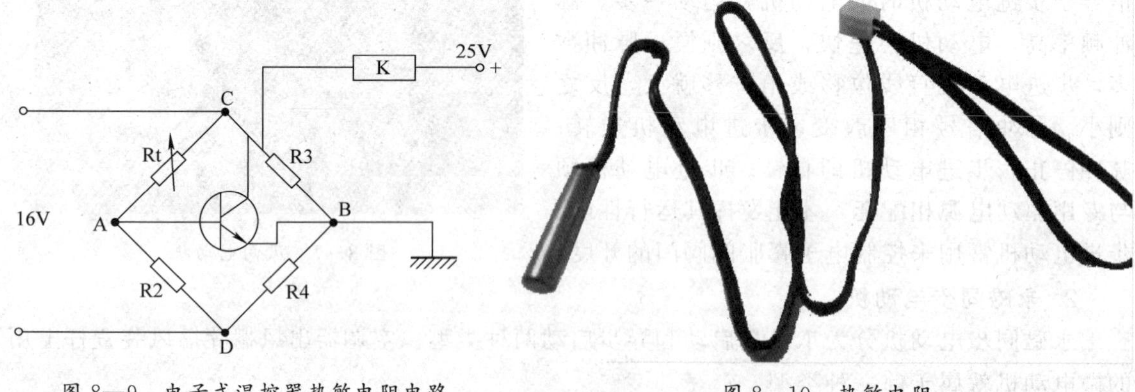

图 8—9 电子式温控器热敏电阻电路

图 8—10 热敏电阻

六、电容器

房间空调器中的电容器通常为金属膜电容器，它可用于压缩机电动机的启动或运行。一般启动电容器的容量较大（25～100 μF）如图 8—11 所示，室外风机的电动机电容器的容量较小，只有几微法，如图 8—12 所示。电容器出现故障时，电动机通电后将发出“嗡嗡”的响声，不能正常启动。电容器是否有故障可用万用表的电阻挡进行检测。启动电容器的容量较大，检测时，可用万用表低挡位，一般可选用 $R\times100$ 挡。运行电容器的容量小，万用表挡位应选得相对高些，可用 $R\times1\text{k}$ 挡。电容器损坏后，应更换同规格的新电容器。

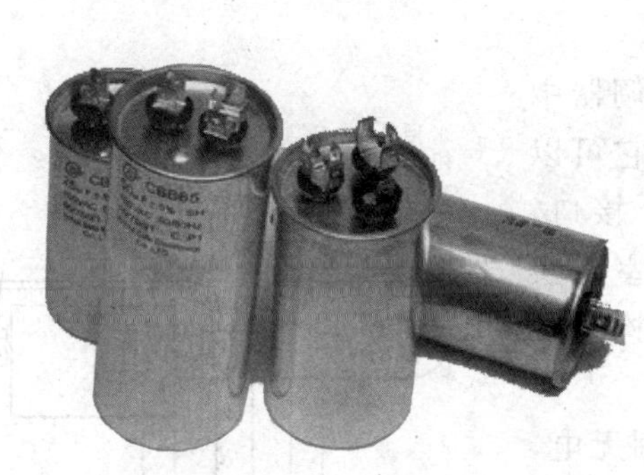

图 8—11　压缩机电动机的启动电容器

图 8—12　室外风机的电动机电容器

七、电加热器

电热型空调器采用电加热的方式制热，热泵辅助电热型空调器的辅助电加热装置也普遍采用电加热器。电加热器有电热丝和电热管两种类型。

大多数小型空调器采用镍铬电热丝加热。这种电热丝具有热容量小、质量轻、体积小的特点。它安装在耐高温的云母板支架上，并配有高灵敏度的温度保护器。当电热器温度过高时，温度保护器自动切断电源，防止火灾等事故的发生。电热管主要用于柜式分体空调器，其特点是发热量大，但升温慢，断电后降温也慢。

电加热器的主要故障有电热丝断线、烧毁等。检查时，可用万用表测量电阻的方法判断是否正常。电热器损坏后，应更换同规格的新电热器。

八、主控开关

主控开关也称主令开关或选择开关，通常安装在空调器的控制面板上。它是接通压缩机、风扇或电热器的电源开关，也是切换空调器运行状态的选择开关。常见的主控开关有机械旋转式和薄膜按键式两种。机械旋转式主控开关如图 8—13 所示，它由塑料外壳、旋转轴、接线端子及内部多路转换触点组成。薄膜式主控开关是一种轻触式按键开关，性能稳定、外表美观。这两种主控开关的电气性能基本一致。

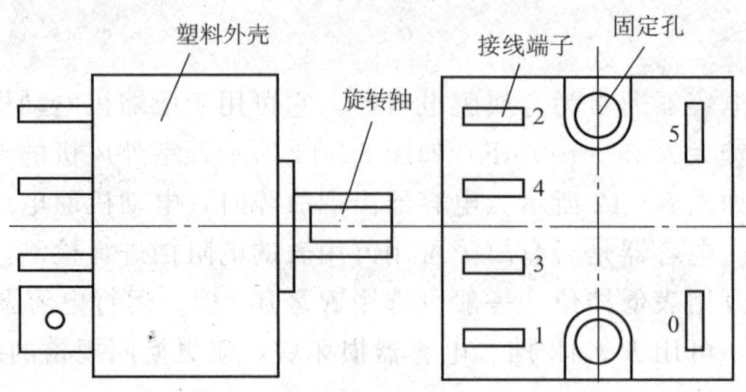

图 8—13　机械旋转式主控开关

九、电磁换向阀

电磁换向阀又称电磁四通阀，它是热泵型空调器中的一个重要部件。根据制冷或制热工况的不同，它可以改变制冷剂在系统中的流向。电磁换向阀有四个接口，分别与压缩机的排气管、吸气管、室内换热器和室外换热器相接。电磁换向阀如图 8—14 所示，内部结构与工作原理如图 8—15 所示。

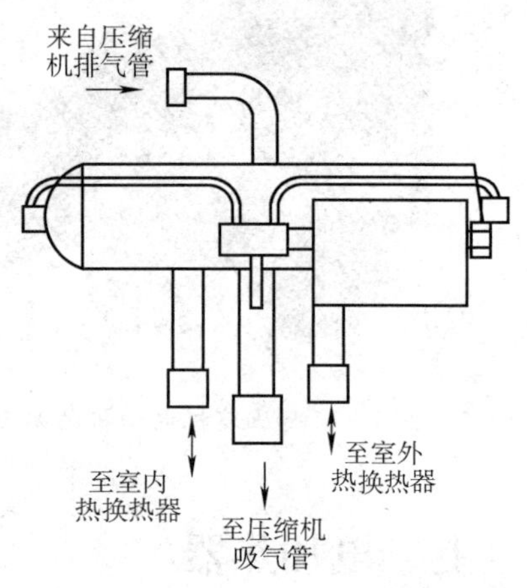

图 8—14　电磁换向阀

当空调器处于制冷工况时，电磁换向阀的线圈无电，柱塞在弹簧的作用下左移，控制电磁阀的阀芯 A 关闭，阀芯 B 打开，主体内活塞 G 左侧的腔体与压缩机的低压吸气管相通，使活塞 G 左侧腔体压力比右侧低，活塞和滑块向左移动。此时制冷剂的流向为：压缩机排气管→电磁换向阀的 K 口→电磁换向阀的 C 口→室外换热器→干燥过滤器→毛细管→室内换热器→电磁换向阀的 E 口→压缩机吸气管。

当空调器处于制热工况时，电磁换向阀的线圈得电，柱塞在电磁力的作用下克服弹簧的拉力而右移，控制电磁阀的阀芯 A 打开，阀芯 B 关闭，主体内活塞 H 右侧的腔体与压缩机的低压吸气管相通，使活塞 H 右侧腔体压力比左侧低，活塞和滑块向右移动。此时制冷剂的流向是：压缩机排气管→电磁换向阀的 K 口→电磁换向阀的 E 口→室内换热器→毛细管→干燥过滤器→室外换热器→电磁换向阀的 C 口→压缩机吸气管。

十、除霜控制器

1. 功能

一般制冷型空调器没有这个部件，对于热泵型空调器冬季制热时，由于室外温度较低，换热器表面温度可达 0℃以下，换热器表面会结霜，厚霜层会使空气流动受阻，影响空调器的制热能力。除霜的方法一般有两种：一是停机除霜，使霜自己融化，这种方式在温度较低时难以使用，且融霜时间较长；二是制热除霜，即换向阀改向，使室外侧的换热器转为冷凝器。

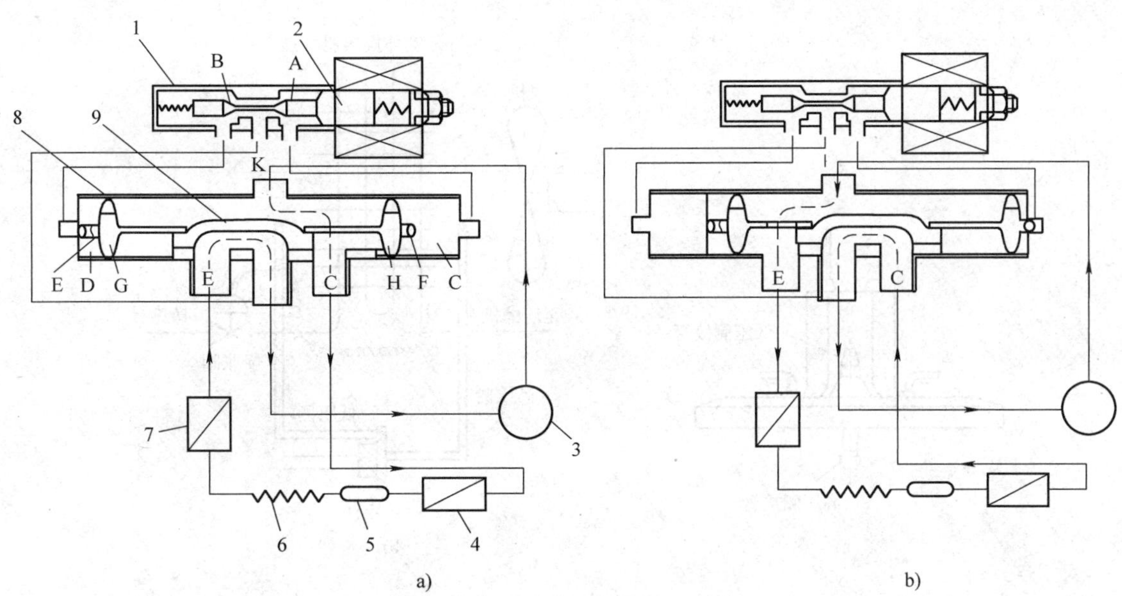

图 8—15　电磁换向阀内部结构与工作原理

a）制冷方式运转　b）制热方式运转

1—控制电磁阀　2—柱塞　3—压缩机　4—室外换热器　5—干燥过滤器

6—毛细管　7—室内换热器　8—阀体　9—滑块

除霜控制器也是利用温度控制触头动作的一种电开关，它是热泵制热时去除室外换热器盘管霜层的专用温控器。其除霜方式一般为逆循环热除霜，即通过除霜控制器开关触点的通、断，使电磁换向阀换向。

2. 分类

家用空调器上常用的除霜控制器主要有波纹管式、微差压计和电子式除霜控制器。

（1）波纹管式除霜控制器

波纹管式除霜控制器的工作原理与波纹管式温控器相同，其外形如图 8—16 所示，感温包贴在换热器表面，当感受温度达到 0℃时，将换向阀的线圈电路切断，将空调器改成对室外制热运行。经除霜后，室外换热器表面温度逐渐上升，当感温包达到 6℃时，接通换向阀线圈电路，又恢复对室内的制热循环。在除霜期间，室内风机停转。

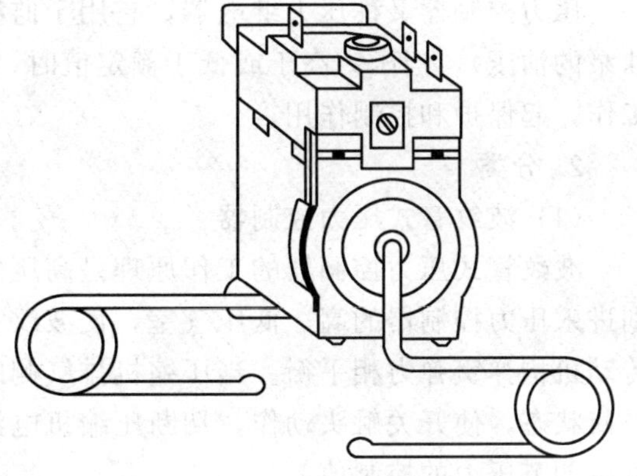

图 8—16　波纹管式除霜控制器

（2）微差压计除霜控制器

微差压计除霜控制器利用微差压计感受室外换热器结霜前后的压差来自行控制。如图 8—17 所示，高压端接在室外热交换器的进风侧，低压端接出风侧。换热器盘管结霜后，气流阻力增加，前后压差发生变化，从而接通除霜线路，使电磁换向阀换向除霜。这种除霜方式仅与盘管结霜的程度有关，因而除霜性能好。

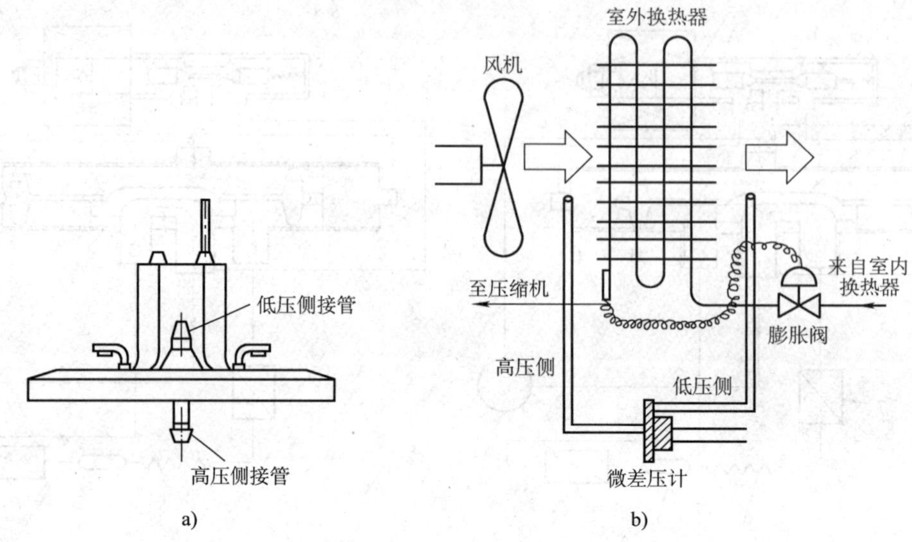

图 8—17　微差压计除霜控制器
a）外形　b）接法

（3）电子式除霜控制器

电子式除霜控制器是通过温度和时间两个参数来控制除霜的。它先通过热敏电阻来感受室外换热器盘管表面的温度，并以此来控制电磁换向阀的换向，同时，通过集成电路来控制除霜时间。若热泵型空调器设有辅助电热器，除霜期间还可以在集成电路的控制下，启用电热器，向室内吹送热风。

十一、压力控制器

1. 功能

压力控制器又称压力继电器，它用于监测制冷设备系统中的冷凝高压和蒸发低压（包括油泵的油压），当压力高于或低于额定值时，压力控制器的电触头切断电源，使压缩机停止工作，起保护和控制作用。

2. 分类

（1）波纹管式压力控制器

波纹管式压力控制器的工作原理是高压气态制冷剂和低压气态制冷剂通过连接管道，分别进入压力控制器的高、低压气室，使波纹管对传动机构产生一定的作用力，这个作用力与传动机构弹簧弹力相平衡。当压缩机排气侧的压力过高或吸气侧压力过低时，都会打破上述平衡状态，使开关触头动作，切断压缩机电源。转动压力调节盘，可以调整弹簧压力，从而可以调节压力的控制值。

（2）薄壳式压力控制器

薄壳式压力控制器的性能优于波纹管式压力控制器，其外形与结构原理如图 8—18 所示。进入压力控制器压力室的气态制冷剂压力超过限定值时，薄壳状膜片就会产生一定的位移，从而推动传动杆，使开关触头闭合或断开。这种压力控制器既可用于过压保护又可作为防泄漏保护。

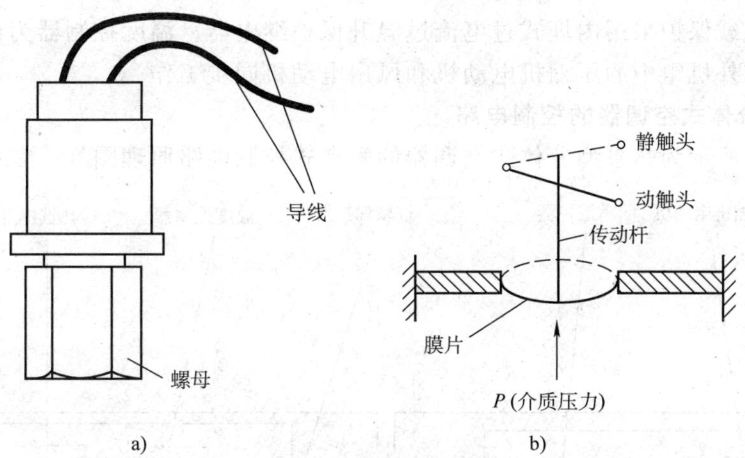

图 8—18　薄壳式压力控制器

a）外形　b）结构原理

§8—2　房间空调器的典型控制电路

一、分体式空调器的控制电路

1. 冷风型分体式空调器的控制电路

如图 8—19 所示为冷风型分体式空调器的触点式控制电路原理图。

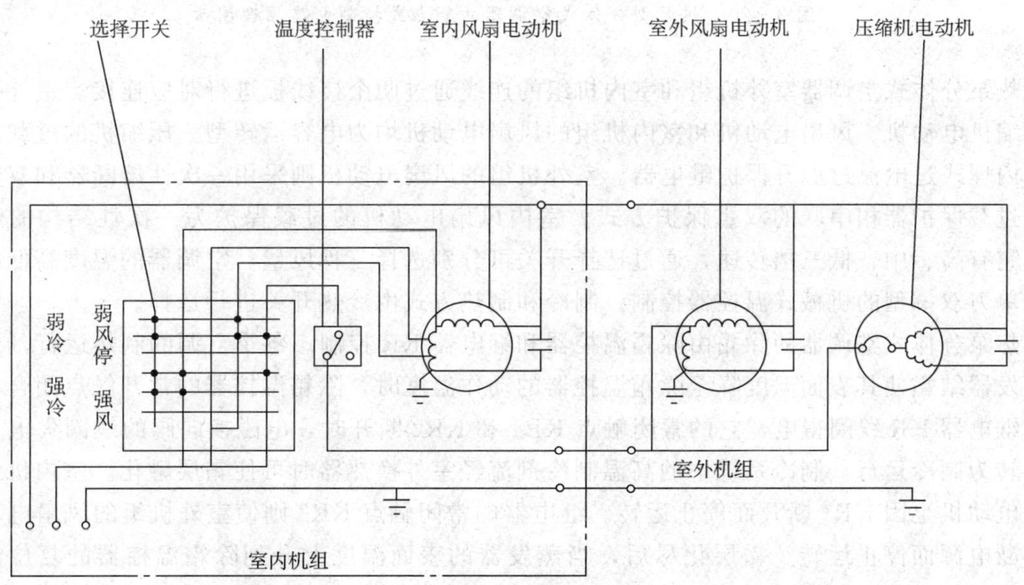

图 8—19　冷风型分体式空调器的触点式控制电路原理图

冷风型分体式空调器的电路系统比较简单，它采用了具有弱风、弱冷、强风、强冷和停等五个挡位的选择开关。室内风扇电动机、室外风扇电动机和压缩机电动机均为电容运转型。压缩机的过载保护采用内埋式过电流过温升保护继电器。温度控制器为蒸气压力式，在它的控制下，室外机组中的压缩机电动机和风扇电动机同步工作。

2. 热泵型分体式空调器的控制电路

如图 8—20 所示为热泵型分体式空调器的触点式控制电路原理图。

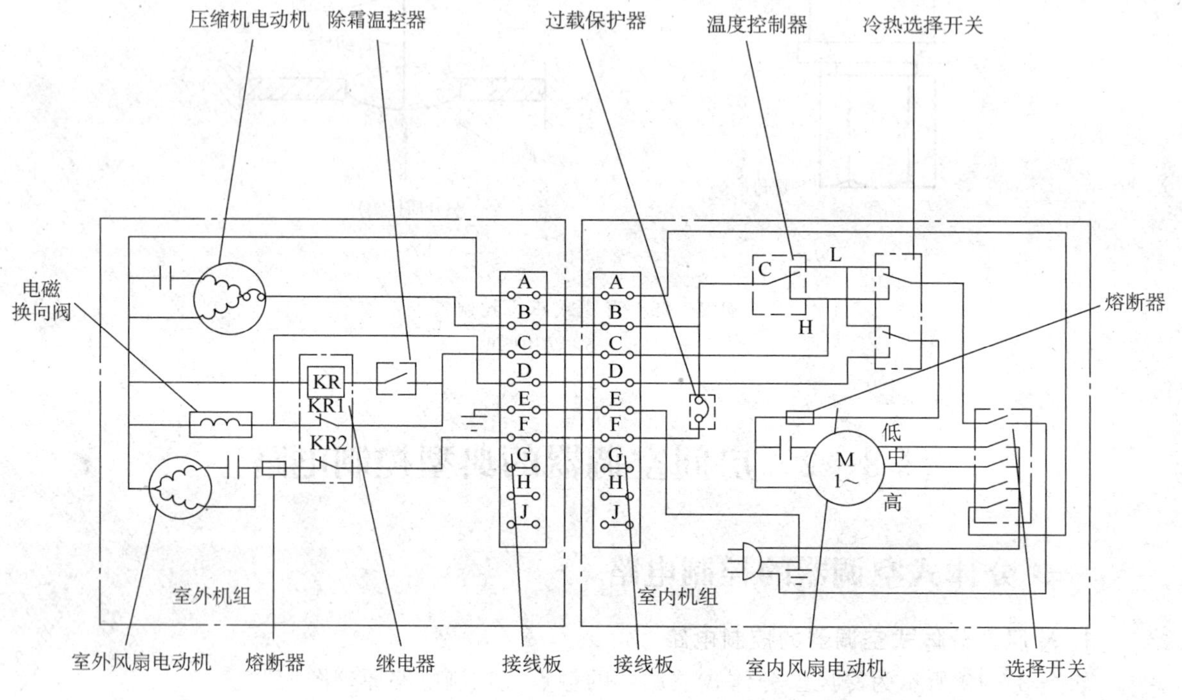

图 8—20　热泵型分体式空调器的触点式控制电路原理图

热泵分体式空调器室外机组和室内机组的连线通过两个接线板进行对应连接。室外机组的压缩机电动机、风扇电动机和室内机组的风扇电动机均为电容运转型。压缩机的过载保护采用内埋式过电流过温升保护继电器。室外机组的风扇电动机则采用一次性熔断器和双金属片式过载保护器相串联的双重保护方式。室内风扇电动机的过载保护为一次性结构的熔断器，它有高、中、低三挡转速，通过选择开关可分别选择三种风量。空调器的温度高低由触点为单刀双掷型的机械式温控器控制。制冷和制热方式由冷热开关进行选择。

热泵分体式空调器的除霜由除霜温控器和继电器 KR 控制。冬季空调的制热运行，当室外蒸发器结霜使其表面温度降至除霜温控器的动作温度时，除霜温控器的常开触点闭合。此时，继电器 KR 线圈得电，它的常闭触点 KR1 和 KR2 断开时，电磁换向阀的线圈失电，空调器转为制冷运行，制冷系统中的高温制冷剂流经室外换热器时可使霜层融化。室内机组的风扇电动机也因 KR1 断开而停止运转。继电器的常闭触点 KR2 则使室外机组的风扇电动机被切断电源而停止运转。霜层化尽后，当蒸发器的表面温度上升到除霜温控器的复位温度时，除霜温控器复位，其常开触点断开，继电器 KR 的线圈断电，继电器的常闭触点 KR1 和 KR2 重新闭合，电磁换向阀及室内外风扇电动机重新通电，空调器恢复制热运行。

二、微型计算机控制的空调器

微型计算机控制技术的运用使空调器的功能变得更加完善，工作的自动化和可靠性也得到了进一步的提高。

1. 微型计算机控制的空调器的功能

微型计算机控制的空调器的功能虽然不尽相同，但与普通空调器相比它们的功能都得到了进一步的完善，具体表现在以下几个方面：

（1）室温的自动控制功能

空调器通过负温度系数的热敏电阻探测室内的实际温度，温度信号被转换为电信号后输入微型计算机。微型计算机对输入信号做出判断并控制压缩机的启停，从而将室内温度控制在调定的范围内。

（2）自动定时开关功能

微型计算机控制的空调器具有多种定时方式可供选择，例如，定时开机、定时关机、定时开关机等。

（3）过电压、欠电压保护功能

房间空调器的电源电压通常为（220±22）V，过高或过低的电源电压会导致空调器无法正常工作，甚至损坏空调器。当电源电压出现异常时，微型计算机将控制空调器使其停止运行。

（4）延时启动功能

空调器在工作过程中，压缩机在断电停止运转中的几分钟内，制冷系统的高、低压压力是不平衡的。如果此时马上重新通电，压缩机属重载启动，这样会造成启动困难，甚至损坏压缩机。延时启动功能就是保证压缩机在每次停止运转后，至少延时 3 min，使制冷系统内的高、低压压力基本平衡后，才能通电运行。

（5）睡眠自动控制功能

当使用夜晚睡眠功能时，具有睡眠自动控制功能的空调器能对室内温度和风速进行自动控制，以保证安静舒适的睡眠环境。空调器在制冷方式下运行，按下睡眠键 1 h 后，室内风扇电动机自动转为低速运行状态，同时空调器将自动阶段性地提高室内的温度。当睡眠运行结束后，空调器能自动关机或转为睡眠运行前的工作状态。当空调器在制热方式下睡眠运行时，空调器同样也能自动降低风速并阶段性地降低温度。

（6）遥控功能

微型计算机控制的空调器都具有红外遥控功能。遥控器发送各种指令后，由室内机的接收端接收信号，并由微型计算机根据输入信号控制空调器的运行。

微型计算机控制的空调器除上述主要功能外，还有风速自动控制、自动摆叶、异常压力保护、自动除霜以及发光二极管功能切换指示、LED 数码管的温度与时间显示、故障自动检测等功能。

遥控器通常用红外线作载体，发送控制信号。它由遥控信号发射器和遥控信号接收器两个部分组成。

1）遥控信号发射器。遥控信号发射器是独立于空调器本机的键控开关盒，故又叫遥控开关，其原理如图 8—21 所示。键盘由矩阵开关电路组成。开关盒内的 IC1 扫描脉冲和键盘信号编码器构成键命令输入电路。当按下某个功能键时，相应的扫描脉冲通过键开关输入到IC1，使IC1内的只读存储器中相应的地址被读出，产生相应的指令代码，再由指令编码器转换成二进制数字编码指令。而指令编码器输出的编码指令送到编码调制器，形成调制信号。调制信号经缓冲级到激励管，由VT1、VT2组成的红外信号激励级放大到足够的功率，去驱动红外发光二极管，发射出经调制的指令信号。

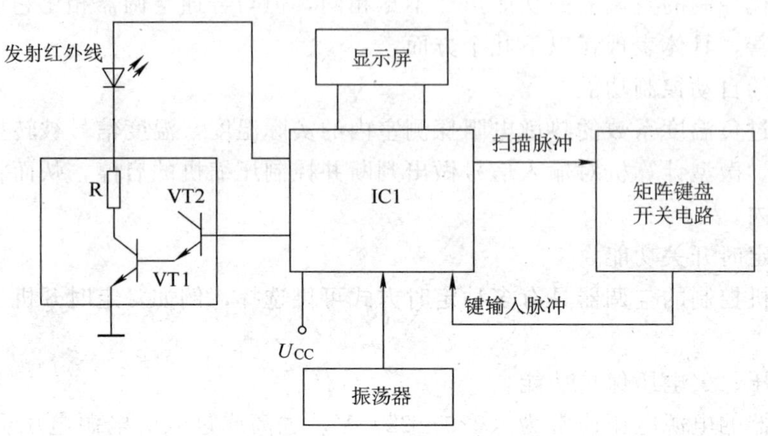

图 8—21　遥控信号发射器原理

2）遥控信号接收器。遥控信号接收器装在空调器本机面板内，其原理如图 8—22 所示。当红外指令信号被接收器的光敏二极管接收后，光敏管将光信号转换成电信号。该信号经放大增益、限幅、滤波、检波、整形、解码后输出给有关电路，执行相应的功能和操作。

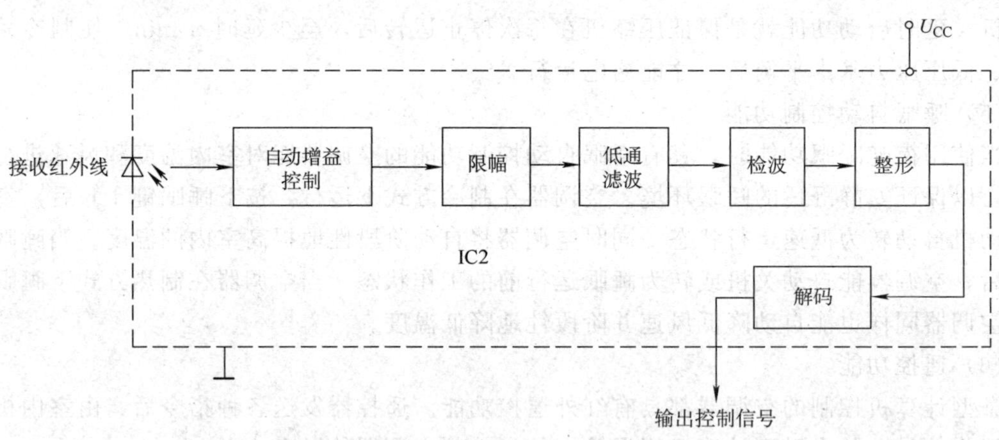

图 8—22　遥控信号接收器原理

2. 微型计算机控制的空调器的控制电路

由于生产厂家及机型的不同，微型计算机控制的空调器的控制电路不尽相同，但其控制电路的核心均为单片微型计算机。而且，按电路的功能划分，一般都由电源电路、功率驱动、温度控制、除霜控制、保护控制、功能选择、显示、遥控器接收、时钟及蜂鸣器等单元电路组成。

如图 8—23 所示为一种微型计算机控制的空调器的控制电路原理图。

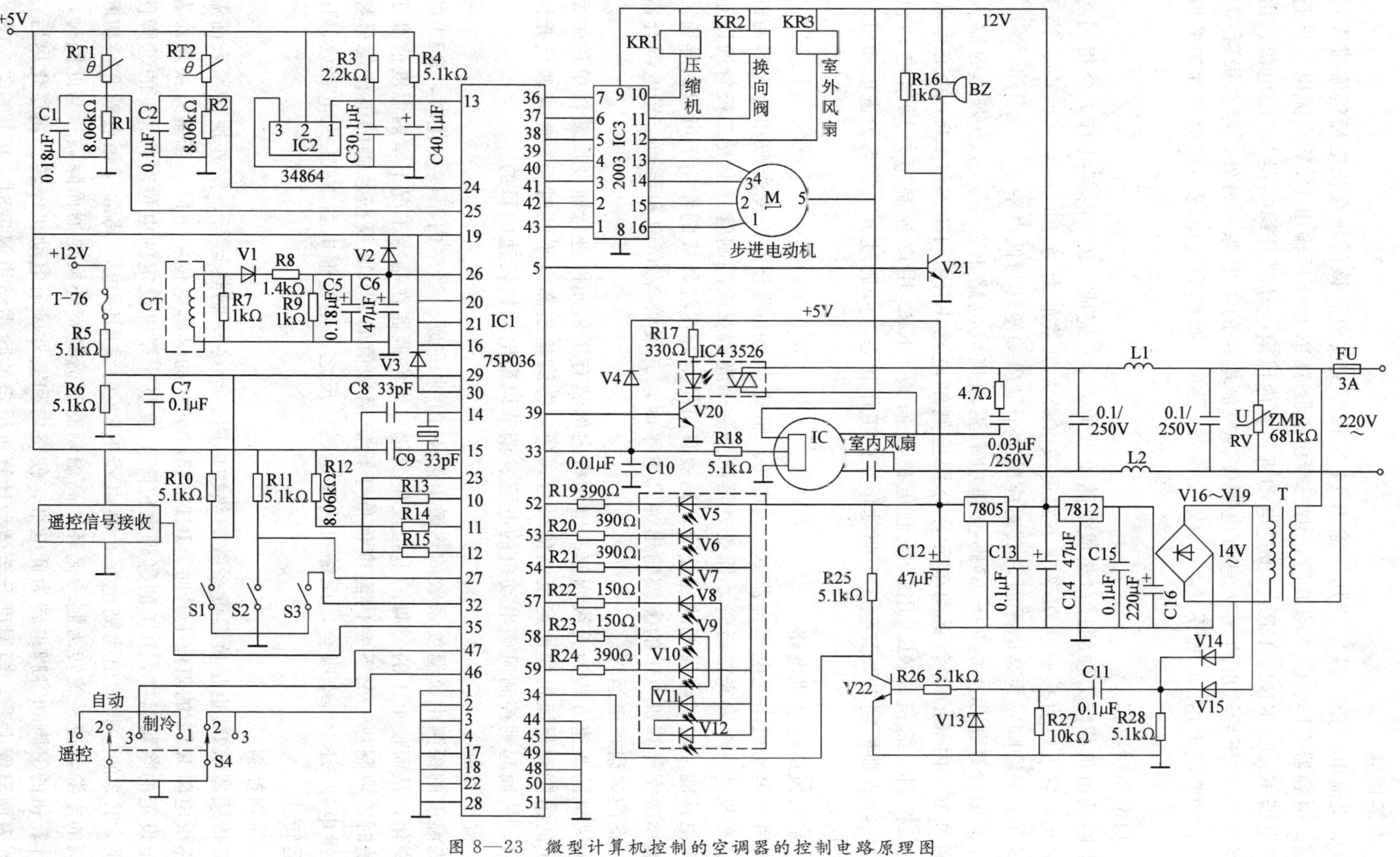

图 8—23 微型计算机控制的空调器的控制电路原理图

（1）电源电路

220 V 交流电经变压器 T 降压后输出 14 V 低压交流电。该低压交流电经整流桥 V16～V19 整流，电容器 C15、C16 滤波后，由三端稳压器 7812 稳压后输出 12 V 直流电。该直流电作为继电器 KR1、KR2、KR3、步进电动机、室内风扇电动机及蜂鸣器 BZ 的电源。由三端稳压器 7805 稳压后输出的 5 V 直流电则作为控制电路的主电源。另外，经二极管 V14、V15 整流后的直流电由 RC 微分电路（C11、R27）的 34 脚作为过电压、欠电压保护的取样电压。

（2）功率驱动电路

功率驱动由负载能力强的接口集成电路 IC3（2003）完成。IC3 内部共有 7 个相同功能的驱动单元，它可以直接驱动功率较小的负载（最大负载能力为 500 mA，50 V），当 IC3 的输入端（①～⑦脚）为高电平时，其对应的 7 个输出端便转为低电平。

单片微型计算机 IC1 的㊱～㊳脚控制功率驱动集成电路 IC3（⑤～⑦脚）的输入电平，并通过 IC3 内部的 3 个驱动单元，分别控制继电器 KR1、KR2 和 KR3 的工作状态（KR1 用以控制压缩机，KR2 用以控制电磁换向阀，KR3 用以控制室外风扇电动机）。ICE 的㊵～㊸脚则控制 IC3 其他 4 个驱动单元的工作状态，并通过 IC3 驱动步进电动机（改变送风方向）。

（3）室内风扇电动机电路

室内风扇电动机由光电耦合器 IC4（3526）驱动。光电耦合器由发光源和受光器两部分组成。发光源是一个发光二极管，而受光器则是一个光敏双向晶闸管。发光二极管通以正向工作电流使其能发出足够强度的红外线，光敏双向晶闸管在红外线的作用下可双向导通。

当单片微型计算机 IC1 的㊴脚输出为高电平时，二极管 V20 饱和导通，光电耦合器随之导通，室内风扇得电运转。

室内风机的调速方式为无级调速。电动机内部装有霍尔元件进行速度反馈，单片微型计算机 IC1 的㉝脚测得风机的速度反馈信号后，通过㊴脚输出高电平的时间早晚来改变光控硅的导通角，从而起到控制风扇电动机的电流、调节风扇电动机转速的目的。

（4）温度控制

室内温度的探测由负温度系数的热敏电阻 RT1 来完成。当室内温度变化时，RT1 的阻值发生变化，从而使 IC1 的㉕脚的电位发生变化。当空调器在制冷工况下室内温度值高于设定温度值时，或制热工况下室内温度值低于设定温度值时，IC1 根据㉕脚的电位信号控制 IC3，使继电器 KR1 得电吸合，压缩机启动运转。反之，则是继电器 KR1 失电释放，压缩机停止运转。

（5）除霜控制

除霜传感器 RT2 也是负温度系数的热敏电阻。当冬季制热运行，室外换热器表面温度下降，热敏电阻 RT2 的阻值上升时，IC1（75P036）的㉔脚电位将下降。当室外换热器表面温度降至设定的除霜温度，IC1 的㉔脚电位降至微型计算机设定的电位时，IC1 的㊲脚便转为低电平，IC3 的⑪脚输出为高电平，继电器 KR2 的线圈断电，其常开触点断开，切断电磁换向阀的电源，使系统转为制冷循环，高温制冷剂流经室外换热器而除霜。与此同时，单片微型计算机的㊳脚和㊴脚也转为低电平，使室内和室外风扇电动机停转。霜层化尽后，室外换热器表面温度上升，当温度升至微型计算机设定的除霜结束温度时，IC1 的㊲、㊳、㊴

脚输出为高电平，空调器恢复制热循环，室内外风机重新运转。

(6) 保护控制

在交流电源输入端，电感器 L1、L2 及电容器组成的低通滤波电路可以滤除电网中的高频干扰信号，以确保单片微型计算机工作的稳定性。

电源输入端的压敏电阻 RV 和过流熔断器 FU 起到了过高压保护的作用。当电源电压过高时，压敏电阻 RV 的阻值急剧下降，使过流熔断器 FU 熔断，切断电源，空调器随即停止工作。

电路中的 CT 为电流互感器，它检测出的压缩机电流信号经二极管 V1 半波整流，并由电阻 R7～R9 使电流信号转化为电压信号。当压缩机的工作电流过大，使单片微型计算机 IC1 的㉖脚电位超过设定的电位值时，IC1 的㊱脚便转为低电平，IC3 的⑩脚输出为高电平，继电器 KR1 线圈失电，其常开触点断开，切断压缩机的电源，从而起到了过流保护的作用。单片微型计算机控制压缩机使其停止工作的同时，工作指示发光二极管、定时指示发光二极管和除霜指示发光二极管也在单片微型计算机的控制下同时闪亮，对压缩机的过流保护进行提示。

电路中的 T－76 为过热保护熔断器。当压缩机过热时，T－76 熔断，单片微型计算机 IC1 感受到㉙脚的输入信号异常后，它也将控制压缩机使其停止运转。此时，工作指示和定时指示发光二极管同时闪亮，对压缩机的过热保护进行提示。

(7) 运行模式选择

电路中的开关 S1～S3 为单片微型计算机的预定工作条件设置开关。S4 为遥控、自动和制冷运行模式的选择开关。

当空调器按遥控工作模式运行时，空调器的工作受遥控器的控制。通过遥控器上相应的按键，可以分别对经济运行、制冷、制热、除湿、通风等工作方式进行选择，对高速、中速、低速及自动风速进行控制，对温度和定时进行设定等。按动遥控器上的按键时，单片微型计算机 IC1 每接受一个信号，它的⑤脚即产生一个脉冲，使蜂鸣器鸣叫一次，以示对遥控信号的响应。

当空调器在自动工作模式下运行时遥控器不起作用，空调器将按经济运行方式自动根据室温进行制冷或制热运行。

当空调器在制冷模式下运行时，遥控器也不起作用，空调器将自动根据室温进行制冷运行。

(8) 时钟信号

电容器 C8、C9 及晶振为单片微型计算机 IC1 提供正常工作所需的稳定的时钟信号。

为了方便维修，部分微型计算机控制的空调器还具有故障自检功能。当空调器出现故障时，单片微型计算机能进行自我检测，并通过指示灯显示出故障的具体类型。

§8—3 变频空调器的电气控制系统

变频空调器压缩机的转速是根据房间内热负荷大小进行变化的。比如在制冷工况下，刚开机时房间内温度较高，压缩机就高速运转，空调器大冷量输出，使温度快速下降。当下降到设定的温度范围时，压缩机就低速运转，空调器小冷量输出，保持房间内温度基本不变。

这样既能实现高效节能的运转方式，又能提供更加舒适的生活环境。

压缩机的电动机是交流异步电动机，通过改变交流电的频率改变电动机的转速，从而改变压缩机的输出功率，调节制冷（制热）量，这样的形式叫交流变频空调器；压缩机的电动机是直流电动机，通过特殊的直流供电方式改变电动机的转速，从而改变压缩机的输出功率，调节制冷（制热）量，这样的形式叫直流变频空调器。

一、变频空调器的制冷系统

变频空调器工作时压缩机的转速在较大范围内变化，制冷系统内制冷剂的质量流量也要发生较大的变化，因此，制冷系统必须满足这种工况要求。变频空调器的制冷循环系统如图8—24所示，与定频空调器相比，主要有以下特点：

1. 压缩机

变频空调器的压缩机也称作变频压缩机，转速在600～4 000 r/min之间无级调节。表8—1列出几种变频压缩机的性能参数。压缩机供电的频率变化范围对应着压缩机的转速变化范围，即对应制冷量的调节范围。

变频压缩机常选用活塞式、旋转式和涡旋式几种结构形式，其中旋转式压缩机又有单转子式和双转子式两种。虽然和同类定频式压缩机的结构基本相同，但是变频压缩机的转速很高，材料的选择和加工工艺非常严格。为了满足变频调速的需要，交流变频压缩机的电动机使用三相异步电动机，结构形式与一般的异步电动机相同。直流变频压缩机的电动机使用直流电动机，电动机的转子采用永磁体，制作成N—S—N—S两对磁极；电动机的定子与三相异步电动机的结构相同。

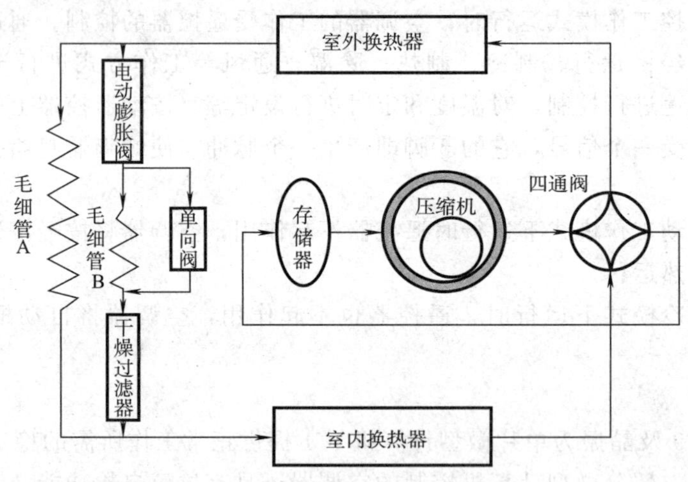

图8—24　变频空调器制冷循环系统

表8—1　**变频压缩机的性能参数**

压缩机型号	排气量（60Hz）	制冷量（60Hz）	最大制冷量	频率范围	*Uf* 曲线点	备注
2RV110N7CA04	10.3 mL/rev	2 030 W	4 398 W	30～130 Hz	180 V/100 Hz	100 V/60 Hz
2KV250N7AA03	25 mL/rev	5 315 W	11 500 W	20～120 Hz	180 V/100 Hz	113 V/60 Hz
2KV196N7AA02	19.6 mL/rev	4 015 W	7 500 W	30～110 Hz	180 V/100 Hz	113 V/60 Hz

续表

压缩机型号	排气量（60Hz）	制冷量（60Hz）	最大制冷量	频率范围	*Uf* 曲线点	备注
2KD210N7AA03	21 mL/rev	4 405 W	9 000 W	20～120 Hz	180 V/96 Hz	114 V/60 Hz
2PV132N7CB02	13.2 mL/rev	2 665 W	5 752 W	30～130 Hz	180 V/100 Hz	125 V/60 Hz
2PV164N7EA02	16.5 mL/rev	3 390 W	6 000 W	18～105 Hz	180 V/100 Hz	110 V/60 Hz
C－7RV113	23.3 mL/rev	3 980 W	10 106 W	20～120 Hz	175 V/85 Hz	138 V/60 Hz

2. 节流装置

由于变频空调器压缩机的转速是可变的，所以要求节流装置能够随着压缩机转速的变化自动改变制冷剂的质量流量，保持制冷系统的工况不变。在新型的变频空调器中，使用的节流元件是电子膨胀阀，电子膨胀阀分电磁式和电动式两种。

电磁式膨胀阀由针型阀与电磁线圈组成。电磁线圈有电流通过时，线圈产生的磁场吸起膨胀阀内的阀杆，阀杆带动阀针上移，制冷剂就可以通过。电流增大时阀针上移，电流减小时阀针下移，制冷剂的流量便得到调节。电流的大小由微型计算机根据压缩机的转速自动进行控制。电磁式膨胀阀虽然结构简单，由于一直要为电磁线圈提供控制电流，所以目前很少采用。

如图 8—25 所示，电动式膨胀阀由步进电动机和针型阀组成。步进电动机驱动阀针移动，直接驱动阀针的为直动型，通过齿轮组减速驱动阀针的为减速型。针型阀由阀杆、阀针和节流孔组成，阀杆与阀体是螺纹结构。

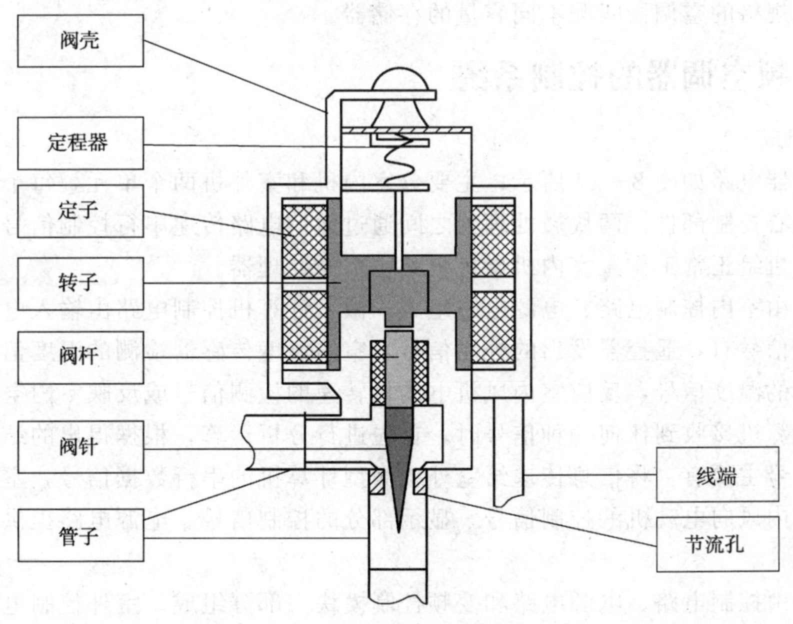

图 8—25　电动式膨胀阀

步进电动机直接驱动阀杆正、反向旋转，阀杆带动阀针上下移动改变针型阀开启度的大小，实现制冷剂的流量调节。在蒸发器出口处的某一点安装有温度传感器，传感器将检测的温度信号送入微型计算机，微型计算机根据温度设定值与检测温度之差进行运算，再根据运算结果向步进电动机的定子绕组施加不同序列的脉冲信号，驱动转子正、反向旋转。施加一个脉冲信号，步进电动机就运动一步，带动阀杆做微小的角位移。电动机正转时，带动阀杆向上移动，节流孔增大，流量增加；电动机反转时，带动阀杆向下移动，节流孔减小，流量减小。微型计算机根据送入的检测温度值，实现制冷剂流量的自动调节，使蒸发器在任何负载下都能保持饱和工作状态，极大提高了蒸发器的效率，从而对制冷系统实现了最佳控制。

电动式膨胀阀对流量调节精确，反应速度快捷，又能满足大幅度调节负荷的需要，在新型变频空调器中得到了广泛应用。

变频空调器常使用毛细管作辅助节流元件，图 8—26 所示为节流装置，毛细管 A 是平衡毛细管，在压缩机转速发生变化时它可以平衡通过的制冷剂流量。毛细管 B 在制冷运行时被单向阀短路，在热泵运行时，四通阀改变了制冷剂的流向，单向阀处于反向阻断状态，迫使制冷剂通过毛细管 B，这样就提高了冷凝温度，降低了蒸发温度，增加了热冷比。

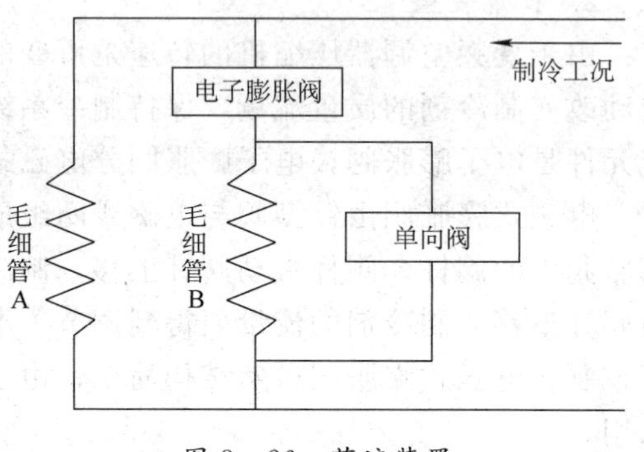

图 8—26　节流装置

3. **存储器**

变频压缩机低速运转时，制冷系统需要循环的制冷剂流量减小，存储器把多余的制冷剂暂时保存起来；变频压缩机高速运转时，制冷系统需要循环的制冷剂流量增大，存储器又为制冷系统补充制冷剂，以此完成对制冷剂流量的调节。不同规格的空调器匹配不同容量的存储器。

二、变频空调器的控制系统

1. **电路组成**

变频空调器电路如图 8—27 所示，主要分室内机和室外机两个单元，每个单元都使用微处理器作为核心控制部件。两块微处理器之间通过通信电路传递串行控制信号，互相交换信息，共同控制机组正常工作。室内机微机板是主控微处理器。

室内电路由室内控制电路、电源电路组成。微型计算机控制电路由输入电路和输出电路组成，其输入信号有：遥控器发出的控制信号，室内温度传感器检测的温度信号，室内换热器传感器检测的温度信号，反应室内风机电动机转速的检测信号或反映室内空气流速的检测信号。微型计算机接收到任何一种信号时，首先进行分析运算，根据得出的结果输出控制信号，其输出信号主要有：将信息传递给室外机微型计算机的串行数据信号，室内风机转速的控制信号，室内风向电动机的控制信号，显示部分的控制信号。电源电路提供各电路的工作电压。

室外电路由控制电路、电源电路和变频控制模块三部分组成。室外控制电路的核心也是微型计算机，其输入信号有：来自室内机的串行数据信号，压缩机电流传感器信号，电子膨胀阀入口温度传感器信号，电子膨胀阀出口温度传感器信号，回气管温度传感器信号，压缩机外壳温度传感器信号，室外空气温度传感器信号，变频模块散热片温度传感器信号，除霜时室外换热器温度传感器信号。室外微型计算机根据接收到的上述信号，经过运算后输出控

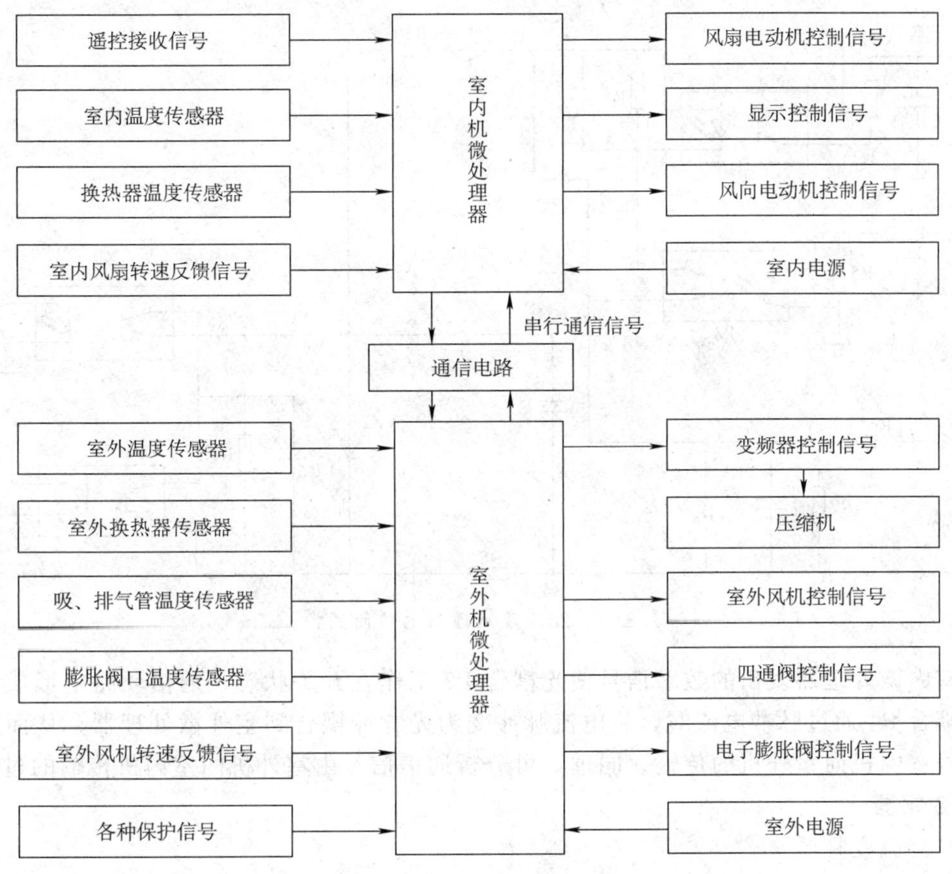

图 8—27 变频空调器电路

制信号，其输出的控制信号主要有：室外风机转速控制信号，压缩机转速控制信号，四通换向阀控制信号，电子膨胀阀控制信号，实施保护功能的控制信号，故障检测显示信号，与室内机交换信息的串行数据信号。

室外机的电源电路提供各电路的工作电压。变频模块受控制电路控制信号的驱动，为压缩机电动机输出不同频率与幅度的运转电流。

2. 通信电路

室内与室外控制电路的微型计算机工作电压一般是 5 V，它们之间的通信信号幅度较小，由于室内机组与室外机组相距较远，因此两个微处理器之间的通信电路不能直接相连，中间必须增加驱动电路，以提高串行信号的幅度，抵抗外界的干扰。常用通信电路简图如图 8—28所示，用 24 V 作为通信线路上的工作电压。

二极管 V2、电阻器 R6、R7、电容器 C4 和稳压二极管 VZ1 组成通信电路的电源电路。交流电经 V2 半波整流，R6 降压限流，R7 分流后，VZ1 将输出电压稳定在 24 V，再经电容器 C4 滤波，为通信环路提供稳定的 24 V 工作电压。光耦合元件 P1、P4 的激光二极管，P2、P3 的光敏接收管，电阻器 R8、R10 和二极管 V1、V3 组成了通信环路，通信环路中的环路电流约为 3 mA。

当通信处于室内发送时，室外微处理器为光耦合 P3 提供高电平，使 P3 一直处于导通

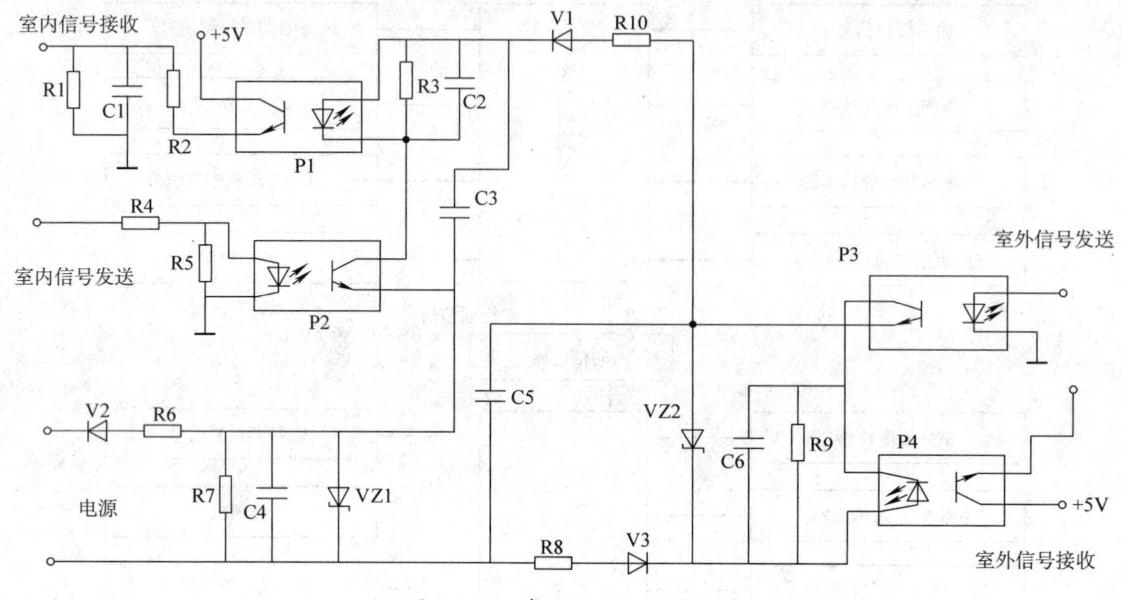

图 8—28　常用通信电路简图

状态。室内微处理器发出的数字信号使光耦合 P2 工作在开关状态，通信环路中形成脉冲电流，光耦合 P4 通过脉冲电流时，将电流脉冲变为光脉冲耦合到室外微处理器，从而实现了通信信号室内机向室外机的传输。同理，可分析通信信号由室外机向室内机传输的过程。

3. 变频器

（1）交流变频器

异步电动机的定子绕组通入交流电流后，产生的旋转磁场作用到转子绕组，在转子绕组中就会产生感应电流，感应电流产生的磁场与定子磁场相互作用，便形成电磁转矩，转子就随着旋转磁场转动起来了。旋转磁场的转速通常称为同步转速，由下式得出：

$$n_0=\frac{60f}{p} \tag{8—1}$$

式中　n_0——同步转速，r/min；

f——电流频率，Hz；

p——电动机磁极对数。

由式（8—1）可知，当改变异步电动机的供电频率时，电动机的转速便会发生改变。利用改变供电频率实现改变电动机转速的方式叫变频调速。交流变频空调器通过变频器的频率控制改变电动机的转速，压缩机的输气量与电动机的转速成正比，若供电频率连续变化，则转速连续变化，从而实现了输气量的连续调节，也就达到了制冷量连续调节的目的。交流变频器使用异步电动机时，有时采用的是开环控制，其电路组成如图 8—29 所示，是广泛采用的最典型的“交—直—交”变频方式。

在图 8—29 中，室外机的交流电源电路输入 220 V 或 380 V 的交流电压，经整流电路变为脉动直流电压，再经过滤波器 LC 进行滤波，形成 310 V 或 510 V 稳定的直流电压提供给变频驱动电路。变频控制电路根据室内微处理器送来的信号，通过运算后产生对变频驱动模块的控制信号。变频驱动模块按照控制信号的要求，将直流电压变换为不同频率的交流电压

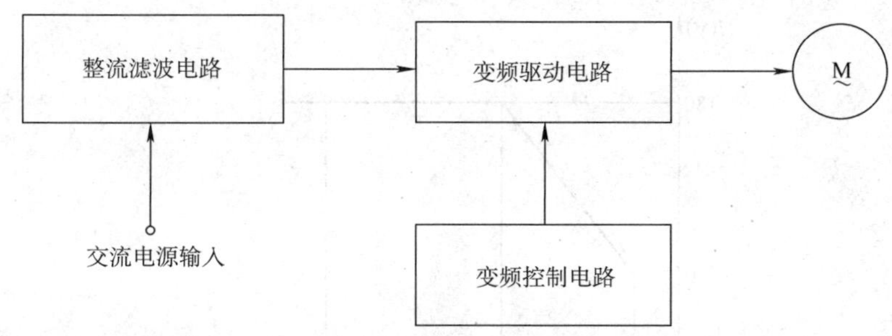

图 8—29 开环控制变频器电路组成

施加给电动机，电动机转速则随着电压的频率变化而变化。给定一个频率的电压，就对应着一种转速。开环控制方式比较简单，但不能达到较高的控制精度。

采用闭环控制时，如果使用异步电动机，增加了转速检测电路，电路组成如图 8—30 所示；如果使用同步电动机，由于同步电动机的转子是永磁体制作，因此增加的是转子位置检测电路，电路组成与直流电动机控制电路相同。对于闭环控制，检测电路将检测到的转子位置信号或转速信号传输给变频控制电路，微处理器运算后产生对变频模块的控制信号。采用闭环控制可以大大提高变频器的控制精度。

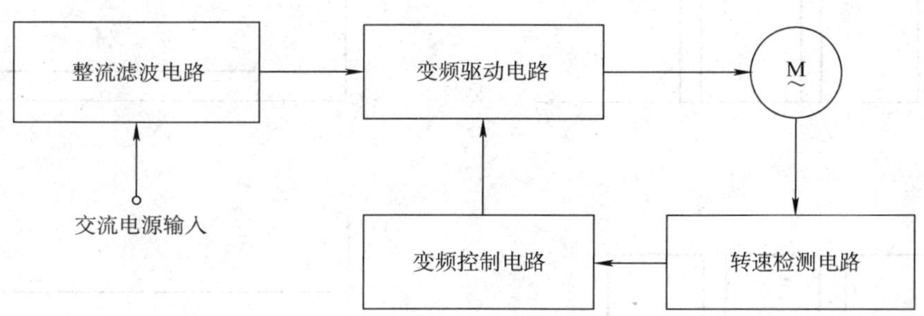

图 8—30 闭环控制变频器电路组成

交流异步电动机的调速控制方式有很多种，在变频空调器中最常用的方式是变频调速控制方式。

当通过改变输入电压的频率改变电动机的转速时，如果输入电压的幅度不变，就不能大范围地进行调节。原因是为了使电动机有较大的输出转矩，在设计时电动机的磁通已经接近饱和状态。当频率降低时，如果保持电压幅度不变，电动机的电流就会增大。磁通将出现饱和现象，这样又导致电流增加得更大，有可能烧毁电动机。频率下降得越低，该问题就越突出。当频率升高时，电动机的电流就会减小，虽然转速上升了，但是输出转矩减小，带负荷的能力下降。频率上升得越高，该问题也会越突出。因此要求变频器在控制频率的同时，也要对电压幅度进行控制，通过控制电压的幅度，达到控制电流的目的。既控制频率又控制电压的方式叫恒压频比控制，即 U/f 变频控制。采用这种方法是满足电动机的磁通 Φ 与输入电压 U 和输入电压的频率 f 之间的关系，使 U/f 是一个常数。如图 8—31 所示为一种变频空调器的 U/f 控制曲线图。

要实现 U/f 变频控制，可以采用脉宽调制的方式（PWM）。在输出电压每半个周期内，把输出电压的波形分成若干个脉冲波，由于输出电压的平均值与脉冲的占空比（脉冲的宽度/

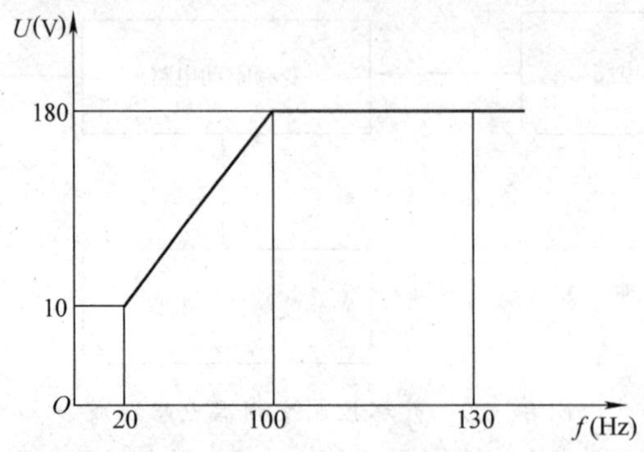

图 8—31 变频空调器的 U/f 控制曲线图

脉冲的周期称为占空比）成正比，所以在调节频率的同时，不是改变脉冲幅度的大小，而是改变脉冲的占空比，这样就可以实现既变频又变压的效果。图 8—32a 表示采用 PWM 调制时输出的不同宽度脉冲；图 8—32b 表示不同宽度脉冲的电压平均值。

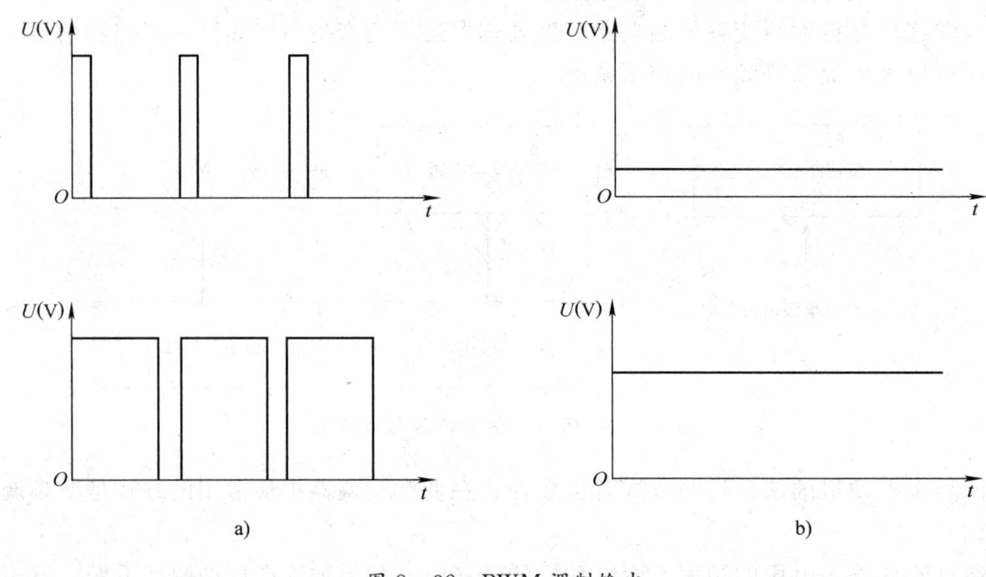

图 8—32 PWM 调制输出
a）脉冲宽度 b）电压平均值

采用 PWM 调制提供给电动机的电压和电流都是非正弦波，高次谐波成分较大，能量不能得到充分利用，还增加了电动机的损耗。为了改善变频调速的性能，使输出的波形接近于正弦波，往往采取正弦波脉宽调制（SPWM）技术。

所谓正弦波脉宽调制，简单地说，就是在进行脉宽调制时，使脉冲序列的占空比按照正弦规律进行变化。即正弦波幅值的绝对值最大时，脉冲的宽度最大；正弦波幅值的绝对值最小时，脉冲的宽度也最小。这样，输出到电动机的电压或电流的平均值就接近于正弦波，使负载中高次谐波成分显著减少，从而提高了电动机的效率。采用 SPWM 调制输出时如图 8—33 所示。

变频控制电路根据不同频率的正弦信号产生如图 8—33b 所示的变频控制信号。用此控制信号控制变频驱动电路中的功率管按一定顺序在不同时间内导通，这样，在电动机绕组中通过的就是如图 8—33c 所示的近似正弦波电流，电动机的转速就随着控制信号的频率不同而变化。

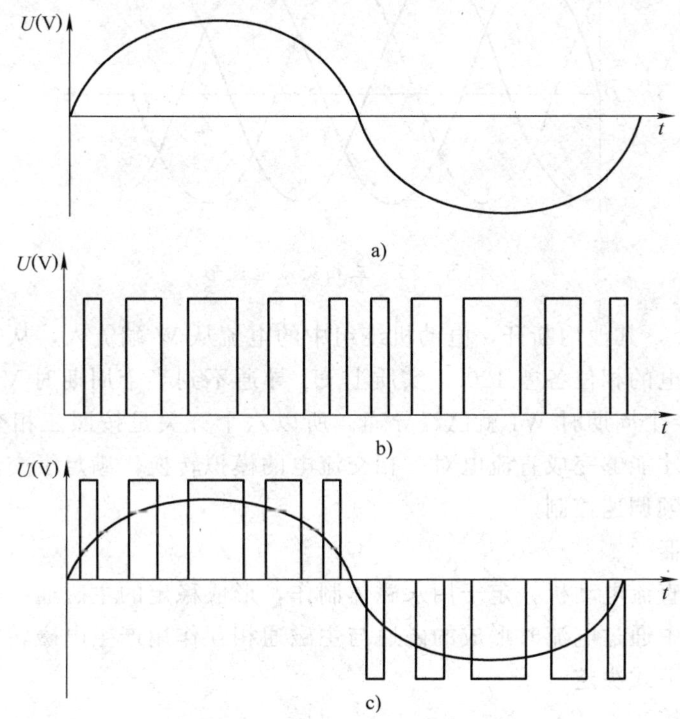

图 8—33 采用 SPWM 调制输出时

变频控制最终是通过变频驱动电路实现的，这一电路完成了直流到交流的逆变过程。驱动电路的结构如图 8—34 所示。六个大功率半导体三极管工作在开关状态，通断速度决定了通入电动机绕组的电流频率，通断顺序决定了电动机绕组中的电流方向，开关的这些状态均由变频控制电路决定。根据图 8—35 所示三相交流电的相位关系可以分析出电路的基本工作过程。以 U 相开始为例，其工作过程如下：

U1 与 W2 闭合，其他均断开，电动机绕组中的电流从 U 端流入，从 W 端流出；

V1 与 U2 闭合，其他均断开，电动机绕组中的电流从 V 端流入，从 U 端流出；

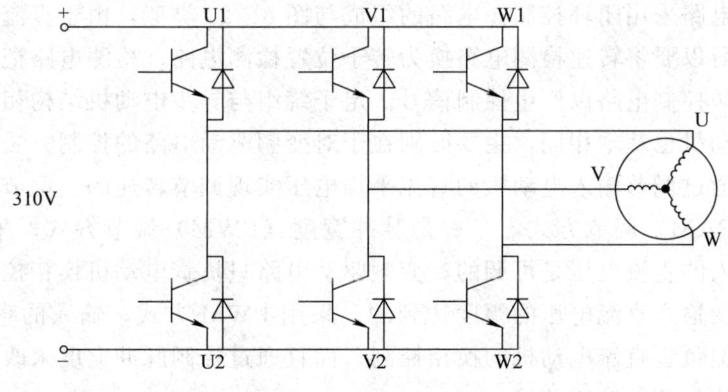

图 8—34 变频驱动电路

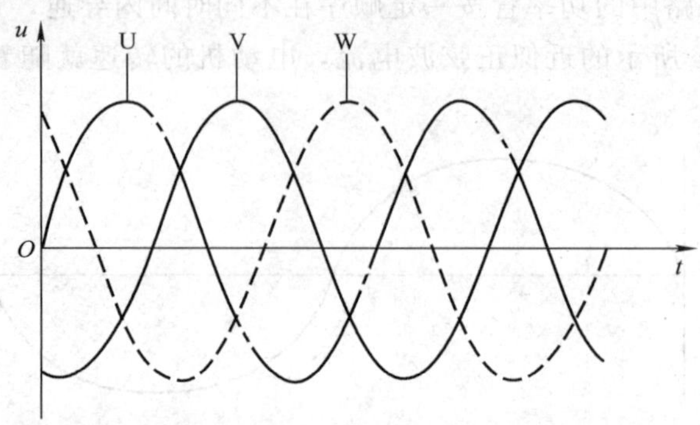

图 8—35　三相交流电波形

W1 与 V2 闭合，其他均断开，电动机绕组中的电流从 W 端流入，从 V 端流出。

因为三相交流电的相位各差 120°，实质上 U1 导通不到半个周期时 V1 就已经导通。同理，V1 导通不到半个周期时 W1 就已经导通。所以六个开关是按照三相交流电的相位要求进行控制的，这样才能够完成直流电对三相交流电的模拟转换，满足了交流异步电动机的工作要求，实现了变频调速控制。

（2）直流变频器

传统上的小型直流电动机，定子用永磁体制作，形成稳定的主磁通。转子绕组通过电刷与电源相连，绕组中通过电流时形成的磁通与主磁通相互作用产生电磁转矩，转子就开始旋转。理想的转速由下式决定：

$$n_0=\frac{U}{C_e\Phi} \tag{8—2}$$

式中　n_0——电动机理想的空载转速，r/min；

U——工作电压，V；

C_e——常数，由生产厂家决定；

Φ——主磁通，Wb。

根据式（8—2）可知，主磁通 Φ 是一个常数，要改变电动机的转速只能通过改变供电电压 U 来实现。无刷直流电动机与传统的直流电动机相比，虽然转子采用永磁体制作，定子采用绕组结构，但是上述公式仍然适用。

直流变频器电路采用闭环控制。电路的组成与图 8—29 类似，由于直流电动机的转子是用永磁体制成，所以要将转速检测电路换为转子位置检测电路。检测电路把检测到的转子位置信号提供给变频控制电路以产生控制信号。定子绕组与异步电动机结构相同，变频调速电路与交流异步电动机也基本相同，主要区别在于对变频驱动电路的控制方法不同。对于直流电动机，通常是通过调节输入电动机的直流平均电压实现调节转速的。调节方式有两种：一种是脉冲幅度（PAM）调节方式，一种是脉冲宽度（PWM）调节方式。采用 PAM 方式，变频驱动电路输入的直流电压是可调的，变频驱动电路只负责电动机换相控制。电动机的转速控制是通过改变输入直流电压的幅度达到的。采用 PWM 方式，输入的直流电压不可调，变频驱动电路不但负责直流电动机的换相控制，而且通过控制脉冲宽度来改变电动机输入电压的平均值，以达到调节转速的目的。

直流电动机的变频驱动电路与交流电动机的变频驱动电路相同，如图 8—36 所示。定子的三组绕组，每次只有两组通入电流，另一绕组作为检测绕组，利用绕组中产生的感应电动势作为转子位置的检测信号。根据图 8—36 变频驱动电路分析直流电动机的控制过程如图 8—37 所示。

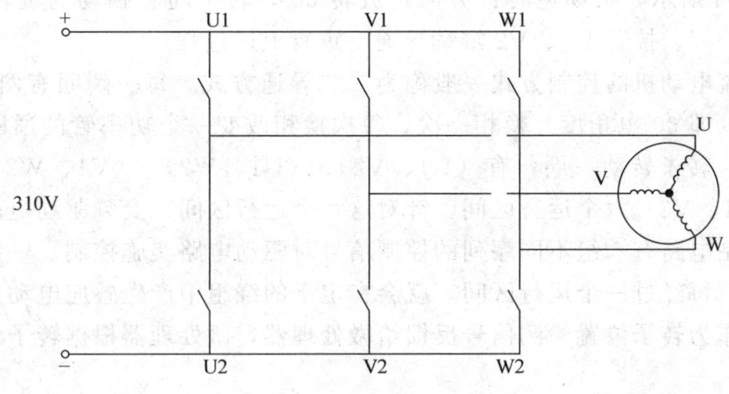

图 8—36　直流电动机变频驱动电路

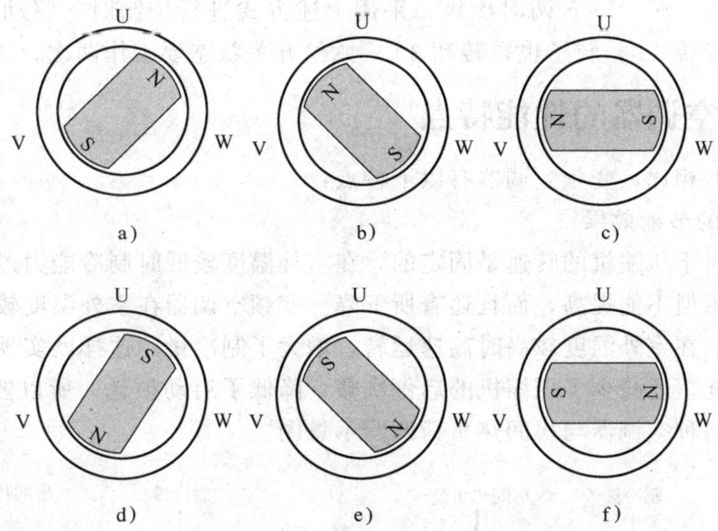

图 8—37　无刷直流电动机的定子磁场

设直流电动机的定子绕组是二极形式，电动机转子用永磁体做成 N—S 一对磁极，绕组 U 首先通入正向电流，绕组 V 通入反向电流，产生的磁场 U 端为 N 极，则：

U1、V2 导通，其他均截止。电动机绕组中的电流从 U 端流入，V 端流出，两组绕组产生的磁场如图 8—37a 所示，这时转子在原来对应位置就会逆时针方向旋转 60°。

U1、W2 导通，其他均截止。电动机绕组中的电流从 U 端流入，W 端流出，这时产生的磁场如图 8—37b 所示，磁场逆时针方向旋转了 60°，转子随着磁场的旋转再旋转 60°。

V1、W2 导通，其他均截止。电动机绕组中的电流从 V 端流入，W 端流出，这时产生的磁场如图 8—37c 所示，磁场逆时针方向又旋转了 60°，转子随着磁场的旋转再旋转 60°。

V1、U2 导通，其他均截止。电动机绕组中的电流从 V 端流入，U 端流出，这时产生的磁场如图 8—37d 所示，磁场逆时针方向再旋转 60°，转子随着磁场的旋转继续旋转 60°。

W1、U2 导通，其他均截止。电动机绕组中的电流从 W 端流入，U 端流出，这时产生的磁场如图 8—37e 所示，磁场逆时针方向继续旋转 60°，转子随着磁场的旋转仍旋转 60°。

W1、V2 导通，其他均截止。电动机绕组中的电流从 W 端流入，V 端流出，这时产生的磁场如图 8—37f 所示，磁场逆时针方向仍旋转 60°，转子随着磁场的旋转继续旋转 60°，这时转子旋转了一周。接着 U1、V2 继续导通，重复上述过程。

上述无刷直流电动机的控制方式一般称为二二导通方式。每一瞬间有两个功率管导通，每间隔 1/6 周期（即 60°电角度）换相一次，每次换相改变一个功率管的通断，每个功率管导通 120°电角度。转子转动一周，有（U1、V2）、（U1、W2）、（V1、W2）、（V1、U2）、（W1、U2）、（W1、V2）六个运行区间。针对这六个运行区间，变频驱动电路有六组开关状态，所以变频控制电路有六组不同序列的控制信号对驱动电路实施控制。

转子旋转时，每经过一个运行区间，就会在定子的绕组中产生感应电动势。不通电绕组中的感应电动势作为转子位置检测信号反馈给微处理器，微处理器根据转子位置控制功率管的通断时刻。

需要指出的是，变频空调器中使用的直流电动机多数为四极电动机，定子绕组连接成四极形式。转子是 N—S—N—S 两对磁极，采用上述方式进行控制时，驱动电路每改变一次工作状态，磁场旋转 30°，转子也是转动 30°，六组开关状态要工作两次，转子才旋转一周。

三、变频空调器的性能特点

与普通空调器相比，变频空调器有以下特点：

1. 具有良好的节能效果

定频空调器由于压缩机的转速是固定的，在室外温度较低时制冷能力过剩，在室外温度较高时制冷能力不但不能提高，而且还有所下降。变频空调器在室外温度较低时可以低速运转，耗功量较小，在室外温度较高时高速运转，增大了制冷量，这样就实现了制冷量与房间热负荷的自动匹配，还减少了压缩机的启停次数，降低了启动损耗，所以能节电 30%左右。图 8—38 所示为两种空调器与房间热负荷匹配示意图。

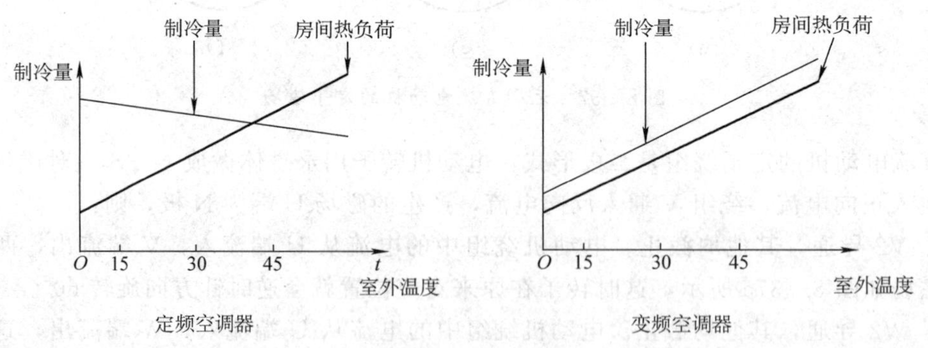

图 8—38 空调器与房间热负荷匹配示意图

2. 提高了房间的舒适性

定频空调器在制冷工况时，在房间的温度低于设定值时才停止压缩机工作，当温度上升高于设定值时又重新启动压缩机，这样就使房间的温度波动较大，其范围可达到 2～3℃。

变频空调器在刚开机时，由于房间温度较高，很快进入高速运转方式，实现快速制冷，使房间温度迅速下降。当房间温度达到设定温度时就低速运转，减少制冷量，仅维持与室内热负荷的相对平衡，这样就使室内的温度基本保持不变，提高了舒适性，其温度波动范围不大于1℃。如图 8—39 所示为两种空调器对温度的控制情况。

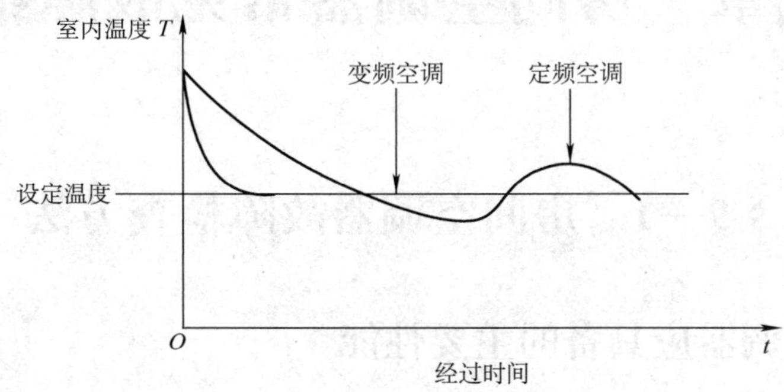

图 8—39　两种空调器对温度的控制情况

3. 能适应较大的电源电压波动范围

定频空调器在电源电压低于 180 V 时，压缩机就不能启动，而变频压缩机是以最低频率启动的，电动机所需的启动功率较小，所以允许最低电压可达 150 V。

4. 改善了制热性能

定频空调器在热泵运行时，随着室外气温的下降制热能力也随之下降，当室外温度下降到低于−5℃时，空调器几乎不能工作。对此，变频空调器通过提高压缩机的转速来增大制热能力，在室外温度较低时，仍能提供充足的热量。当室外温度下降到−15℃时，空调器仍能正常工作。

第九章　房间空调器常见故障维修

§9—1　房间空调器故障检查方法

一、房间空调器应具备的主要性能

1. 空调器的实测制冷量不应小于额定制冷量的 95%。

2. 空调器的电磁兼容性应符合国家有关规定和相应标准的要求。

3. 制冷系统各部分不应有制冷剂泄漏。

4. 空调器的实测制冷消耗功率不应大于额定制冷消耗功率的 110%。

5. 热泵的实测制热量不应小于热泵额定制热量的 95%。

6. 热泵的实测制热消耗功率不应大于热泵额定制热消耗功率的 110%。

7. 空调器箱体外表面凝露不应滴下，室内送风不应带有水滴。

8. 要求除霜所需总时间不超过试验总时间的 20%，空调器除霜结束后，室外换热器的霜层应融化（以确保制热能力不降低）。

9. 空调器在使用时不应有异常噪声和振动。

10. 热泵型空调器的热泵额定（高温）制热量应不低于其额定制冷量；对于额定制冷量不大于 7.1 kW 的分体式热泵空调器，其热泵额定（高温）制热量应不低于其额定制冷量的 1.1 倍。

二、制冷系统故障检修方法

1. 检测制冷系统的运行情况是否正常

即检测制冷系统的压缩机吸气、排气压力，压缩机吸气温度、排气温度、蒸发温度、冷凝温度，压缩机电流等是否正常。

2. 观察蒸发机组的进风、出风温度差

室内机组的进风、出风温度差，各种型号及不同厂家的产品都有不同，这与厂家设计、选用风机大小有关。因为风量大，其温差就小；风量小，其温差就大。在设计家用空调器时，往往为了降低噪声，以不过分地牺牲制冷量为原则，各厂家都尽量减小风量，这已成为当前设计时选用风机的一个趋势。因此，目前绝大部分空调器的蒸发机组的进风、出风温度差都在 10～14℃之间。

3. 观察故障指示灯是否亮

有些空调器的电路设置了故障指示灯。当制冷系统出现故障情况，由保护器切断电源，空调器停止运转，同时故障指示灯亮，或显示故障代码，提示用户系统有故障要排除。当故障排除后，指示灯熄，故障代码消失。

4. 听制冷系统运行的声音

（1）听运行中的噪声

制冷系统运行中的噪声，主要来自压缩机和风机。风机中的噪声，主要是气流声，其次是电动机轴承摩擦声及电磁噪声。压缩机的运行噪声相对比较高，并且有规律。在检修中要分清楚异常声出于压缩机还是风机，以便检查出故障的确切部位。

（2）电磁四通换向阀换向时的气流声

在检查热泵型空调器的电磁四通换向阀时，主要听它动作时的气流声，从而判断换向阀是否有故障。当电磁四通换向阀正常换向时，一般有两种声音：一种是当电磁阀线圈通电后，阀芯被吸引移动，因速度快，冲击力大，与顶盖相碰时产生的撞击声。这个声音不大，但仔细听可听到“嗒”的一声。另一种是换向阀阀芯被移动后，就有急促的气流声“嚓”。这是因电磁阀换向的一瞬间，换向阀的一端与活塞间筒体内的高压气体向吸气管释放而产生的气体流动声。由于流速高，经毛细管内吸气管释放时膨胀，其声音比较响，在机外也能听到。若听不到这两种声音，则电磁阀或换向阀都有故障。若能听到“嗒”的一声，而无气流声，则电磁阀是好的，而换向阀有故障。

（3）听机组运行时的碰撞声

如果空调器在运行时，机组有碰撞声，应仔细听其声源的部位。一般压缩机吸、排气管抖动时，可能与壳体碰撞；压缩机震动也会引起底盘或管路的共振声。

三、空气循环系统故障的检修方法

1. 观察风机有关部位的情况

（1）观察风机的转动方向

各种空调器的风机转向并不相同，有顺时针转的，也有逆时针转的，一般在轴流风机的风圈上标以箭头指示转动方向。当转向正确时，则能吹出风且风量大。若转向不正确，则风量几乎等于零。

（2）观察风叶是否打滑

电动机运转但风机吹不出风的另一种可能是风叶打滑，其原因是风叶紧固螺钉松动，电动机轴在转动，而风叶不转。若紧固螺钉没有紧固在轴的半圆面上，电动机轴转动时，风叶也会松动打滑。

（3）观察风机的转速是否下降

如果发现风机的转速下降，应检查电动机电压是否正常，一般电动机电压下降，则风机转速也会下降或不能启动。如果电动机转不动，有可能是电动机的绕组损坏或电容器击穿，可用万用表查出故障原因。

2. 听风机的运行声音

（1）听到风机运转时有碰撞声

这种情况一般是风机的风叶与风圈的碰撞声（包括轴流风叶与离心风叶）。原因通常是风叶与电动机连接的紧固螺钉未拧紧而移位。也有的是因为风叶变形或电动机轴弯曲所致。

（2）听风机电动机的噪声

电动机在正常运行时会有噪声，这种噪声通常是电磁声和轴承摩擦声，性能良好和工作正常的电动机的噪声为 45 dB（A）。如果风机电动机的噪声过大，则说明电动机质量不好或使用时间长，轴承已严重磨损。

3. 摸风机的有关部位

（1）摸风机电动机感觉温升情况

空调器的风机电动机，为防止潮气侵入，一般为封闭型，其本身没有冷却风叶来帮助散热，电动机产生的热量是由电动机外壳散发出来，再靠风机的风来散热，所以通常电动机的外壳比较热。若外壳温度达到不能用手去触摸（感到烫手）时，说明电动机已过载运行或有故障。

（2）用手感觉空调器的出风量

把手放在空调器出风口，如发现风量小，而无其他异常情况，可以检查蒸发机组的空气滤网有无积尘。另外，当冷凝机组出风量小时，可检查冷凝器散热片间的积灰情况。

4. 嗅空气循环系统发出的异常气味

在空调器空气循环系统中常见的异常气味有两种：一种是焦煳味，这主要是风机电动机超负荷后，使电动机温度升高，绕组发热，其绝缘材料被烤焦的气味，嗅到从出风口吹出这种气味时，应立即停机，找出电动机超负荷的原因，及时排除；另一种是污浊气味，这种气味通常来自室内，如烟气、臭气等，嗅到了污浊气味后，应清洗空气过滤网，并打开空调房间的门窗，将污浊空气排出后，再关闭门窗重新开机。

四、电控系统故障的检修方法

1. 房间空调器电气控制系统（以图 9—1 中 KFR－25GW 空调电路为例）

房间空调器电气控制系统由微型计算机控制器、室内电动机、步进电动机、电源插头、接线端子、压缩机、室外风机、压缩机继电器、电磁换向阀、电磁换向阀继电器、压缩机电容器、室外风机电容器、除霜开关、过负荷保护器、连接线芯等组成。

2. 房间空调器的电气控制系统故障检修方法

首先要判别是微型计算机控制器故障还是电气元件本身出现故障，方法是测量电气元件接线端子上是否有电源电压通过相应继电器常开触头，如果没有电源电压则故障在微型计算机控制器，这就要检查微型计算机控制器上相应继电器线圈是否有吸合电压以及控制电路；如果有电源电压则故障在电气元件本身或者电气元件启动电容器有问题；还有一种情况是有电源电压但电源电压跌落，则故障为电气元件有短路故障，严重的会引起烧断熔丝或触发保护器动作。

例如：一台空调器室内风机和压缩机正常工作，但室外风机不工作，可检查测量室外风机接线端子上是否有电源电压，如果有电压则故障在室外风机或启动电容器。如果没有电源电压，则故障在微型计算机控制器，就要测量微型计算机控制器上室外风机继电器线圈有无吸合电压。

又如：一台 KFR－25GW 空调器压缩机不工作，可测量 IC1 第㊱脚是否为高电平。若测量 IC1 第㊱脚为高电平，可以确定故障出在 IC1 以后的电路。测量 IC2 反相器第⑩脚为低电平，正常。测量 CN6 的 1、2 端子之间有 12 V 电压，但是压缩机功率继电器 K4 不吸合。

切断空调器电源，测量功率继电器 K4 电磁线圈，电磁线圈开路。通过更换同型号的功率继电器 G4E－11123T，故障排除。

§9—2　房间空调器常见故障判断与排除

空调器在运转和使用过程中会因种种原因而发生故障。遇到这种情况时应对空调器进行全面细致的检查。从故障现象开始，逐步对内部的实质性问题进行分析和检查，直至找出故障原因并加以排除。

空调器的故障表现在很多方面，归纳起来主要有漏、堵、断、烧、卡等。

漏：指制冷剂的泄漏和润滑油的泄漏。

堵：指制冷管路、毛细管及膨胀阀、干燥过滤器的脏堵和冰堵，蒸发器或冷凝器的积灰及空调器送风和回风口的积物堵塞等。

断：指电源线、熔丝断开，控制器件的触点跳开或因电流过大引起过热保护器动作而切断电路等。

烧：指电动机绕组、电磁阀线圈及其他各种继电器线圈被烧毁，控制电路中某些元件的损坏等。

卡：指压缩机的卡住、风扇的卡住及运动部件的轴承磨损等。

应该注意的是，空调器发生故障的现象及原因往往是多方面的，遇此情况应首先判断出其主要原因，进而采取措施，予以处理。

故障现象一　风扇、压缩机均运转，但空调器不制冷也不制热

原因 1：制冷系统的“漏”

制冷剂泄漏是空调器不制冷的主要原因之一，习惯上称为“漏氟”。

解决方法：不知何处泄漏时，可用肥皂水、卤素灯或电子检漏仪进行检漏。必要时，需将各部件分离，加压浸水进行检漏，然后进行补焊处理。

在检漏、试压、抽真空之后，按规定量注入制冷剂。制冷剂的充入量与空调器的制冷量有密切关系，如图 9—2 所示。

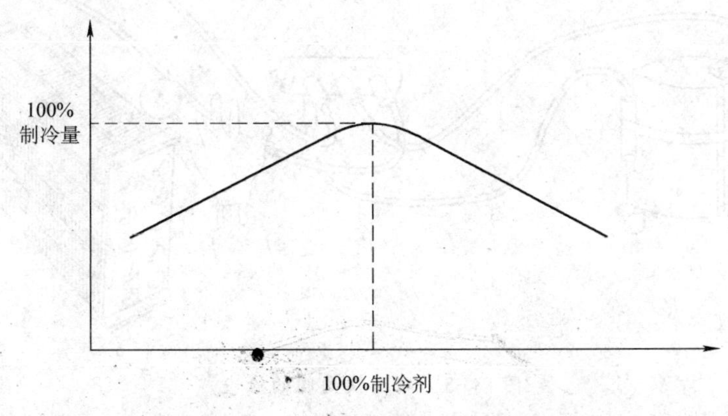

图 9—2　制冷剂充入量与制冷量的关系

如果制冷剂充入过多，可引起：

（1）高湿度运转时易出现结露现象（往复式压缩机外壳上结露，旋转式压缩机在气、液分离器上结露）。

（2）在超负荷情况下，过一会儿压缩机停止运转，耗电量增加。

如果制冷剂充入量不足，可引起：

（1）制冷剂排气温度过高，冷冻机油劣化。

（2）压缩机电动机绕组温度升高，易烧毁。

制冷剂充入量是否不足，可以观察毛细管至蒸发器入口部分的结霜情况。如果蒸发器入口处结霜，而在蒸发器上半部结露或干燥，则表明制冷剂不足。

原因 2：制冷系统的“堵”

所谓“堵”，主要是指毛细管处的堵塞。

解决方法：在制冷运转中，低压部分表压力为 0 左右是半堵塞状态。如成真空状态，低压为-1×10^5 Pa 即为完全堵塞。系统的循环运转停止时，压力平衡时间要在 3 min 以上，并且表压力在 $8\times10^5\sim9\times10^5$ Pa 也表明毛细管堵塞。

若在毛细管至蒸发器入口处一半的地方结霜，其他部分是干燥的，即使再充入制冷剂也同样会发生上述结霜与干燥现象，那么毛细管必堵无疑。

原因 3：热泵制热故障

指热泵型冷暖两用空调器冬季不能制热。

解决方法：遇到此故障，首先应检查电磁四通换向阀能不能正常完成“冷”“热”切换。检查时，应该用万用表测量其电磁线圈的电阻值，电磁四通换向阀的线圈阻值约为 700 Ω (20℃)。若线圈的阻值为 0 或比正常值小很多，表明线圈短路。若线圈阻值为无穷大，表明线圈断路，应予更换。

有的电磁四通换向阀线圈没有损坏，但内部活塞移动受阻而无法实现换向。遇此种情况，按图 9—3 所示检查。冬季运转时，用手触摸连接电磁四通换向阀的管道 A 部。若 A 部管道发热，表明电磁四通换向阀的动作不良。

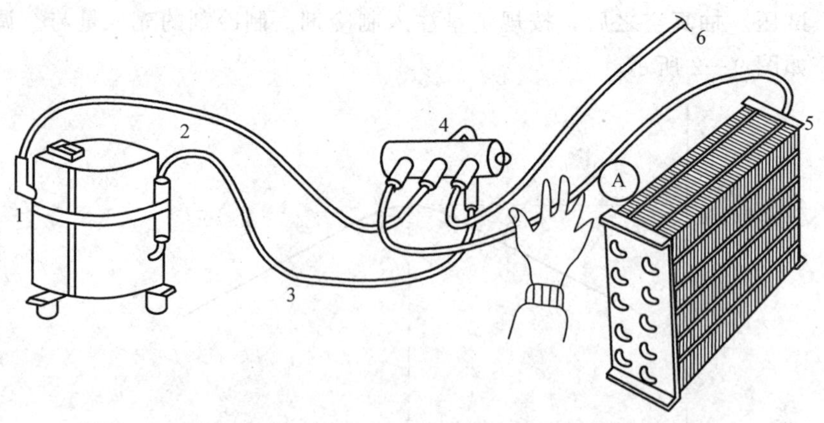

图 9—3　四通换向阀的检查

1—压缩机　2—吸气管　3—排气管　4—四通阀　5—室外换热器　6—通室内换热器

有时电磁四通换向阀的活塞被阻在既不能制热也不能制冷的中间部位。其故障现象与制冷剂泄漏所引起的结果一样。但检漏时没有漏点，当把系统打开时，有大量的制冷剂排出。

在维修工作中应注意对此故障的判断。

故障现象二　空调器虽然运转，但制冷效果不佳

空调器正常制冷时，送回风之间的温差应在 10℃以上，可以用水银温度计分别对送风口和回风口测量比较。此温差的大小与风量有关系。送风量大，温差小；送风量小，温差较大。若送风与回风的温差不到 10℃，说明空调器的制冷量不够。

原因及解决方法：可能有空调器气流短路、冷凝器堵塞、空气过滤网积灰太厚、室内人员过多、制冷剂泄漏或不足、过滤器或毛细管堵塞、压缩机的效率降低等。应针对不同情况分别予以处理。

故障现象三　空调器制热效果不佳

测定制热运转时空调器的送回风温差的大小来判定制热效果如何。用水银温度计测量时，先开制热，让空调器制热运转 30 min 后再测量。测定点在风速稍大的地方。几次测量的温度不相同时，可以求平均值。供暖时，送风口和回风口的温差应在 15℃以上，否则为制热效果差。

原因 1：如热泵型空调器在室外温度低于 0℃时，制热效果差，甚至不能启动运转，这不属于空调器本身的故障。

原因 2：单向阀、四通换向阀内漏。

原因 3：制冷剂泄漏。

解决方法：若单向阀、四通换向阀内部泄漏都应予以更换，制冷剂泄漏应补充制冷剂。

故障现象四　空调器除湿效果差

原因：

一般的空调器的除湿是由空调器制冷系统在制冷循环的同时完成的。当蒸发器表面温度低于室内空气的露点温度时，室内含湿量较大的空气接触到低温的蒸发器表面，空气中的水蒸气就会遇冷而凝结为水珠，滴入下面的接水盘。此类故障一般都是制冷系统故障引起的。

解决方法：

排除制冷系统故障。

故障现象五　异常声响

原因及解决方法：

(1) 毛细管在空调器开始运转的 2～3 min 内有制冷剂流动的声音，属于正常现象。

(2) 若电磁阀有噪声，应调整线圈的位置。若调整无效，再改变电磁阀的角度，若仍有噪声可更换电磁阀。

（3）检查制冷系统的管道是否有接触和碰撞。管道间的距离应在 10 mm 以上。若两管之间因空间所限而不能保证这个距离，可以在管子相接触的地方包上泡沫塑料或加橡胶垫。

（4）若噪声来自压缩机，应进行检查。当噪声严重时，要更换压缩机。

（5）在空调器的安装过程中可能把一些工具放在空调器上面，这是引起噪声的原因之一。

（6）由于长途运输和搬运，可能造成扇叶固定螺钉松动、换热器固定螺钉松动等。所有这些，都可能引起较大的噪声，应找到原因，加以排除。

故障现象六　空调器通电后不运转

原因及解决方法：

（1）电源线断路，使空调器无电不工作，检修电源线。

（2）选择开关接触不良，电源不能接通，空调器不工作，应修理或更换选择开关。

（3）微型计算机控制器有问题，应检查电源变压器、熔丝、整流电路和晶振电路。

（4）空调器控制线路连接不牢，造成某处松脱，使电源不能接通，空调器不工作，应重新连接好控制线路。

故障现象七　空调器室内机组工作但室外机组不工作

原因及解决方法：

（1）微型计算机控制器有问题，应检查温度控制电路和室外机组继电器控制电路。

（2）过负荷保护器失灵，不能使过负荷保护器复位，造成室外机组不工作。

（3）室外机组运行电流过大，造成室外机组熔丝熔断，应检查压缩机和风扇电动机的运行电流，修复后更换熔丝。

（4）室外机组压力异常造成压力保护开关动作，导致室外机组不工作。应找到原因，加以排除。

故障现象八　分体式空调器室内机组风扇工作，室外风机工作，但压缩机不工作

原因及解决方法：

（1）压缩机启动电容器被击穿，应更换。

（2）压缩机电动机烧坏，应更换。

（3）微型计算机控制器有问题，检查压缩机继电器控制电路。

（4）压缩机过载保护器跳开不能复位，应更换。

故障现象九　空调器室外机组工作，但室内风扇不工作

原因及解决方法：

（1）室内风扇电动机工作电流大，造成熔丝熔断，应查明原因，修复后更换熔丝。

（2）风扇电动机磨损严重，造成机械部件卡死，引起风扇电动机烧坏，应检修或更换风扇电动机。

（3）室内风扇电容器损坏，应更换电容器。

（4）室内机组接线出现故障，应检查室内机组接线，重新连接室内机组导线。

（5）微型计算机控制器有问题，检查室内风扇电动机继电器控制电路，应修复或更换电路板。

故障现象十　空调器压缩机工作，室外风扇不运转

原因及解决方法：

（1）室外风扇接线端子松动或接触不良，应紧固接线端子。

（2）室外风扇电容器被击穿，应更换电容器。

（3）室外风扇电动机绕组短路或断路，应更换电动机。

（4）微型计算机控制器有问题，检查室外风扇电动机继电器控制电路，应修复或更换电路板。

故障现象十一　房间空调器启停频繁

原因及解决方法：

（1）温控器失灵，引起机组启停频繁，需调整或更换温控器。

（2）用电设备过多，造成电源线超负荷工作，电源电压时高时低，引起机组启停频繁，需加装电源稳压器。

（3）过载保护器失灵，引起机组启停频繁，需更换过载保护器。

故障现象十二　空调器压缩机刚启动时间不长就停机，再不启动

原因及解决方法：

（1）电源电压异常，电压低于198 V时，空调器自动停机，应使用电源稳压器，调整好电源电压。

（2）使用不当，将温度设置太高，应重新合理设定室内温度。

故障现象十三　分体式空调器室内温度过低不停机

原因及解决方法：

（1）温控器触点粘连，应用砂纸打磨其触点。

（2）温控器失灵，应更换温控器。

（3）使用不当，将室内温度设置得过低，应合理设定室内温度。

（4）温度控制电路出现故障，应仔细检查空调器温度控制电路。

故障现象十四　热泵分体式空调器制冷正常但不制热

原因及解决方法：

（1）选择开关接触不良，不能接通制热控制电路，使机组不能制热，应修理或更换选择开关。

（2）电磁换向阀线圈烧坏阀芯卡死，使换向阀不能换向制热，应修理或更换电磁换向阀。

（3）温控器触点烧坏，使温控器处于断路状态，导致制热控制电路不工作，应调整或更换温度控制器。

（4）制热继电器线圈烧坏或触点损坏，使机组不制热，应更换制热继电器。

（5）制热控制电路中某一导线松脱，造成制热电路不工作，应重新连接导线。

故障现象十五　热泵型空调器室外机组不能正常化霜

原因及解决方法：

（1）除霜控制器失灵，应更换除霜控制器。

（2）除霜控制器触点损坏，应修理或更换除霜控制器。

（3）除霜定时器损坏，应修理或更换除霜定时器。

（4）除霜继电器线圈烧坏或触点损坏，应更换除霜继电器。

（5）除霜控制电路导线连接不牢，造成连接导线松脱，应重新连接导线。

§9—3　房间空调器的检修流程

空调器的故障种类很多，主要故障可以总结为六大类，包括制冷效果不好、不制冷、不制热、制热效果不好、漏水、噪声大等。下面以挂壁机为例，总结出前四大类故障的检修流程，如图 9—4、图 9—5、图 9—6、图 9—7 所示。

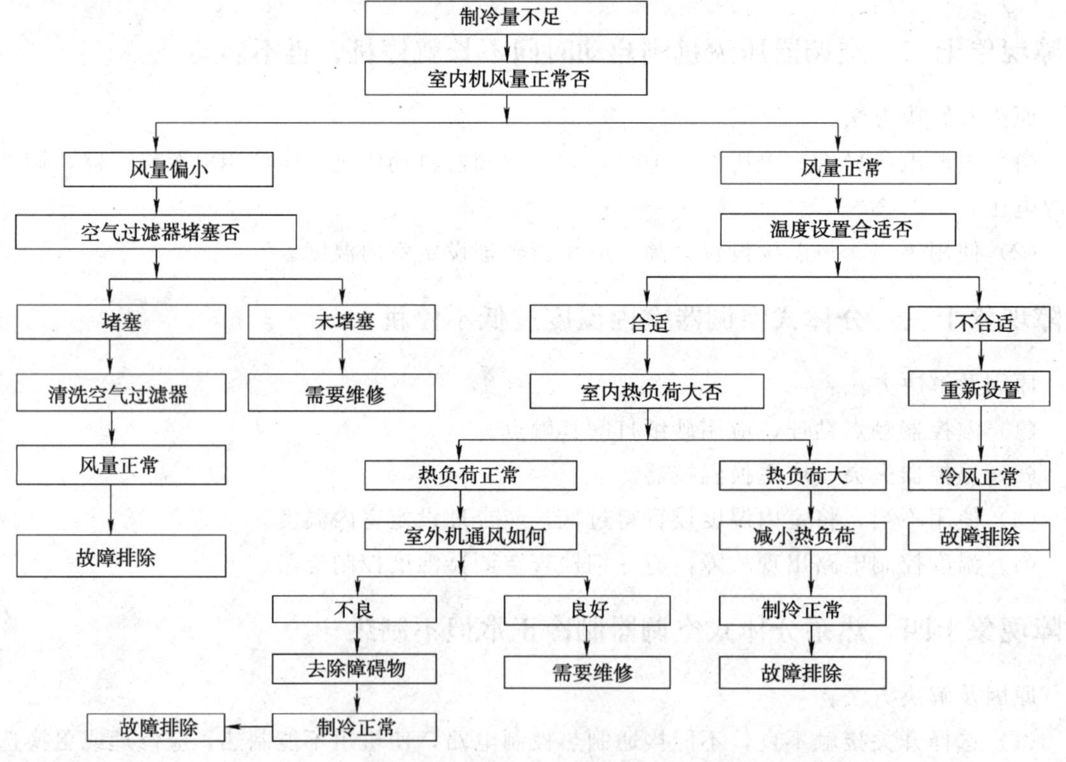

图 9—4　分体挂壁式空调器制冷量不足的故障维修流程

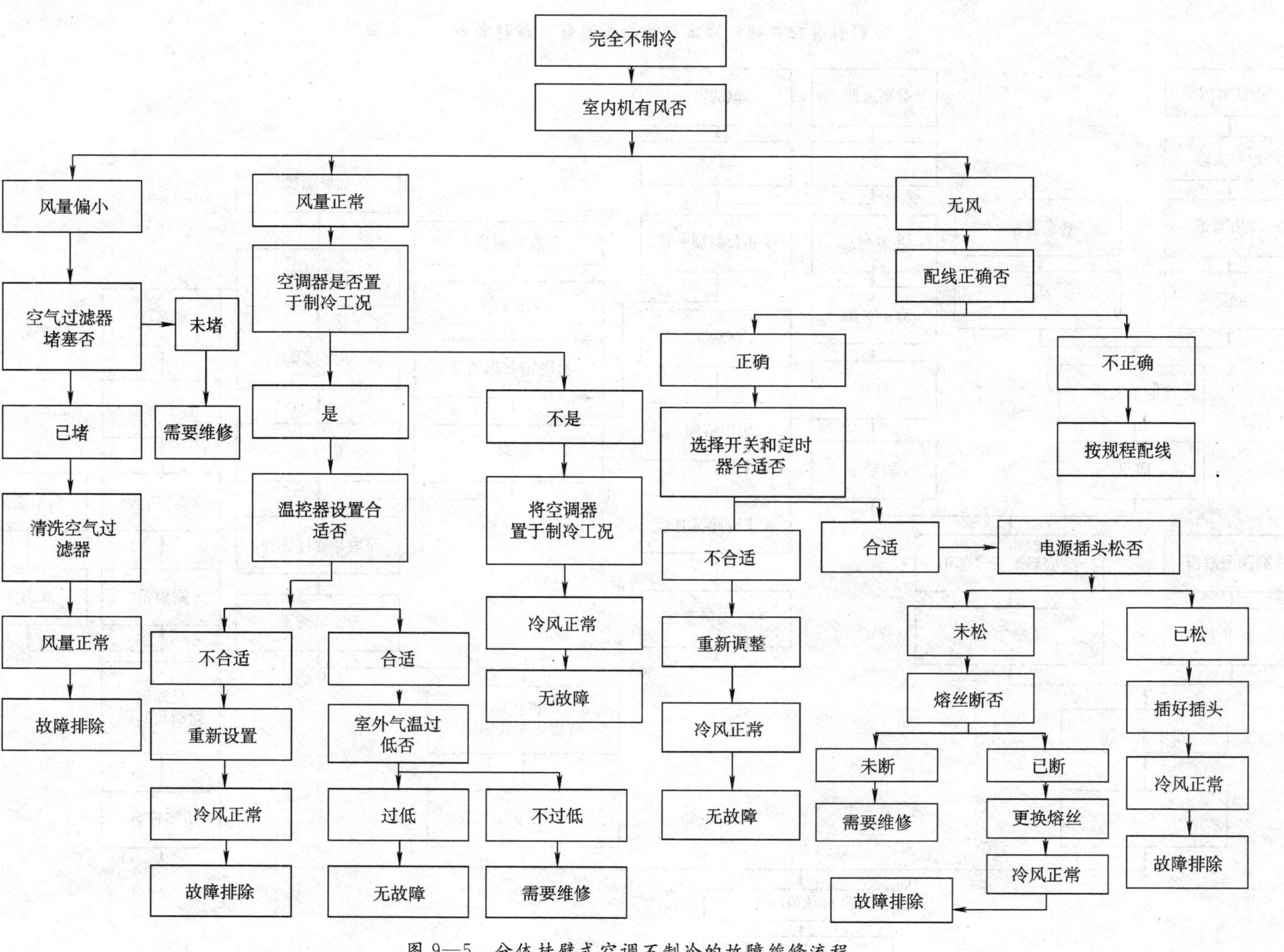

图 9—5 分体挂壁式空调不制冷的故障维修流程

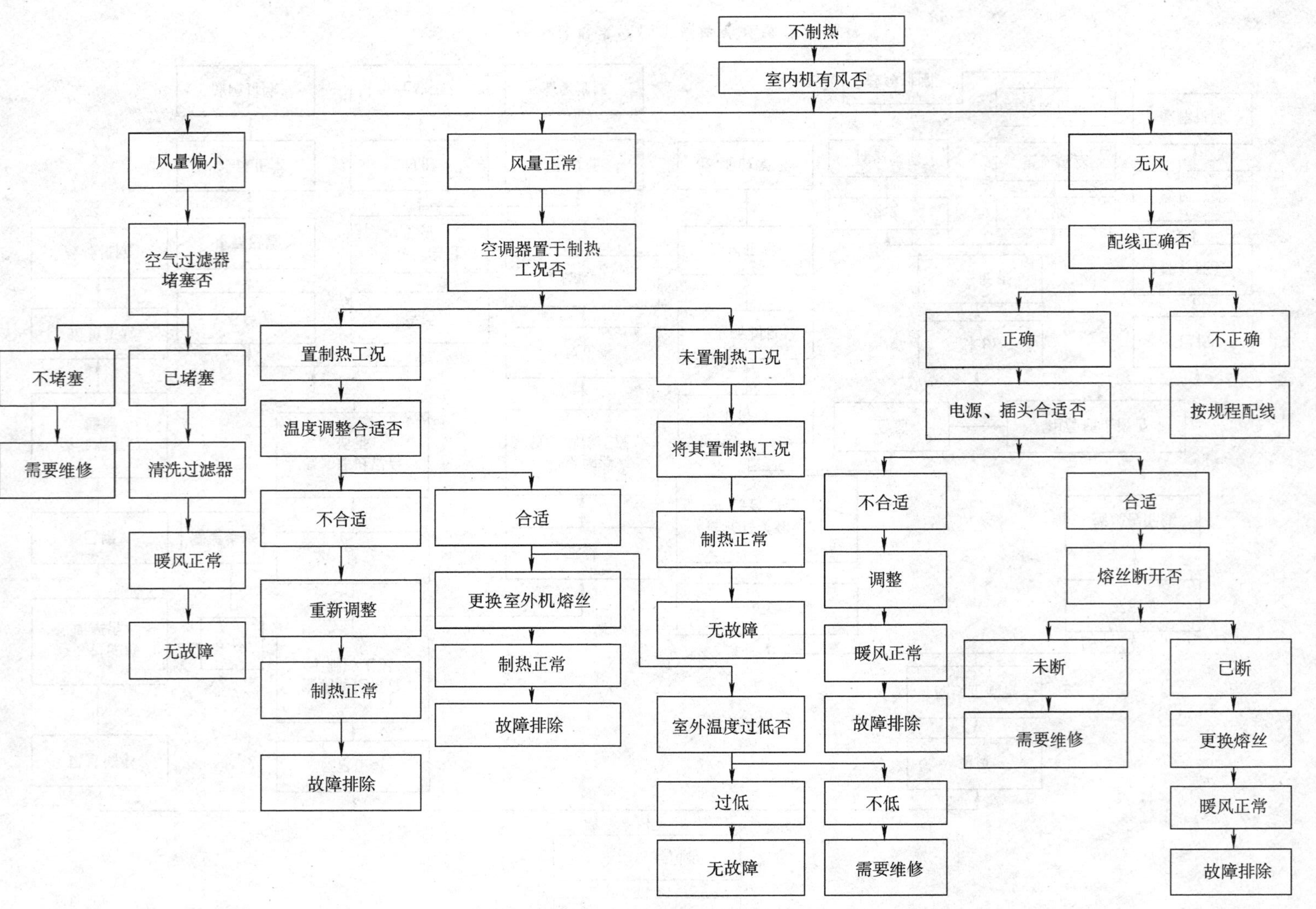

图 9—6　分体挂壁式热泵型空调器不制热的故障维修流程

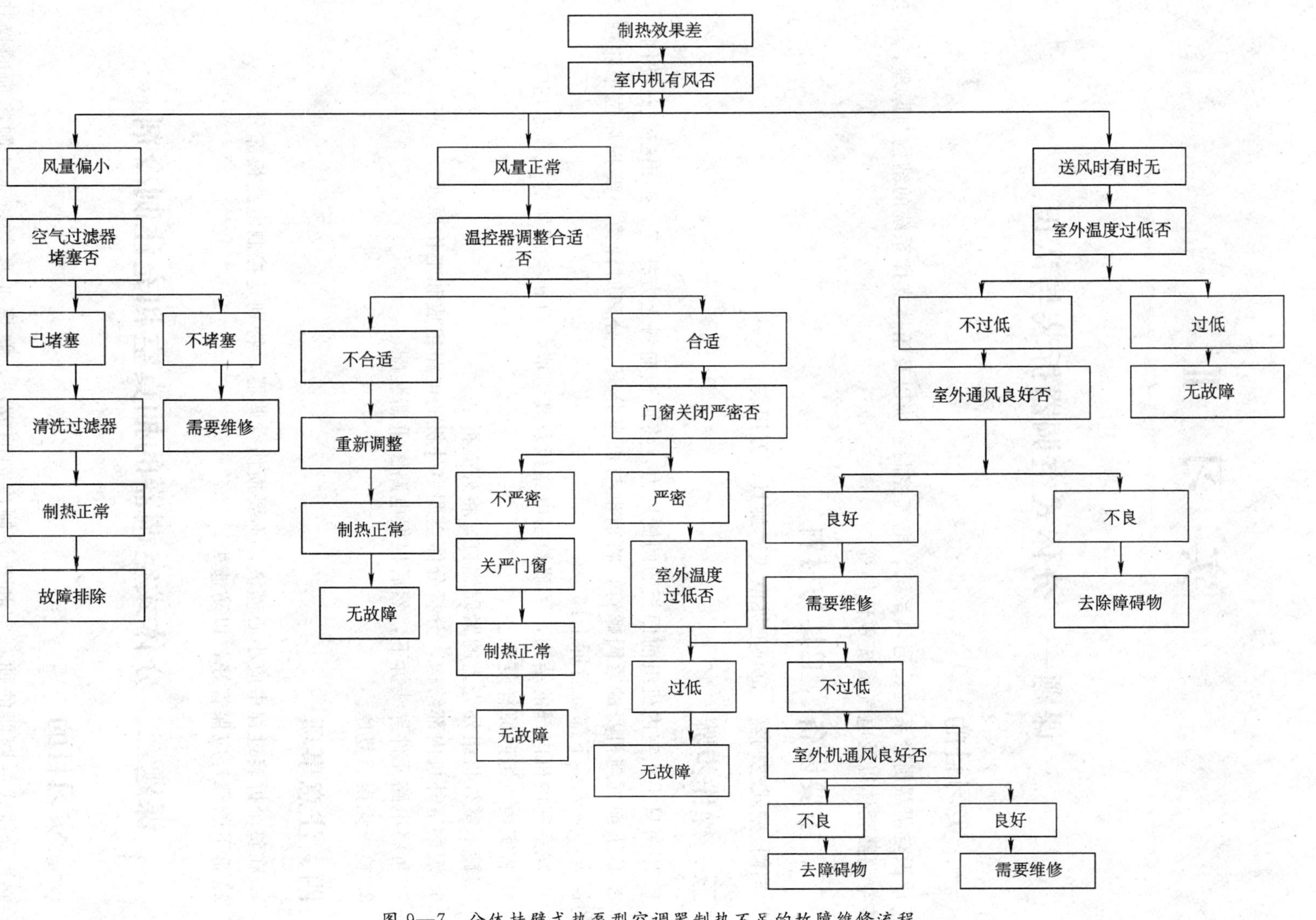

图 9—7 分体挂壁式热泵型空调器制热不足的故障维修流程

实　习　Ⅱ

课题一　分体式空调器拆装与认识

一、实习目的

认识空调器制冷系统、通风系统、电气控制系统以及箱体支撑系统的结构与原理，学会拆装空调器壳体以及电气系统零部件等。

二、主要设备、工具与材料

分体挂壁式空调器、500型兆欧表、旋具、万用表。

三、操作步骤

1. 用两只手从室内机组前面板的两侧用力，将面板向斜上方托起，抽出空气过滤网。

2. 旋下前框与机身的紧固螺钉，将前框与机身分离。分离时注意不要损坏位于前框上部的倒齿，应先拆下部，后拆上部。

3. 观察室内机内部的结构，了解控制电路板及其组成，分析空调器的工作原理。

4. 将室内机组照原样复原。

5. 旋下室外机组外壳上的紧固螺钉，将外壳拆下。

6. 观察室外机内部结构，分析分体空调室外机的电路组成和工作原理。

7. 可将电路元件导线拆下，然后根据电路图重新装配。

8. 检查无误后复原。

四、注意事项

1. 在整个拆装过程中应小心谨慎，不要损伤空调器，特别是控制电路板部分。

2. 拆下的螺钉应保管好，以防遗失。

课题二　分体式空调器的抽真空和充注制冷剂

一、实习目的

熟悉分体式空调器的抽真空和充注制冷剂的方法，掌握抽真空和充注制冷剂的操作步骤。

二、主要设备、工具与材料

分体式空调器、制冷剂钢瓶、真空泵、三通修理阀（注意有单表和双联压力表两种，本处采用第二种）、扳手、电子秤等。

三、操作步骤

1. 拧下室外机三通阀、修理阀接口（一般带有针阀）的螺母。

2. 连接真空泵、三通修理阀、制冷剂钢瓶、室外机，如实习图Ⅱ—1 所示。

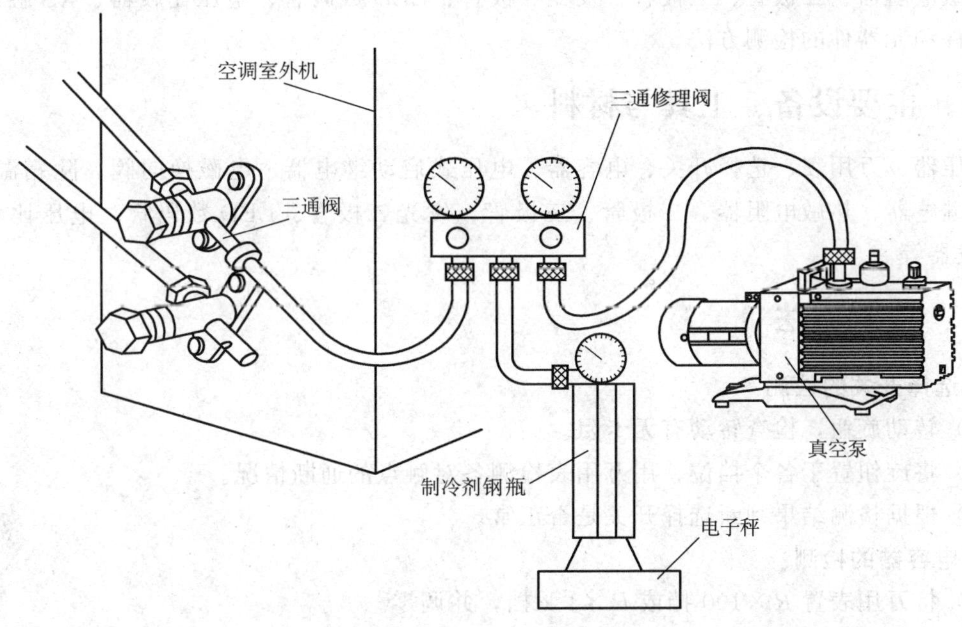

实习图Ⅱ—1　真空泵、压力表、制冷剂钢瓶、室外机连接图

3. 开启室外机三通阀、三通修理阀的全部阀门。

4. 开启真空泵。

5. 当系统真空度达到要求后，关闭三通修理阀与真空泵相连接处的阀门。

6. 关停真空泵。

7. 这时可以拆除真空泵，也可以最后再拆。

8. 将制冷剂钢瓶放在电子秤上，开启阀门，开始充注制冷剂。

9. 观察电子秤，直到充注值为空调铭牌标称值为止。

10. 制冷剂充足后，关闭室外机三通阀和制冷剂钢瓶。

11. 拆除连接管。

12. 装上修理口螺母。

四、注意事项

1. 抽真空与充注制冷剂的时间间隔不宜过长，以免阀门关闭不严而降低制冷系统的真空度。

2. 制冷剂应按标准充注量注入，当充注过多或过少时应放出或补充。

课题三　空调器电气元件的检测

一、实习目的

掌握选择开关、电容器、电磁换向阀、电压式启动继电器、除霜温控器、电磁式继电器、热敏电阻器、二极管、三极管、发光二极管、LED 数码管、电压比较器、RS 触发器等常用部件和元器件的检测方法。

二、主要设备、工具与材料

调压器、万用表、选择开关、电容器、电压式启动继电器、电磁换向阀、除霜温控器、电磁式继电器、热敏电阻器、二极管、三极管、发光二极管、LED 数码管、电压比较器和 RS 触发器等。

三、检测方法

1. 选择开关的检测

（1）转动旋钮，检查转动有无卡阻。

（2）将旋钮置于各个挡位，用万用表检测各对触点的通断情况。

（3）根据检测结果判断选择开关是否正常。

2. 电容器的检测

（1）将万用表置 $R\times100$ 挡或 $R\times1$ k 挡，并调零。

（2）将万用表的两表棒接电容器的两个接点。

（3）观察万用表指针的偏转情况，判断电容器的性能是否正常。

3. 电压式启动继电器的检测

（1）用万用表的欧姆挡测量继电器线圈的电阻值。

（2）用万用表检测触点的通断情况。

（3）将启动继电器的线圈与调压器输出端相连，逐渐增大调压器的输出电压。当听到启动继电器的动作声时，停止调压，记录启动继电器的动作电压，检查触点是否已通断转换。重复若干次，计算出动作电压的平均值。

（4）根据检测的结果判断启动继电器的性能是否正常。

4. 电磁四通换向阀的检测

（1）用万用表的欧姆挡测量电磁换向阀线圈的电阻值。

（2）检查电磁换向阀各管口之间的通、阻情况。

（3）由调压器向电磁换向阀的线圈通以 220 V 的交流电，检查各管口之间的通、阻情况。

（4）根据检测结果判断电磁换向阀的性能是否正常。

5. 除霜温控器的检测

（1）将除霜温控器放入电冰箱的冷冻室内冷冻十几分钟，用万用表检查其触点间的通断情况。

（2）将除霜温控器从电冰箱冷冻室内取出，待温度回升后，用万用表检查其触点间的通断情况。

（3）根据检测结果判断除霜温控器的性能是否正常。

6. 电磁式继电器的检测

（1）用万用表测量继电器线圈的电阻值。

（2）用万用表检查继电器触点的通断情况。

（3）将继电器的线圈与调压器输出端相连，由调压器向线圈提供工作电压，检查触点是否已通断转换。

（4）根据检测的结果判断电磁式继电器的性能是否正常。

7. 热敏电阻器的检测

（1）用万用表测量室温下热敏电阻器的阻值。

（2）将热敏电阻器放入电冰箱冷冻室内冷冻片刻后测量热敏电阻器的阻值。

（3）用手握紧热敏电阻器，测量被加热后热敏电阻器的阻值。

（4）根据检测的结果判断热敏电阻器的性能是否正常。

8. 二极管的检测

（1）用万用表的 $R\times100$ 挡或 $R\times1$ k 挡测量二极管的正向电阻值。

（2）用万用表的 $R\times1$ k 挡测量二极管的反向电阻值。

（3）根据检测的结果判断二极管的性能是否正常。

9. 三极管（NPN 型）的检测

（1）三极管管脚性质的判断

1）将万用表的黑表笔接某一管脚，红表笔分别接另两个管脚，得到三组（每组两次）测量结果。

2）根据测量结果判断三极管的基极：两次指针偏转都较大的一组中黑表笔所接即为 NPN 型三极管的基极，如实习图Ⅱ—2 所示。

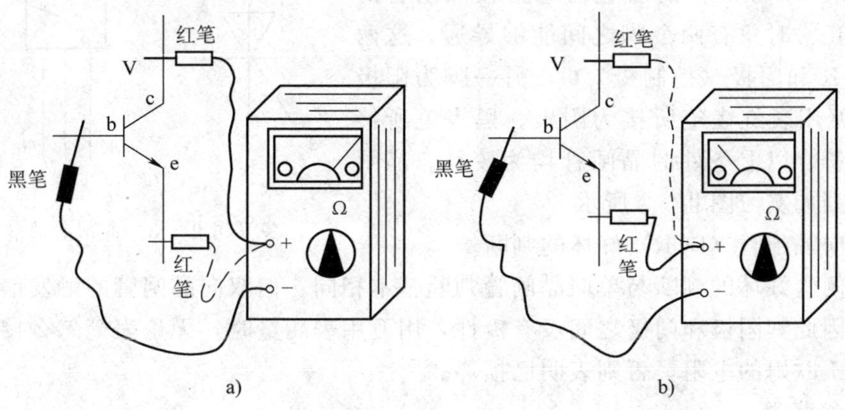

实习图Ⅱ—2 判断三极管的基极

3）用万用表的两表笔分别接集电极和发射极，用手指捏住基极和黑表笔所接触的管脚，记下万用表指针的偏转角度。

4）交换两表笔，再次用手指捏住基极和黑表笔所接触的管脚，记下万用表指针的偏转角度。

5）根据步骤3）和4）判断，指针偏转角度较大的一次，黑表笔所接的是集电极，红表笔所接的是发射极。

（2）三极管性能的判断

检测过程中，若三极管的管脚间出现短路或断路现象，说明三极管已损坏。

10. 发光二极管的检测

（1）将万用表置 $R\times1$ 挡。

（2）用万用表的红表笔接1.5 V干电池的正极。

（3）用万用表的黑表笔接发光二极管的正极（较长管脚），干电池的负极接发光二极管的负极（较短管脚）。

（4）根据发光二极管是否发光判断其性能是否正常。

11. LED数码管的检测

（1）将万用表置 $R\times1$ 挡。

（2）用万用表的红表笔接1.5 V干电池的正极。

（3）用万用表的黑表笔分别接LED数码管7个字段的正极（或接它们的共阳极），用干电池的负极接7个字段的共阴极（或分别接它们的7个负极）。

（4）根据数码管的发光情况判断其性能是否正常。

12. 电压比较器和RS触发器的检测

（1）接通装有RS触发器和电压比较器的电路板的电源。

（2）通过测量电压比较器的输入和输出电压判断其性能是否正常。

（3）通过测量RS触发器的输入和输出电压，并根据其真值逻辑关系判断其性能是否正常。

13. 晶闸管的好坏判断

（1）单向晶闸管（SCR）好坏的判断

用万用表 $R\times1$ k挡的表笔任意搭接晶闸管的三个引脚，正常时只有两个脚之间能够导通，这两脚应为阴极K和门极（控制极）G，另一脚为阳极A；导通时万用表红表笔所接为阴极，黑表笔所接为门极，不符合以上条件的晶闸管均为废品。晶闸管的管脚排列如实习图Ⅱ—3所示。

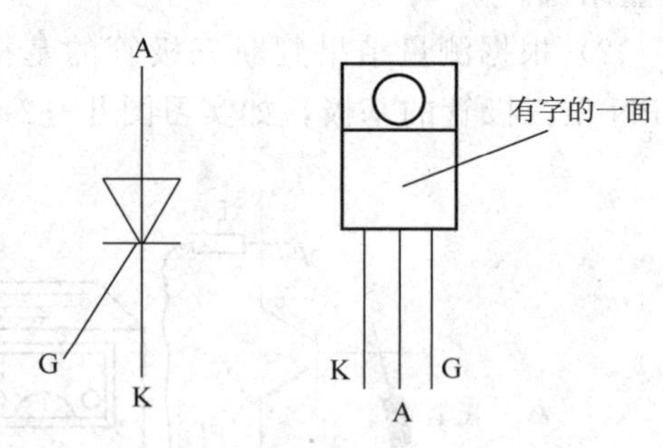

实习图Ⅱ—3　晶闸管的管脚排列

（2）双向晶闸管（BCR）好坏的判断

双向晶闸管好坏的判断与单向晶闸管判断基本相同，但双向晶闸管的触发信号可以是交流或脉冲，因此其阴极和门极之间没有极性，用万用表测量时，无论表笔怎么接，始终有几百欧姆至几千欧姆的电阻，否则表明已损坏。

（3）注意事项

1）不能用万用表 $R\times1$ k挡测量小功率晶体管。

2）电子器件不能在电路中测量，否则将影响测量的准确性。

3）在测量电子器件时，注意不要用力弯曲、拽拉管脚，以免管脚的根部折断。

课题四 房间空调器电气控制系统故障检修

一、实习目的

通过房间空调器电气控制系统故障检修练习，掌握房间空调器电气控制系统的故障判断和排除方法。

二、主要设备、工具与材料

空调器一台、万用表一只、一字和十字旋具各一把。

三、故障设置

1. 空调器整机不工作。

2. 室内机工作正常，室外风机工作正常，压缩机不工作。

3. 室内机工作正常，室外风机不工作，压缩机工作正常。

四、操作步骤

1. 对第1种故障，可按动室内机组上的“维修开关”，此时压缩机应能转动，说明供电电压正常，电路控制板有故障，否则供电电压有问题，应设法排除。接下来拆开室内机组，取出电路控制板，检查电源熔丝、电源变压器和直流输出电压，如不正常则修复，如上述检查正常则更换电路控制板。

2. 对第2、3两种故障检修时，可打开待修空调器室内机面板、室外机外壳，检查电器盒、接线盒电线是否断或烧焦，熔断器是否烧断，电容、继电器等电气元件是否烧焦变形。空调器接上电源通电试机，听是否有异常声音，仔细观察空调器的故障现象。根据故障现象分析故障大致部位，检查确定故障点，排除故障，通电运行。

3. 最后写出实习报告。

五、注意事项

1. 通电修理时注意防止触电。

2. 检查测量电容器时注意先放电。

课题五 房间空调器的电路控制板功能检测

一、实习目的

学会房间空调器电路控制板功能检测的方法。

二、主要设备、工具与材料

房间空调器的电路控制板一套（KFR－25GW 房间挂壁式空调器），万用表一只，电源插头线一根。

三、操作步骤

1. 空调器的电路控制板插上电源，用遥控器控制空调器的电路控制板。

2. 将运行模式设定在制冷状态，温度设定小于环境温度：测量压缩机、室外风机、换向阀、室内风机继电器吸合情况。然后将温度设定大于环境温度：测量压缩机、室外风机、换向阀、室内风机继电器吸合情况。将两次测量结果填入实习报告。

3. 将运行模式设定在制热状态，温度设定小于环境温度：测量压缩机、室外风机、换向阀、室内风机继电器吸合情况。然后将温度设定大于环境温度：测量压缩机、室外风机、换向阀、室内风机继电器吸合情况。将两次测量结果填入实习报告。

4. 将运行模式设定在通风状态，温度设定小于环境温度：测量压缩机、室外风机、换向阀、室内风机继电器吸合情况。然后将温度设定大于环境温度：测量压缩机、室外风机、换向阀、室内风机继电器吸合情况。将两次测量结果填入实习报告。

5. 测量遥控器控制电路控制板的有效距离，即遥控器对电路控制板有效的最大距离。

6. 填写实习报告。

四、注意事项

1. 检测时因有 220 V 交流电要注意安全。

2. 检测时万用表的量程选择要准确，以防损坏万用表。

3. 继电器吸合情况可以这样测量：测量继电器线圈两端是否有 12 V 直流电压，有 12 V 直流电压则继电器吸合动作，再测继电器常开触点是否闭合，是否是 220 V 电压输出。KFR－25GW 分体挂壁式空调器电路控制板上，各个继电器的分工如下：K1—换向阀，K2—室外风机，K3、K4、K5—室内风机（高、中、低三个风速），压缩机继电器 K6 在室外机上，线圈电压由线路板上插座 X6 通过连接线到室外，测量压缩机继电器 K6 吸合情况，只要测 K6 两端是否是 12 V 直流电压即可。

课题六　制冷系统常见故障与检修

一、实习目的

熟悉空调器制冷系统常见的故障，掌握空调器制冷系统常见故障的判断与检修技术。

二、主要设备、工具与材料

分体挂壁式空调器、500 型兆欧表、旋具、万用表。

三、操作步骤

1. 制冷剂泄漏的检修

将带压力表的修理阀通过空调器加液管和转换接头，接在三通阀的加液旁通孔上，启动压缩机观测压力，1～1.5 HP（功率单位，叫作马力，1 匹等于 1 马力）的分体空调器表压力应在 0.45 MPa 左右，如压力太低则判断为制冷剂泄漏，应补充制冷剂。

2. 压缩机不运转的检修

根据电路图，检查室外机组供电端子电压 220 V 是否正常。如正常，应检查压缩机电容、保护器、接线以及压缩机本身，如不正常则检查电路控制板相应输出端的直流电压是否正常。若正常则继电器或接线故障，更换继电器；若不正常则电路控制板故障，应更换。

压缩机电动机绕组间的电阻值较小，一般都小于 10 Ω，所以使用万用表低阻挡（$R\times1$ 挡）测量，零点一定要调好，有条件时可用数字万用表测量。电动机线圈的阻值与温度有关，温度越高阻值越大，若阻值异常，尤其是零或无穷大，应更换压缩机。

如电气部分检测均正常，则压缩机可能是机械部分的卡死故障，应排除卡死故障，如排除困难则应更换压缩机。

3. 冷暖空调不制热

空调冬天开制热时，虽在运转但不制热。这时用手摸室内机管道，如果管道很凉说明是四通阀不换向，如果管道还有点热一般情况都是制冷剂泄漏不足。

四通阀不换向应检查线圈是否良好，如果无问题则是四通阀机械部分出现问题，如果阀芯卡死，或内部高低压之间泄漏，应予更换。

四、注意事项

1. 每组 2～4 人，以抽签的形式确定故障机，完成后交换。
2. 操作过程中应听从指导教师的指挥和安排，按照操作规程进行。

第十章　汽车空调器原理与维修

§10—1　汽车空调器的特点与分类

一、汽车空调器的特点

由于汽车结构的特殊性，目前汽车空调器全部采用的是蒸气压缩式制冷循环系统。因此，汽车空调器和家用空调器一样，制冷系统主要由压缩机、冷凝器、节流元件、蒸发器和辅助装置组成。汽车空调器是装在汽车狭小的车厢内，汽车又是一个移动的物体，它的制冷系统与其他空调器相比又有很大的不同，具有如下特点：

1. 空调器结构要适应汽车的空间

汽车自身的结构比较紧凑，要在有限的空间内安装空调器，制冷系统的布置非常困难。为了利用空间，就必须使汽车空调器的部件体积要小、效率要高，特别是中小型汽车，各部件只能按汽车的结构采取分散的安装方式。

2. 空调器的制冷负荷要大

汽车的车厢容积虽小，车窗面积所占的比例却很大，为了保证司乘人员的视野，不能进一步采取隔热措施。汽车在行驶过程中，受阳光直射的影响，车厢内温度上升较快，因此汽车空调器要有足够的制冷能力，车厢内才能达到舒适性的要求。

3. 空调器要有良好的抗振性和密封性

汽车在行驶过程中产生振动的幅度和强度都非常大，因此，要求汽车空调器有良好的抗振性和密封性。就制冷循环的管路而言，为了防止因振动引起制冷剂泄漏，大量使用耐氟橡胶软管代替铜管或铝管，连接各个分散的部件组成制冷系统。

4. 压缩机不能使用电动机驱动

汽车上的直流电路用蓄电池作电源，通常使用12 V或24 V两种电压。蓄电池存储的电量是有限的，汽车发电机的容量也是有限的，所以不能用电动机驱动制冷压缩机。制冷压缩机的驱动一般采用两种方法：一是直接利用汽车的发动机作动力，通过传动带驱动，我国小型汽车和大型客车均采用这种形式；二是在汽车上另外安装一台小功率的辅助发动机，专门用作压缩机的驱动。

5. 制冷系统要适应汽车的行驶状况

汽车发动机直接驱动的制冷系统，很难保证制冷系统稳定的工况。汽车在行驶过程中发动机的转速变化范围不仅很大，而且无常，要保证制冷系统相对稳定的工况，就需要专用的装置和特殊的控制方法。

6. 操作控制要简单方便

控制方法虽然特殊，但是操作过程要简单方便。驾驶人员是在驾驶汽车的同时操作制冷系统的，因此控制部件的位置和操作方法要给驾驶员提供方便，功能显示应直观醒目。

二、汽车空调器的分类

1. 按空调器的结构分类

汽车空调器按结构可分为非独立分体式汽车空调器、独立分体式汽车空调器和独立整体式汽车空调器三种类型。

（1）非独立分体式汽车空调器

非独立分体式汽车空调器是目前使用最广泛的一种汽车空调形式。空调器的压缩机由汽车发动机直接驱动，换热器、节流元件和辅助装置分别安装在汽车的不同位置，这种结构称为非独立分体式，如图 10—1 所示。

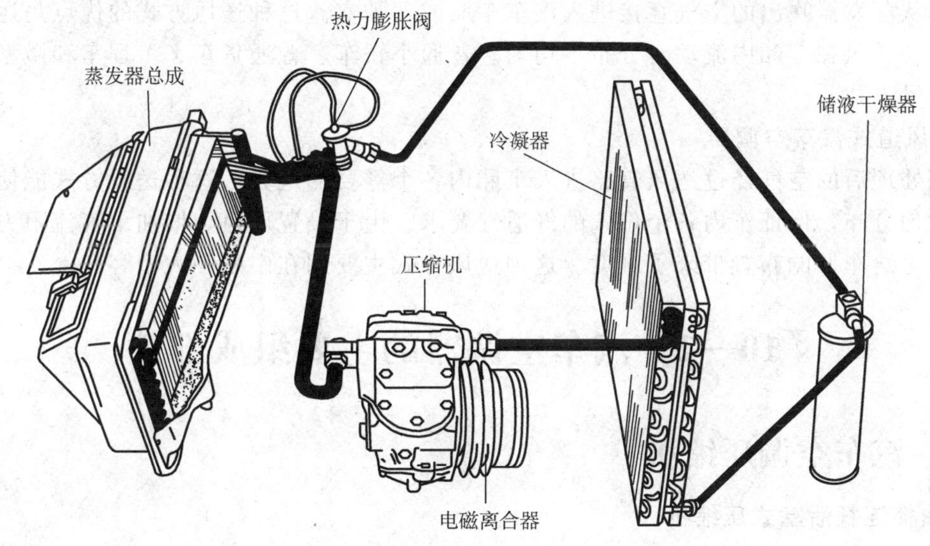

图 10—1　非独立分体式空调器制冷系统

（2）独立分体式汽车空调器

独立分体式汽车空调器是在过去的大型客车或公共汽车上安装的空调器，由于车厢需要的制冷量较大，压缩机的功率也较大，因此压缩机不采用汽车发动机直接驱动的方式，而是安装一台辅助发动机专供压缩机驱动。辅助发动机和压缩机组合在一起，安装在汽车的中部或后部，换热器、节流元件和辅助装置分别安装在汽车的不同位置，这种结构称为独立分体式。

（3）独立整体式汽车空调器

压缩机由一台专门的辅助发动机驱动，与换热器、节流元件和辅助装置共同组装在一起，这种结构称为独立整体式。独立整体式空调器通常安装在汽车的中部或后部，利用送风管路将冷风送到车厢内，完成车厢内的温度调节。

2. 按功能分类

汽车空调器按功能可分为单冷型汽车空调器和冷暖型汽车空调器两大类。

（1）单冷型汽车空调器

单冷型汽车空调器一般来说是指只能在夏季使用制冷方式的汽车空调系统。早期的汽车空调和目前大多数普通车型上使用的空调系统都属于这一类。采用单冷型空调系统的汽车，为了解决汽车在冬季供暖的问题，又专门配备了供暖系统。无论是小轿车还是大客车的供暖系统，一般是利用发动机的冷却水作为热源的。供暖装置与制冷系统相互独立，各自有不同的控制方式。

（2）冷暖型汽车空调器

既能制冷又能供暖的汽车空调装置又称为全空调系统。这类装置采用一体化控制，制冷和供暖可以同时工作，能实现除湿、供暖和制冷等功能的连续调节。这类空调系统结构复杂，占用空间相对较大，所以常用在一些豪华型的小轿车和大客车上。

3. 按送风方式分类

汽车空调器按送风方式可分为直送式汽车空调器和风道式汽车空调器两种类型。

（1）直送式汽车空调器

空调从蒸发器吹出的空气直接进入汽车车厢或驾驶室。这种送风方式的优点是送风阻力小，缺点是冷风在车厢内流动时分布不均匀。普通小轿车、普通货车、工程车和微型车多采用这种送风方式。

（2）风道式汽车空调器

空调处理后的空气经过送风管路进入车厢内各个需要的地方。这种送风方式能使空气在车厢内均匀分布，保证车内各个位置的舒适性要求。由于设置风道，增加了气流阻力，增加了功耗，也给车厢的布置带来了难度。这种送风方式主要用在中型和大型客车上。

§10—2　汽车空调器的主要组成部件

一、汽车空调压缩机

1. 曲柄连杆活塞式压缩机

曲柄连杆活塞式压缩机主要由机体、活塞、曲轴连杆机构和进排气阀组成，其外形与结构如图 10—2 所示。

机体是压缩机的主要部件，用铸铁将气缸和曲轴箱铸成一体。气缸上方是阀板，阀板上安装着气缸的进气阀门和排气阀门。阀板上方是气缸盖，气缸盖将进气阀和排气阀的位置分割成两个独立的空间，形成压缩机的吸气口和排气口。曲轴箱外部铸有散热翅片，内部灌注有润滑油，在对各个运动部件进行润滑的同时将产生的热量带走。

活塞主要由筒体、活塞销和活塞环等零件组成，其结构如图 10—3 所示。筒体用铝合金铸成，顶部有两个圆形凹槽，以防止活塞运动到上止点时与吸气阀相撞，并可减小余隙容积。活塞销是空心圆柱体，穿于筒体的孔中，将活塞与连杆结合在一起。活塞环分为气环和油环两种，它们都是有弹性的开口环，分别嵌在筒体上部的气环槽和油环槽中。气环的作用主要是保证活塞与气缸壁之间的密封，减少气体的泄漏量。小型活塞式压缩机的曲轴在旋转时，带动曲轴箱中的冷冻机油飞溅，实现对运动部件的润滑。大型活塞式压缩机，设置有专用的润滑油泵。因为气环与气环槽之间有一定的间隙，当活塞在气缸中往复运动时，气环在槽中来回移动，可以将活塞下部的润滑油泵到气缸上部，保证上部润滑。设置油环是为了将黏附到气缸壁上的润滑油刮下，并通过油环槽底部的泄油孔流回曲轴箱，防止过多的润滑油混入制冷剂中而影响冷凝器和蒸发器的传热效果。

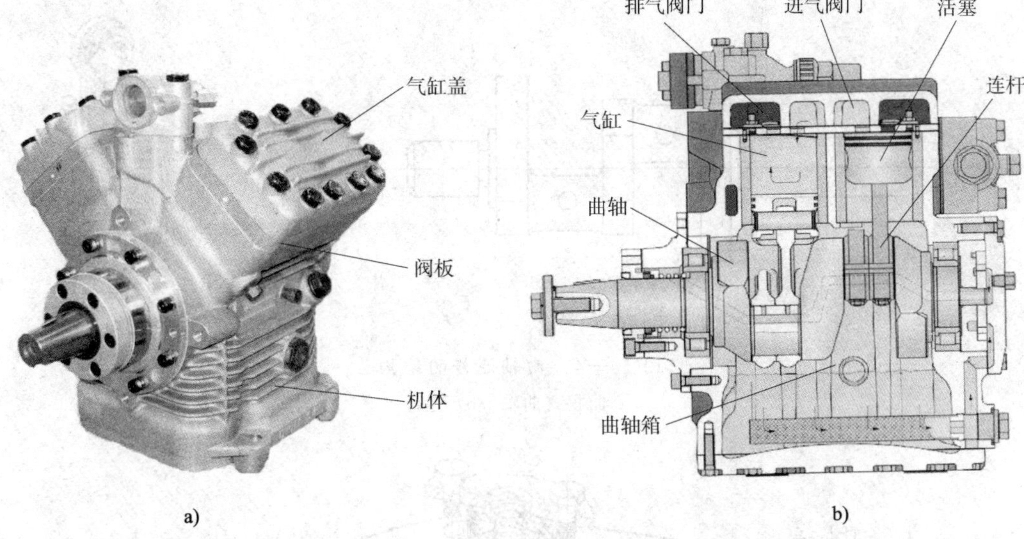

图 10—2　曲柄连杆活塞式压缩机

a）外形图　b）结构图

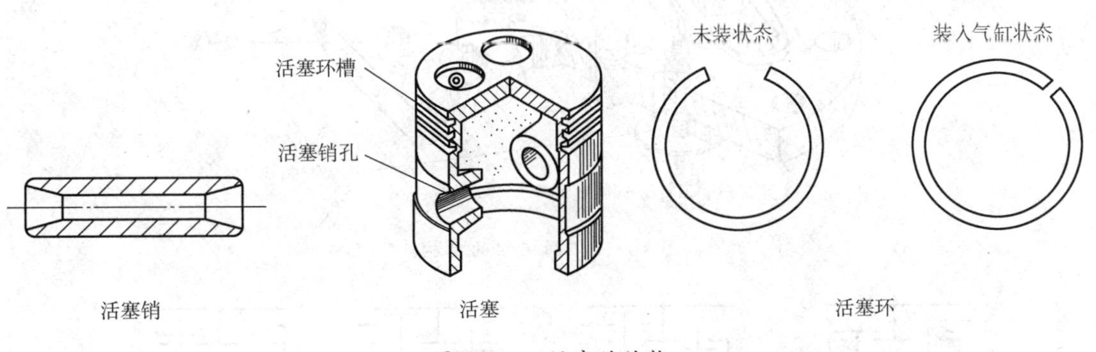

图 10—3　活塞的结构

曲柄连杆机构将动力机轴的旋转运动变换为活塞在气缸中的往复运动。曲轴连杆的结构如图 10—4 所示。曲轴较常用的是曲拐式，与之相匹配的连杆是分体连杆。曲轴依靠两个轴承支撑在曲轴箱内，轴的一端伸出机体外，供安装电磁离合器。分体连杆的大头可以剖分，利用两条螺钉固定在曲轴的曲拐处，分体连杆的小头通过活塞销与活塞连接，当曲轴旋转时，带动活塞完成往复运动。

吸气阀门组和排气阀门组安装在阀板上，当活塞在气缸内往返运动时，保证气缸内的制冷剂蒸气准确、及时地吸入和排出。阀板组的结构如图 10—5 所示。

吸排气阀门组由若干个吸排气孔、阀片、弹簧片和紧固件等组成。气缸盖内肋将阀板上的吸排气门隔开，形成两个彼此独立的吸气腔和排气腔。

曲柄连杆活塞式压缩机的活塞在气缸中往返一次完成一个工作循环，一个工作循环可以分为四个阶段，如图 10—6 所示。活塞从下止点上移，吸气阀门关闭，气缸内压力逐渐上升，这一阶段对制冷剂蒸气进行压缩，称为压缩过程。当气缸内压力大于排气阀的弹簧压力时，排气阀门开启，气缸内的高压制冷剂蒸气开始通过排气阀排出，一直持续到活塞到达上止点时结束，这一阶段称为排气过程。活塞从上止点下移，由于气缸中残存有高压气体，所

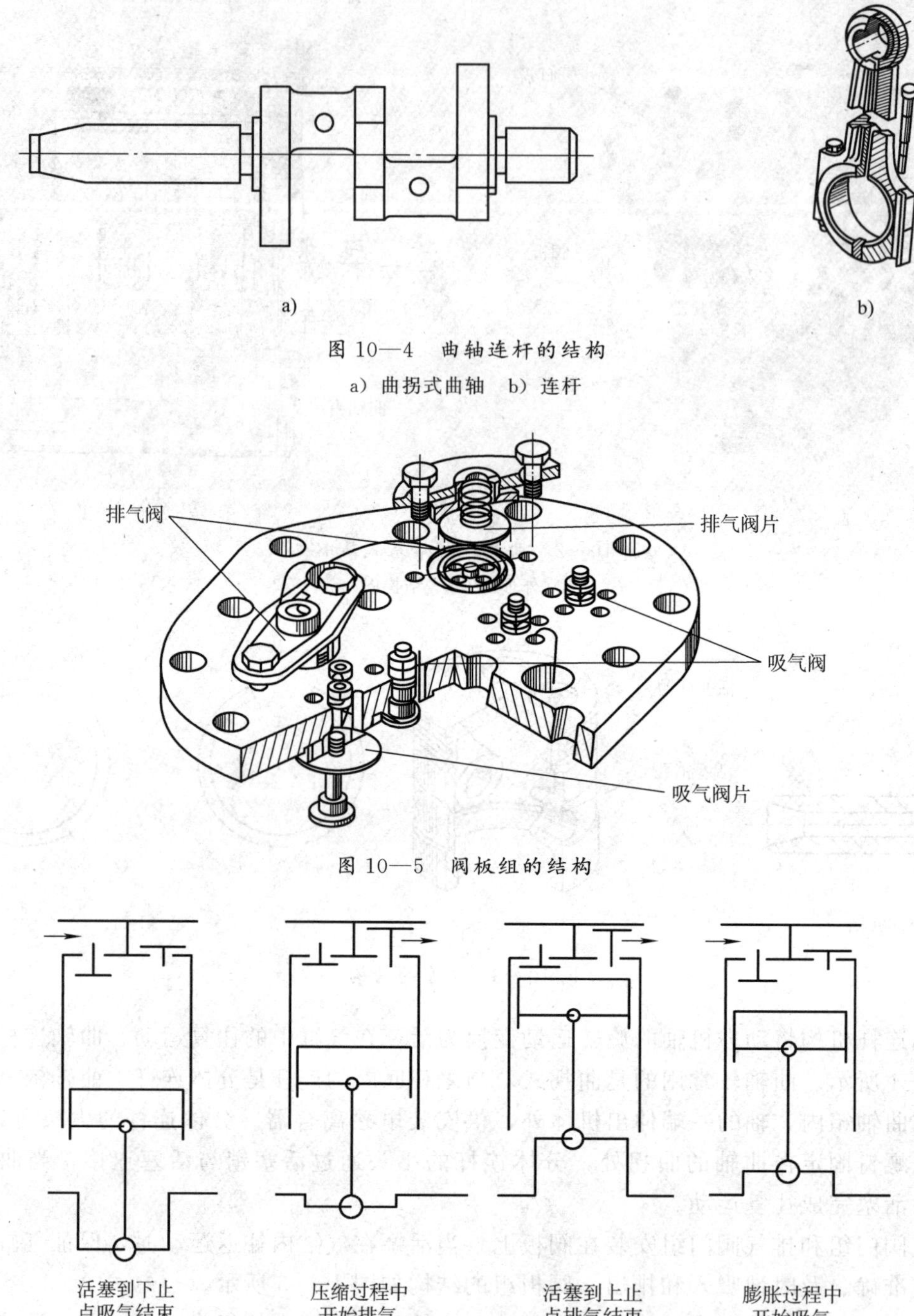

图 10—4　曲轴连杆的结构

a）曲拐式曲轴　b）连杆

图 10—5　阀板组的结构

图 10—6　曲轴连杆活塞式压缩机工作过程示意图

以吸气阀门并不能立即开启进行吸气。随着活塞下移，气缸内压力下降，当气缸内的压力小于吸气阀弹簧压力时，吸气阀门才能打开，气缸内压力下降的阶段称为膨胀过程。吸气阀门开启后，气缸内开始吸入制冷剂蒸气，一直持续到活塞到达下止点时吸气结束，这一阶段称为吸气过程。

表 10—1、表 10—2 列出了部分曲轴连杆活塞式压缩机的参数，供参考。

表 10—1 曲轴连杆活塞式压缩机参数（一）

参数	单位	压缩机型号		
		DK40	DK555	DK650
容量	CC/rev	465	555	650
尺寸	mm	381×320×366		
缸径	mm	55	60	65
气缸数	个	4	4	4
功率	kW	10.4	10.4	10.4
最高转速	r/min	3 500	3 500	3 500

表 10—2 曲轴连杆活塞式压缩机参数（二）

压缩机型号	气缸数	气缸容积（cm³）	排气量 m³（1 450/3 000 r/min）	质量（kg）	注油量（dm³）	能量调节（%）	制冷量（W）	转速（r/min）	制冷剂
4UFCY	4	400	34.7/72.0	35	2.5	100～50	12 340	500～3 500	R134a
TFCY		475	41.3/85.5	34.7			14 850		
4PFCY		558	48.7/100.8	34			17 700		
4NFCY		647	56.2/116.4	33			20 600		
6UFCY	6	600	52.1/107.8	43	2.5	100～66～33	18 400	500～3 500	R134a
6TFCY		713	62.0/128.3	42.5			21 950		
6PFCY		836	72.7/15.5	41.5			25 750		
6NFCY		970	84.4/174.6	40			29 850		

2. 斜盘式压缩机

斜盘式压缩机用斜盘代替了曲轴连杆机构，将压缩机主轴的旋转运动变换为活塞在平行于主轴方向的往复运动。如果活塞只是一端有压缩空间，称为单向活塞式；如果活塞两端都有压缩空间，称为双向活塞式。双向活塞斜盘式压缩机的外形与结构如图 10—7 所示。

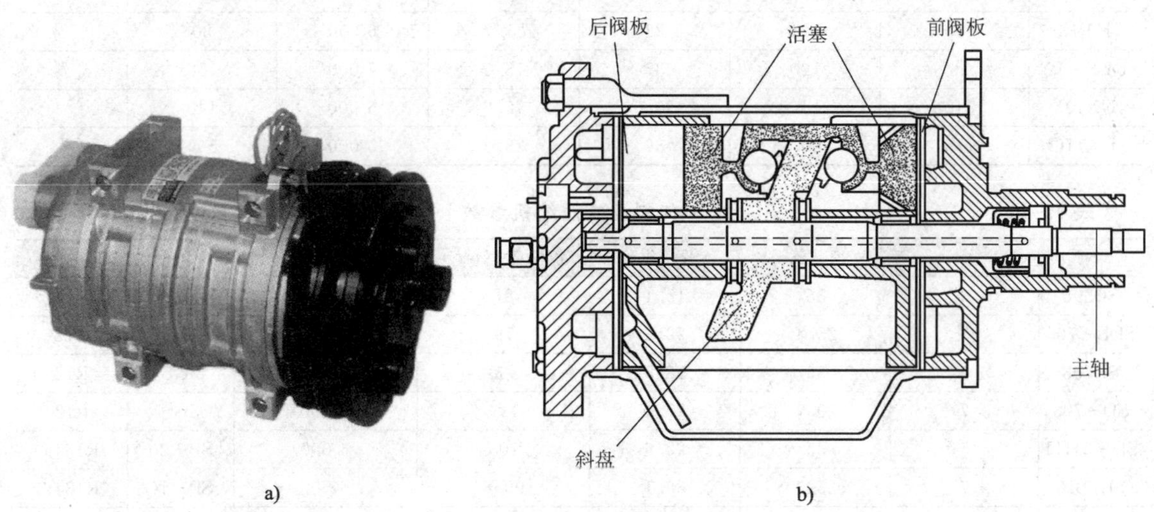

图 10—7 双向活塞斜盘式压缩机

a）外形图 b）结构图

斜盘式压缩机由于用斜盘代替了曲轴连杆机构，使压缩机的零部件减少，因此结构更加紧凑，压缩机的体积和质量减小，工作的可靠性得到了提高。此类压缩机容易设计较多数量的气缸，活塞在气缸内进行往复运动时，由于两边都是活塞，一端处于吸气过程时，另一端就处于排气过程，活塞一次往返，两次做功。斜盘驱动活塞运动的方式与曲轴连杆机构相比较，可以大幅提高压缩机主轴的转速，增加了排气量，此类压缩机是目前汽车空调系统采用最多的制冷压缩机。

活塞与斜盘的结构及布置如图 10—8 所示。斜盘与活塞之间通过滚珠连接，当斜盘进行回转运动时，利用滚珠的滚动减少摩擦。活塞在斜盘四周等距离布置，根据压缩机的功率大小不同，活塞的数量也不同，通常可以设置 3～7 个活塞。十缸双向斜盘式压缩机，在斜盘周围均匀布置了五个活塞。

表 10—3、表 10—4 分别列出了部分双向斜盘式和单向斜盘式压缩机的参数，供参考。

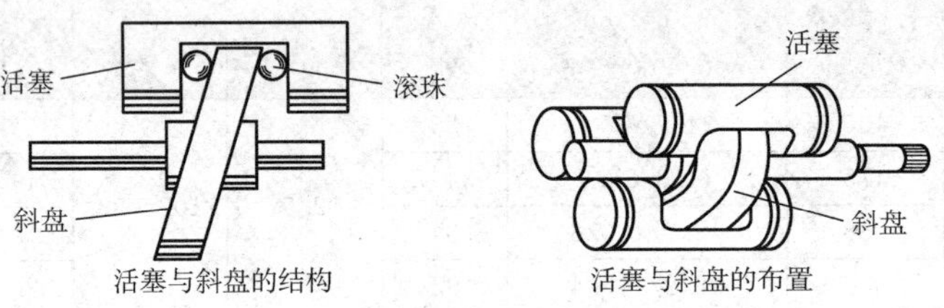

图 10—8　活塞与斜盘的结构及布置

表 10—3　双向斜盘式压缩机参数

型号	缸数	排气量（mL）	缸径（mm）	行程（mm）	最大转速（r/min）	注润滑油（mL）	备注
XH-32	10	313			6 000	550	R134a
XH-40	14	402			4 000	800	R134a
HD-6	6	164			9 000	230	R134a
YA-17	6	170			7 000		R134a
C-171	6	171	36	28	7 000		
10P13	10	134	28	21.7	6 000	80	
DKS-12	6	120	37	18.5	7 000	150	
UX107	10	114.8	30.6	15.6	6 000	140	
UX116	10	266.7	36	26.2	5 000	500	

表 10—4　单向斜盘式压缩机参数

型号	缸数	缸径（mm）	行程（mm）	排气量（mL）	最高转速（r/min）	润滑油	制冷剂
SD505	5	35	18.1	87	6 500	5GS	R12
SDB-705	7	25.4	22.2	79	6 500	5GS	R12
SD508	5	35	28.5	138	6 000	5GS	R12
SD-708	7	29.7	27.4	129	6 000	5GS	R12
SD-5H11	5	35	22.6	108	6 000	SP-20	R134a
SD7B10	7	25.4	28.1	99.8	6 500	SP-10	R134a
SD7H13	7	29.3	27.4	129.2	6 000	SP-20	R134a
SD7H15	7	29.3	32.8	154.9	6 000	SP-20	R134a

3. 刮片式压缩机

刮片式压缩机是旋转式压缩机的一种，根据生产厂家设计的不同，转子上的刮片有 2～5 个不等，气缸的形状有椭圆形和正圆形两种，它们的基本结构和工作原理都是相同的。图 10—9 所示为一种刮片式压缩机的外形与结构图，它主要由气缸、转子、刮片、吸气孔、排气孔、机体等组成。

a)

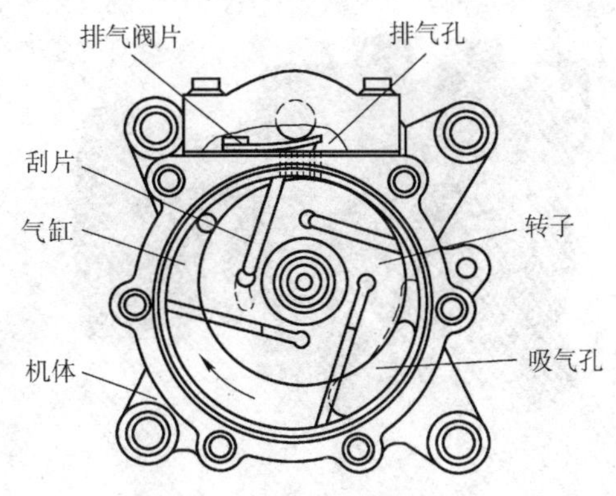

b)

图 10—9　刮片式压缩机外形与结构图

a）外形图　b）结构图

在转子上有四个刮片槽，槽中四个刮片与气缸壁接触，将气缸空间分割成四个工作腔。压缩机主轴驱动转子沿着气缸壁旋转时，四个刮片伸出的长度随着转子的位置发生变化，四个工作腔的容积也随着发生变化。经过吸气孔的工作腔吸入低温低压制冷剂蒸气，经过排气孔的工作腔排出高温高压制冷剂蒸气，吸气和排气可以同时进行。压缩机的排气口安装有排气阀，防止高压侧的气体回流。吸气口不设置吸气阀，可以减小吸气损失。压缩机转子进行回转运动，允许高速旋转，制冷能力得到了提高。刮片式压缩机具有容积效率高、运转平稳、转矩变化小、可靠性高等特点。

表 10—5 列出了部分刮片式压缩机的参数，供参考。

表 10—5　　刮片式压缩机的参数

型号	排气量（mL）	刮片数	最大连续转速（r/min）	制冷能力（kJ/h）
SO900	94	2	7 200	14 003
SO800	80	2	7 200	11 913
SS-806T	80.7	3	7 000	
SS-110P	876	5	7 000	
SJK96	80	4	7 000	

4. 涡旋式压缩机

涡旋式压缩机的核心是涡旋副，由一个固定涡旋体（定片）与一个可动涡旋体（动片）组成。两个涡旋体相互成 180°角装配在一起，形成了几个密闭的工作腔，当压缩机的主轴驱动可动涡旋体运动时，工作腔的容积不断发生变化，涡旋副的中心就排出高压气体。涡旋式压缩机具有效率高、运行平稳、运动部件简单、可高速旋转等特点。尤其是结构紧凑、体积小，便于在发动机上安装是它的最大优点。和传统的往复式压缩机相比，涡旋式压缩机的体积减小了40%，质量减轻了15%，效率提高了10%，噪声降低了5 dB。涡旋式压缩机的外形与结构如图10—10所示。

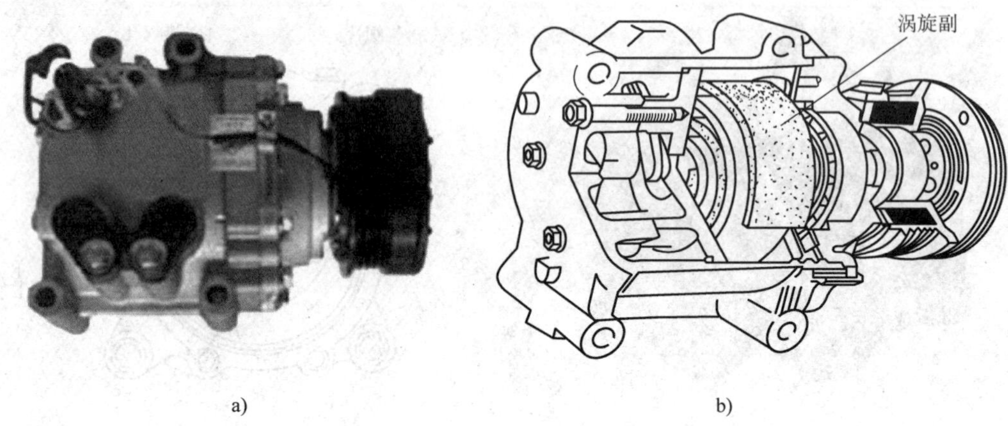

图10—10 涡旋式压缩机的外形与结构图

a）外形图 b）结构图

表10—6和表10—7列出了部分涡旋式压缩机的参数，供参考。

表10—6 定排量涡旋式压缩机参数

制冷剂	R12	R12	R134a	R134a
型号	TRF090	TRF105	TRS090	TRV105
排气量（mL）	85.7	104.8	85.7	104.8
润滑油	5GS	5GS	SP-10	SP-10
最高瞬时转速（r/min）	12 000	12 000	12 000	12 000
最高连续转速（r/min）	10 000	10 000	10 000	10 000

表10—7 变排量涡旋式压缩机参数

制冷剂	R12	R12	R134a	R134a
型号	TRC090	TRC105	TRV090	TRV105
排气量（mL）	26～85.7	31.1～104.8	26～85.7	31.1～104.8
润滑油	5GS	5GS	SP-10	SP-10
最高瞬时转速（r/min）	12 000	12 000	12 000	12 000
最高连续转速（r/min）	10 000	10 000	10 000	10 000

二、换热器

汽车空调器的换热器与其他空调器相比，要求体积要小，换热效率要高，这样才能满足汽车结构的要求。目前，汽车空调常用的换热器有以下几种类型：

1. 平行流式冷凝器

平行流式冷凝器主要由扁形带管、散热翅片和集流管组成。带管两端嵌在集流管内，带管与带管之间安装有折叠形的散热翅片。集流管内部按要求被分割成各自独立的几段，每段内安装的所有带管，制冷剂平行流向一端。如图 10—11 所示，制冷剂从管接头进入圆柱形集流管，被第一段内的各个带管分流，平行流到对面的集流管中，然后经过第二段内的带管返回，最后，在第三段流向出口。这种形式的冷凝器具有传热系数高、质量轻、结构紧凑等优点。

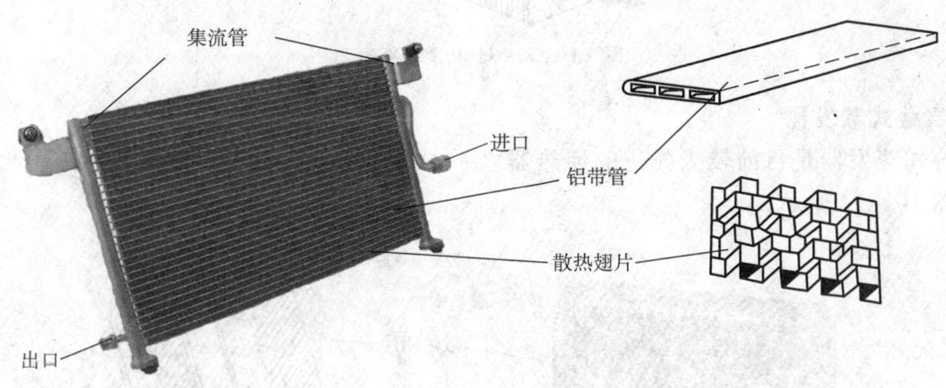

图 10—11　平行流式冷凝器

2. 管带式冷凝器

管带式冷凝器是一条连续的铝带管，经机械弯曲成等间距的蛇形管，在相邻管之间装入散热翅片，如图 10—12 所示。其管子与翅片之间连接成整体，避免了接触热阻，提高了传热系数，还具有防腐蚀的作用。这种整体结构的冷凝器，增加了机械强度，不会受汽车行驶时的颠簸、振动和胀缩等影响而造成换热效率和使用寿命的降低。

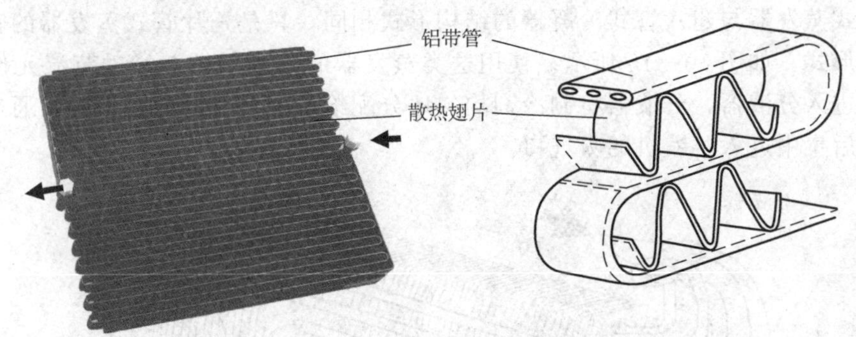

图 10—12　管带式冷凝器外形与结构图

3. 翅片管式冷凝器

翅片管式冷凝器是在各类空调器中使用最多的一种冷凝器，其外形与结构如图 10—13 所示。

为了强化热量交换，铝箔散热翅片从最初的平面形逐渐发展成为波纹形、百叶窗形、条缝形等多种形式。肋片形状的改变，有效地提高了换热系数。在同样的外部条件下，条缝形及百叶窗形的肋片与平面形相比，使冷凝器的换热系数提高了将近一倍。

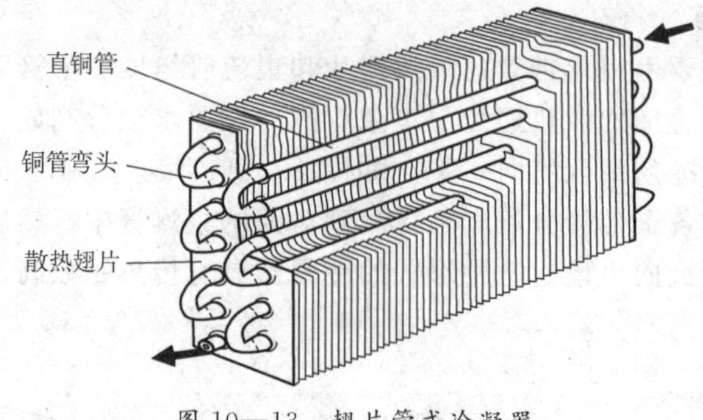

图 10—13　翅片管式冷凝器

4. 层叠式蒸发器

层叠式蒸发器是目前较为先进的换热器之一，其特点是体积小、换热效率高，其外形与结构如图 10—14 所示。

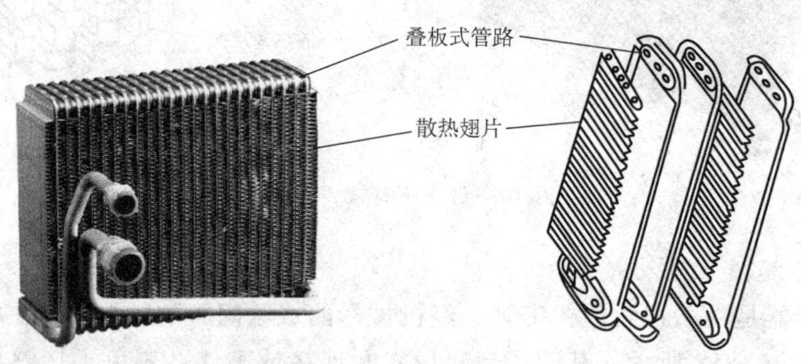

图 10—14　层叠式蒸发器

5. 翅片管式蒸发器

翅片管式蒸发器与翅片管式冷凝器的结构形式相同，只是翅片管式蒸发器的管路常采用多路并联的形式，如图 10—15 所示。使用这类蒸发器的制冷系统，经过节流元件的制冷剂液体，首先进入分液器，分液器将制冷剂均匀地分配给各个蒸发器的毛细管，通过管路后的饱和蒸气最后集中进入压缩机的吸气口。

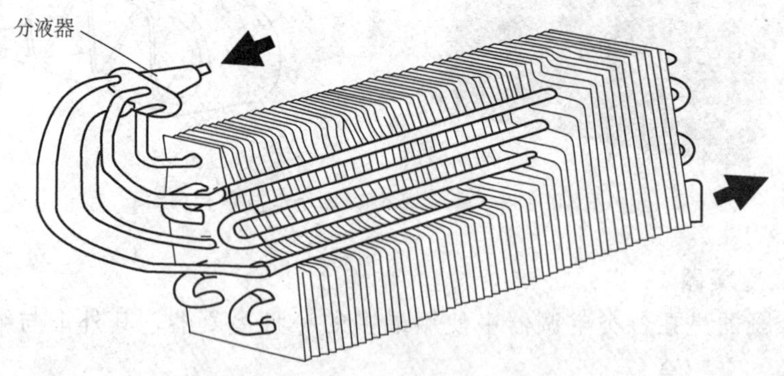

图 10—15　翅片管式蒸发器

分液器如图 10—15 所示，它的内部是一个圆锥体，圆锥体的锥尖正对着进液口的中心，圆锥体底部的周围，均匀地分布着与毛细管连接的出液孔。这种结构能保证通过的制冷剂平均地分配给各个管路。

三、其他附件

1. 绝对压力阀

在膨胀阀节流的制冷系统中，虽然可以通过吸气节流阀调节蒸发器出口的过热蒸气流量，保证蒸发压力基本保持不变，防止蒸发器上出现结冰现象。但是，吸气节流阀受外界大气压力的影响，控制精度不高。在高级轿车的蒸发器出口和压缩机的吸气口之间，常使用绝对压力阀取代普通的吸气节流阀，以提高控制精度。绝对压力阀的结构如图 10—16 所示。

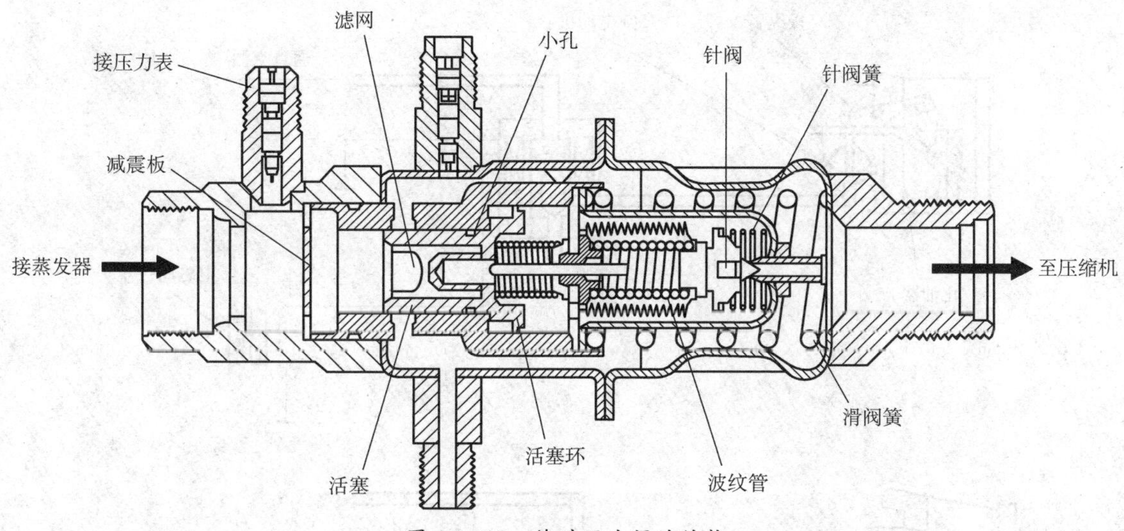

图 10—16　绝对压力阀的结构

绝对压力阀的调节机构由主阀和导阀两部分组成。主阀由活塞式滑阀和滑阀弹簧组成。活塞式滑阀上开有小孔，供来自蒸发器的制冷剂蒸气流入导阀的波纹管室，使波汶管感受蒸发压力，并根据蒸发压力实现对针阀的控制。正常工作时，滑阀受蒸发器流出的制冷剂蒸气压力和滑阀弹簧两个作用力，当制冷剂蒸气压力和滑阀弹簧压力相等时，滑阀在弹簧的作用下向蒸发器端移动，直至关闭阀口。

导阀由真空波纹管、针阀和针阀弹簧组成，它的作用是通过控制活塞式滑阀的位置，实现对制冷剂流量的控制。波纹管置于主阀与针阀间的波纹管室内，波纹管室内充满了经滑阀小孔流入的制冷剂蒸气，蒸气压力的变化使波纹管膨胀或收缩，从而控制了导阀的通断，导阀的通断控制着主阀的位移。

压缩机的转速升高使吸气压力下降，当下降到一定的压力时，波纹管膨胀位移，使针阀关闭压缩机入口处通道。入口处的通道关闭后，滞留在波纹管室内的制冷剂蒸气增多，使滑阀的压缩机侧压力升高，当与蒸发器出口的压力相等时，滑阀便在弹簧力的作用下向蒸发器端移动，关闭主阀口，制冷剂停止流动。主阀关闭后，蒸发器内压力升高，通过小孔的制冷剂蒸气，使波纹管室内的压力也升高，迫使波纹管收缩。当蒸发压力升高到一定值时，针阀在其弹簧的作用下开启，使滑阀压缩机侧的压力下降，滑阀便在蒸发压力的推动下向压缩机端移动，主阀重新开启，制冷剂恢复流动。

波纹管感受蒸发压力变化的敏感性高，又置于和外界隔绝的波纹管室内，不受外界大气压力变化的影响，因此绝对压力阀具有较高的控制精度。在实际的制冷系统中，绝对压力阀与热力膨胀阀之间，往往安装有压力平衡管，以防止绝对压力阀的出口压力降至调定压力之下。

2. 怠速控制器

非独立式汽车空调系统，压缩机是由汽车发动机带动的，当发动机处于怠速状态或低速行驶时，发动机输出的功率较小，在这种状态下如果使用空调器，就可能引起发动机熄火，因此常用怠速控制装置进行保护。当汽车低速行驶或停车时，通过怠速控制器件（如真空转换阀）自动加大化油器的节气阀开度，以保证发动机正常运转。真空转换阀主要由真空电磁阀和真空电动机组成，其工作原理如图 10—17 所示。

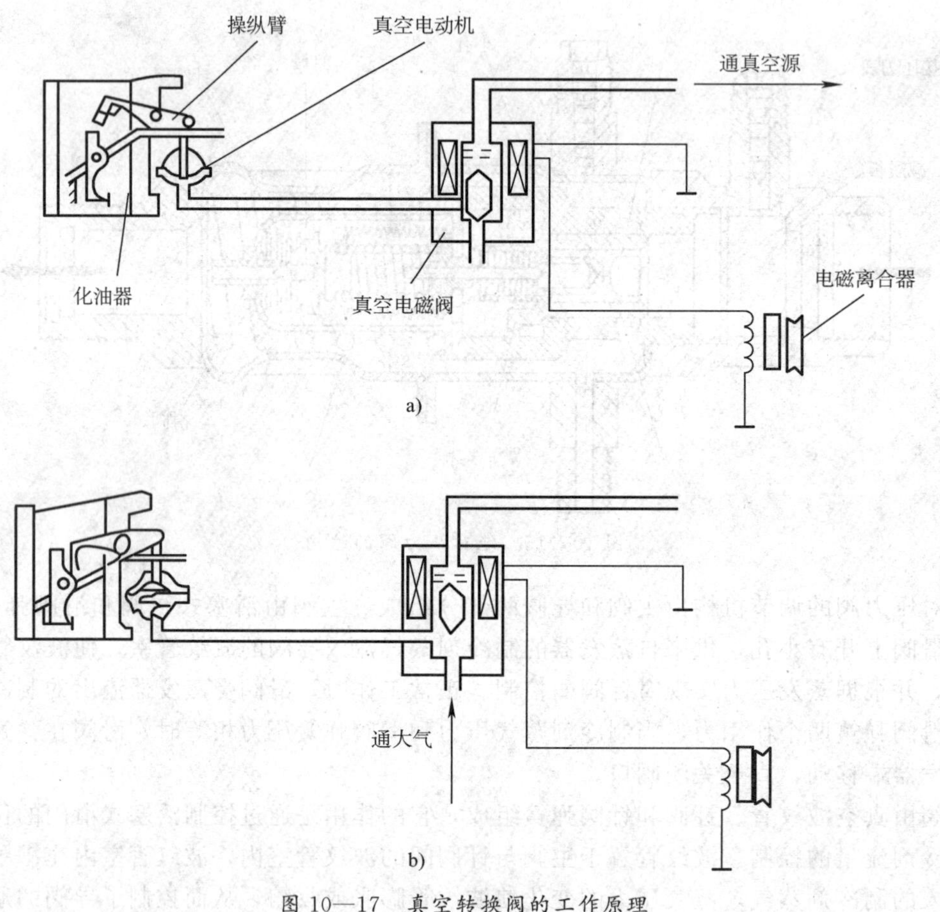

图 10—17 真空转换阀的工作原理

a）电磁离合器分离 b）电磁离合器吸合

电磁离合器线圈无电流通过时，真空电磁阀线圈也无电流通过，真空电磁阀的阀芯在弹簧力的作用下移到下方。这时，真空电动机的膜盒腔与汽车的真空源接通，膜盒内的弹簧被负压压缩，膜片向下移动，化油器的操纵臂可以回到怠速位置，汽车发动机在怠速状态下运行，如图 10—17a 所示，当空调器工作时，真空电磁阀的线圈有电流通过，阀芯受电磁力的作用上移，真空电动机的膜盒腔与大气接通，膜片上下的压力相等，膜片在弹簧力的作用下向上移动，通过杠杆使化油器的操纵臂不能回到怠速位置，汽车发动机在略高于怠速状态下运行，发动机的转速得到提升，如图 10—17b 所示。

真空电动机并不是普通意义上的电动机，它是在传递位移意义上的电动机，其结构如图10—18所示，膜盒腔与真空源接通时膜片下移，膜盒腔与大气接通时膜片上移。

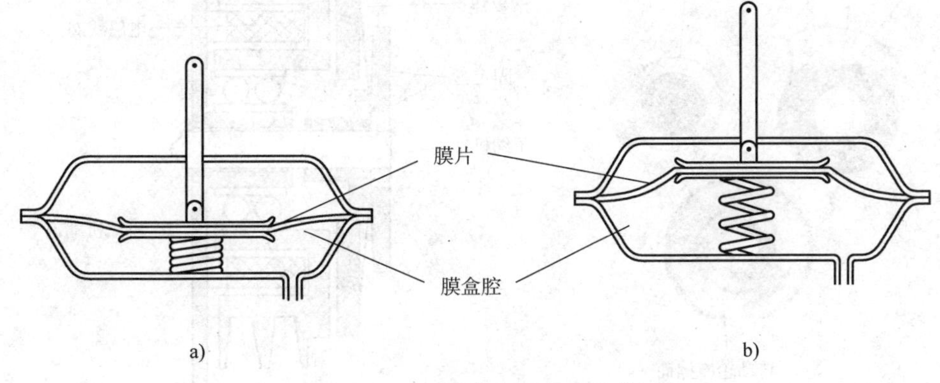

图10—18　真空电动机的结构

a）膜盒腔与真空源通　b）膜盒腔与大气通

§10—3　汽车空调器的制冷系统

一、汽车空调器制冷系统的组成

汽车空调器的制冷系统和普通空调器的制冷系统基本相同，按使用节流部件的不同，可分为膨胀阀系统和节流孔管系统两种类型。

1. 膨胀阀系统

膨胀阀系统又称为传统温控系统，其组成如图10—19所示，安装了储液干燥器、热力膨胀阀和吸气节流阀。

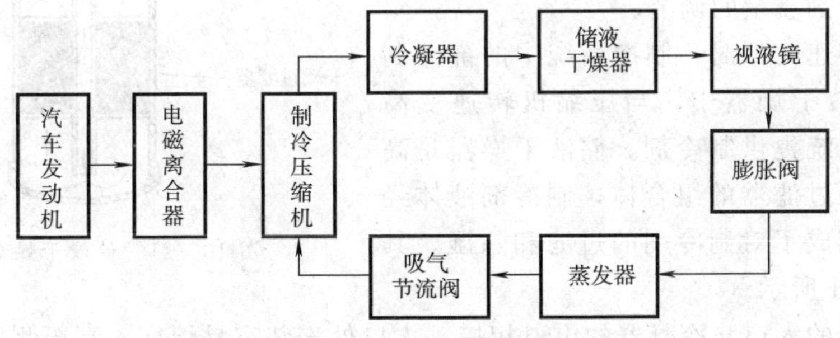

图10—19　膨胀阀系统的组成

汽车发动机的动力通过传动带传递给电磁离合器。电磁离合器是一个控制装置，它的电磁线圈有电流通过时，离合器处于接合状态，汽车发动机通过离合器驱动压缩机工作，空调器实现制冷运行。电磁线圈无电流通过时，离合器处于分离的状态，离合器随着汽车发动机空转，压缩机不工作，空调器停止运行。电磁离合器的结构如图10—20所示，主要由传动轮、驱动盘和电磁线圈三部分组成，其中驱动盘由固定盘、钢板弹簧和活动摩擦盘组成，通过槽键固定在压缩机曲轴的一端。

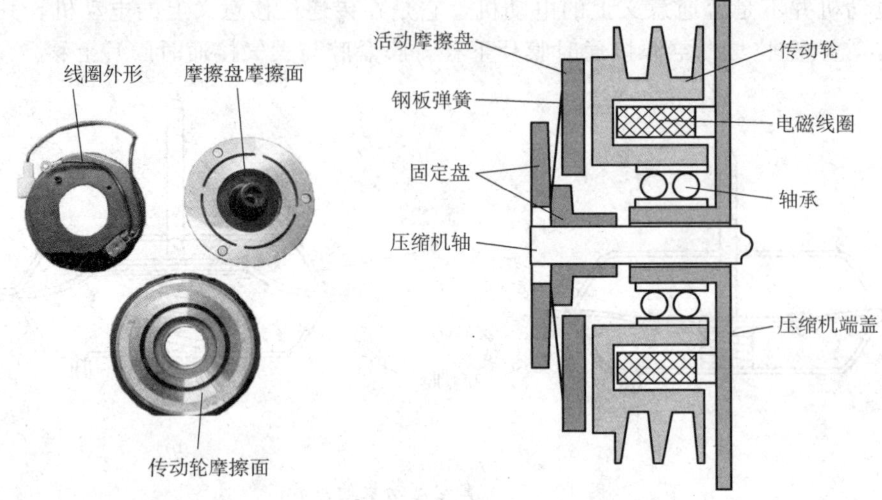

图 10—20　电磁离合器的结构

离合器的电磁线圈固定在压缩机的前端盖上，传动轮通过轴承固定在压缩机前端盖伸出的短轴上，线圈内无电流通过时，传动轮随着汽车的发动机空转。当电磁线圈通过电流时，活动摩擦盘与传动轮吸合在一起，带动压缩机曲轴旋转，制冷系统开始工作。

汽车在行驶过程中，发动机的转速通常在 800～4 000 r/min 之间不断变化，压缩机的转速也随之变化，制冷循环系统中的制冷剂流量也在不断变化。为了满足这种工况要求，节流装置在完成降压功能的同时，还要对制冷剂的流量实现自动控制。储液干燥器的作用，就是配合热力膨胀阀完成对制冷剂流量的调节。

当压缩机转速变低时，制冷系统中的部分制冷剂暂存在储液干燥器中，当压缩机转速变高时，又为制冷系统提供制冷剂。储液干燥器是高压储液罐和干燥过滤器的组合体，制冷剂液体经过它的时候，完成了对制冷剂的过滤和除湿。其结构如图 10—21 所示。

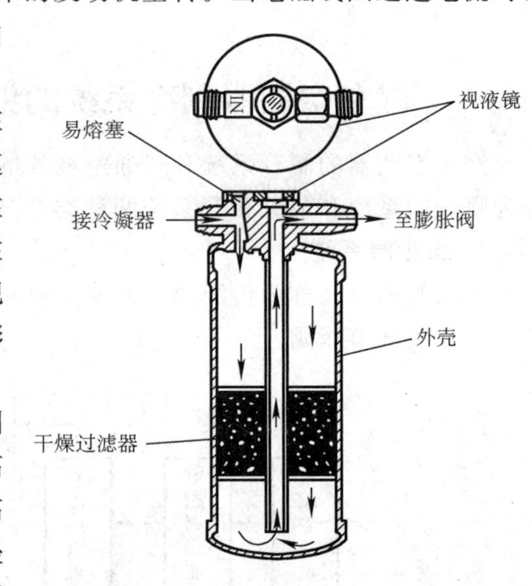

图 10—21　储液干燥器的结构

储液干燥器的入口与冷凝器的出口相接，入口处安装有易熔塞，高压侧压力过高时，易熔塞被击穿，起到过压保护作用。储液干燥器的出口与膨胀阀相连，在出口处安装有视液镜，通过视液镜可以观察制冷系统中制冷剂液体的多少，以方便日常的保养和维修。

有的储液干燥器上没有视液镜，视液镜作为一个独立的部件，安装在冷凝器出口的管路中，通过钎焊与管路相连，这种视液镜的外形如图 10—22 所示。视液镜一般都具有放大功能，以方便观察。

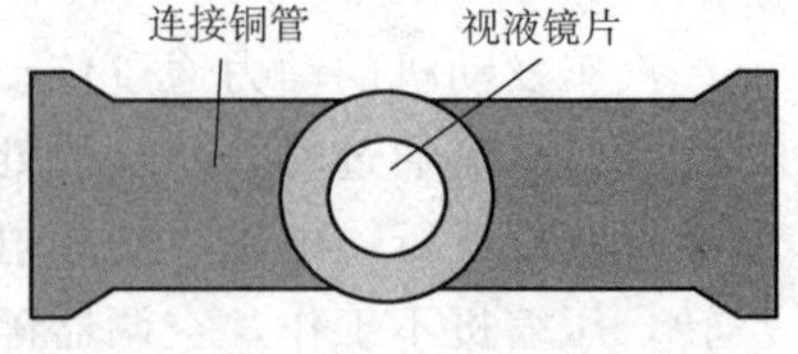

图 10—22　视液镜

普通车辆的空调器使用最多的节流元件是热力膨胀阀，它在节流过程中可以随着压缩机转速的变化，自动改变阀口的开启度，实现对制冷剂流量的自动调节。外平衡式热力膨胀阀的外形和结构如图 10—23 所示。

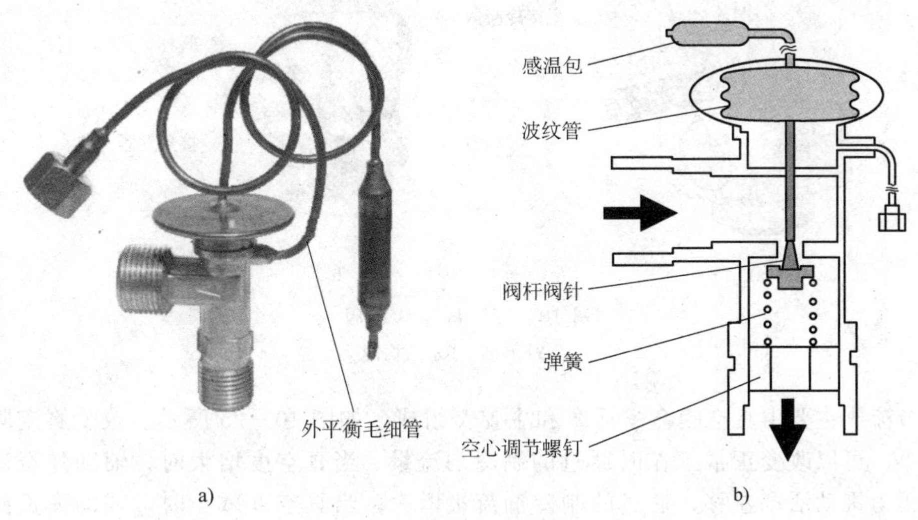

图 10—23　外平衡式热力膨胀阀

a）外形图　b）结构图

热力膨胀阀安装在蒸发器的入口处。膨胀阀的感温包与波纹管（或膜片盒）组成一个密闭系统，里面充注有制冷剂。感温包放置在蒸发器的出口处，感温包与管子外壁紧密接触，并用隔热材料进行包扎。压缩机转速升高时，蒸发器出口处温度上升，感温包内温度上升，内装的制冷剂汽化量增大，波纹管因内部压力升高而膨胀，推动阀杆向下移动，阀针随之下移，使膨胀阀开启度增大，制冷剂流量增大；压缩机转速下降时，蒸发器出口处温度下降，感温包内温度下降，波纹管因内部压力下降而收缩，阀针在弹簧力的作用下向上移动，膨胀阀开启度减小，制冷剂流量减小。外平衡毛细管的端头接在蒸发器的出口处，使波纹管下方的压力与蒸发器出口的压力相同，在制冷剂流量调节的过程中，补偿蒸发器出口压力变化引起的损失。

有的汽车空调器使用的是 H 型膨胀阀，如图 10—24 所示，H 型膨胀阀因其内部通路的形状像英文字母 H 而得名。H 型膨胀阀在节流过程中，阀口开启度的控制原理和外平衡式热力膨胀阀完全相同。

热力膨胀阀虽然能够根据蒸发器出口的温度变化自动调节制冷剂流量，保证压缩机转速变化时，制冷系统的工况基本不变。但是，热力膨胀阀的结构决定了它不能有较大的调节范围。因此，热力膨胀阀用在独立式空调器中，能够满足制冷系统的工况要求，可是当用在非独立式空调器中的时候，由于压缩机的转速变化范围较大，膨胀阀的调节范围就不能完全满足制冷工况的要求。假如压缩机在最高转速工作时，膨胀阀自动调节的最大开启度不能满足要求，在这种情况下，蒸发压力就会下降，由于蒸发压力与蒸发温度是对应关系，所以蒸发温度就下降到 0℃以下。如果汽车是在潮湿的环境中行驶，蒸发器上就可能出现结冰现象，结冰会使蒸发器的气流堵塞，引起制冷量下降甚至不能制冷。

吸气节流阀的作用就是防止蒸发器出现结冰现象。它安装在蒸发器出口与压缩机吸气口之

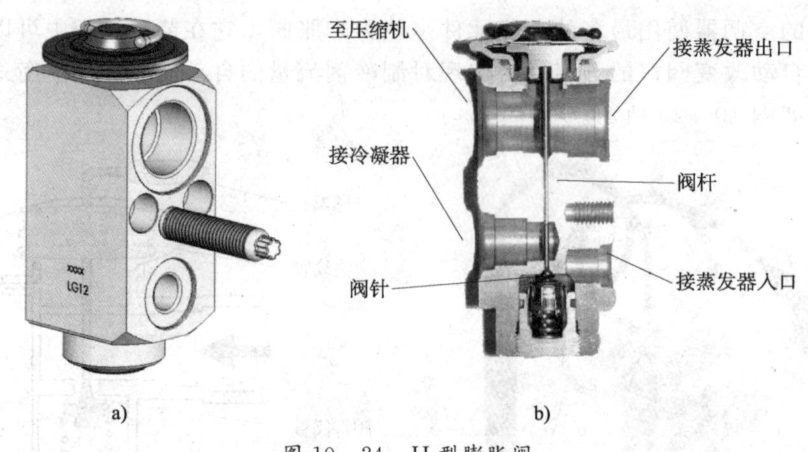

图 10—24　H 型膨胀阀

a）外形图　b）结构图

间。吸气节流阀主要由真空膜盒、活塞和主弹簧组成，如图 10—25 所示。改变真空膜盒内真空度的大小，可以改变正常工作时通过的制冷剂流量。当真空度增大时，辅助弹簧被膜片压缩，蒸发压力推动活塞左移，通过的制冷剂流量增大；当真空度减小时，辅助弹簧使膜片膨胀，与主弹簧一起推动活塞右移，制冷剂流量减小。正常工作时，主弹簧力和蒸发压力使活塞处于相对平衡的位置。在工作过程中，如果蒸发压力发生变化，活塞的位置也随之变化，通过的饱和蒸气流量也发生变化。通过自动改变饱和蒸气的流量，保证蒸发压力基本保持不变，蒸发器表面就不会结冰。气管孔与蒸发器出口相连，可以保证活塞前后都是相同的蒸发压力。液管孔与冷凝器出口相连，当压缩机吸气口的压力变化较大时，起到适当的平衡作用。

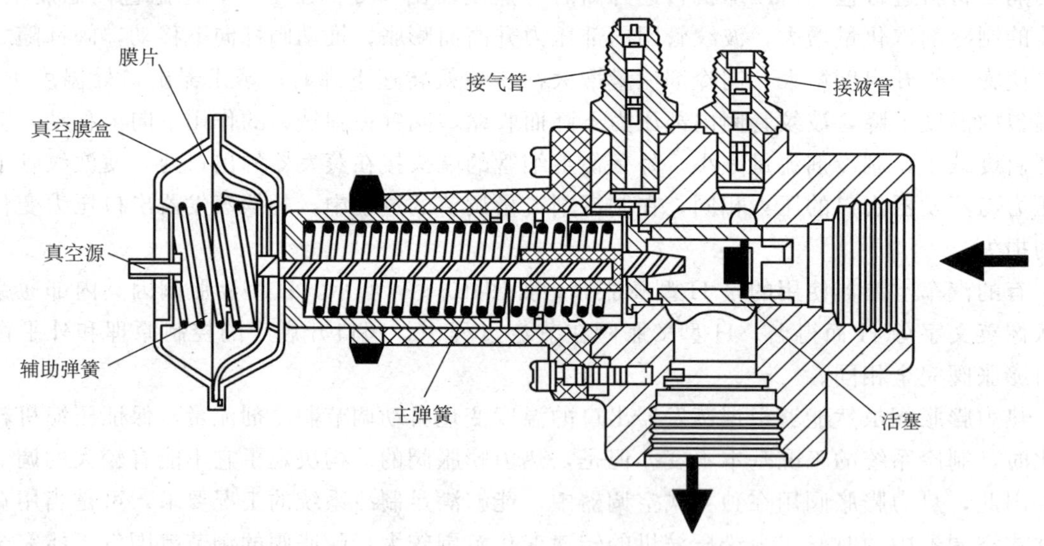

图 10—25　吸气节流阀

2. 节流孔管系统

热力膨胀阀不能完全满足汽车空调器工况的要求，于是，就出现了利用节流孔管代替膨胀阀进行节流的汽车空调系统。使用节流孔管的制冷系统，取消了冷凝器后的储液干燥器，在蒸发器与压缩机的吸气口之间安装了气液分离器，气液分离器中设置有干燥过滤器。节流孔管制冷系统的组成如图 10—26 所示。

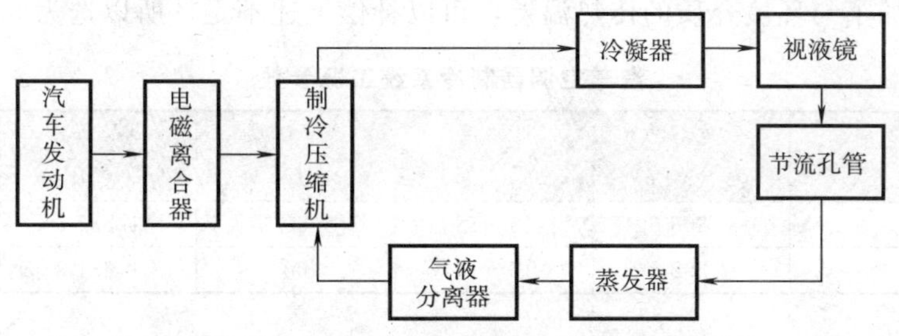

图 10—26　节流孔管制冷系统的组成

节流孔管又称孔管，是一个长度固定的管形元件，内部有一个固定的节流小孔和一个优质的网状过滤器，通常放置在蒸发器入口前的制冷剂管路中。它的作用和毛细管有点相似，只起节流、降压的作用，不起调节制冷剂流量的作用。使用节流孔管的非独立式汽车空调器，主要依靠压力差和压缩机的启停对制冷剂的流量进行控制。节流孔管的结构如图 10—27 所示。

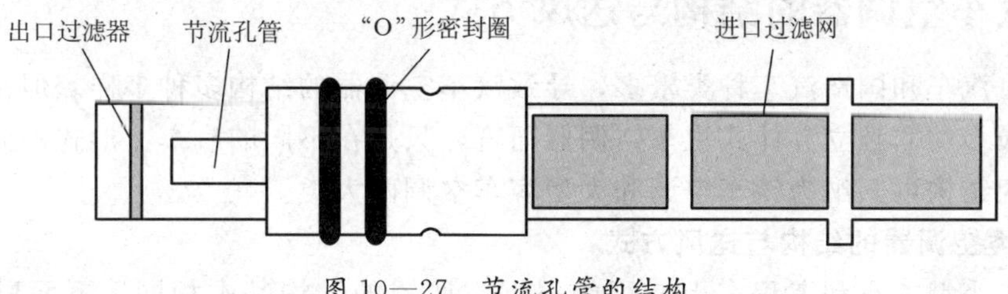

图 10—27　节流孔管的结构

气液分离器又称吸气管集液器，其作用是捕获经过蒸发器以后多余的制冷剂液体，防止它们进入压缩机。气液分离器的结构如图 10—28 所示。

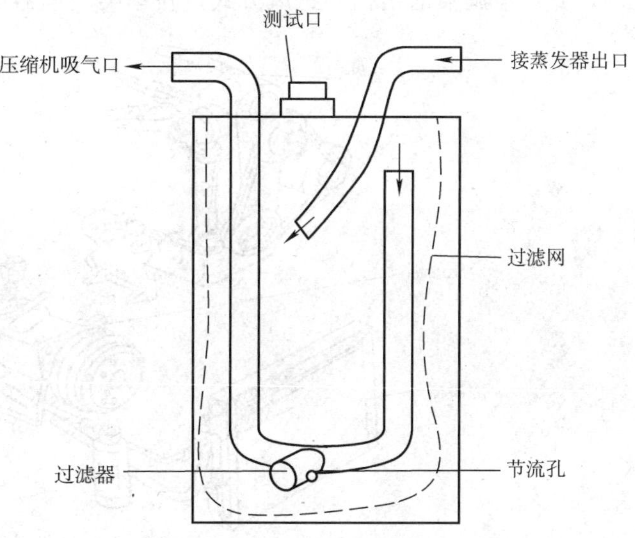

图 10—28　气液分离器的结构

二、汽车空调器制冷系统的参数

现在新生产的车辆虽然使用的是 R134a，但是，使用 R12 作为制冷剂的汽车空调系统仍在旧车辆上运行，其数量还比较庞大，因此，对两种空调系统的参数都需要了解。表 10—8 列出了使用 R12 和 R134a 两种制冷系统的工况参数。

表中显示，冷凝压力比其他空调的冷凝压力要高出许多，这是因为汽车空调器运行的条件所致。汽车在野外行驶，要适应各个地区的气候环境，按最恶劣的工况选取，环境温度能达到 40℃以上。汽车均采用风冷式冷凝器，安装位置所处的空间较小，冷凝器的面积不能做得太大。汽车在行驶过程中容易积聚灰尘，使传热系数减小。在小型汽车中，冷凝器的安装位置距离汽车发动机较近，受发动机余热的影响等因素，决定了冷凝温度不能选得偏低。冷凝温度值选取高一点，增加了与环境介质的传热温差，可以补偿上述不足，所以选为 60℃。

表 10—8　　汽车空调器制冷系统工况参数

制冷剂	蒸发温度 t_0（℃）	蒸发压力 p_k（MPa）	过热度 Δt_{sh}（℃）	冷凝温度 t_0（℃）	冷凝压力 p_o（MPa）	过冷度 Δt_{sc}（℃）
R12	0	0.308 6	15～18	60	1.532 6	5～8
R134a	0	0.292 8	15～18	60	1.681 3	5～8

汽车空调器的蒸发器同样受安装空间的限制不能做得太大。由于车厢内的空间有限，送风速度也不能太高，而单位空间需要的制冷量，汽车车厢要远大于一般的房间。因此，要保证汽车空调器有较大的制冷能力，最好的办法就是增大传热温差。增大传热温差，就要降低蒸发温度，而蒸发温度只能降低到 0℃。当低于 0℃时，蒸发器上就会出现结冰现象，这时又会带来新的问题，所以汽车空调器的蒸发温度选择为 0℃。

三、汽车空调器的结构与送风方式

我国进口汽车和国产汽车种类繁多，导致汽车空调器的结构多种多样。但是，对于我国目前使用量最多的非独立分体式汽车空调器而言，只是在不同的汽车上形式不同或局部不同而已，它们的结构可归纳为轿车空调和大型客车空调两大类。

1. 轿车类空调器的结构与送风方式

小轿车、小型货车和工程车上使用的小型空调器的结构基本相同。下面以普通轿车为例，介绍空调器的结构和送风方式。轿车类空调器的结构如图 10—29 所示。

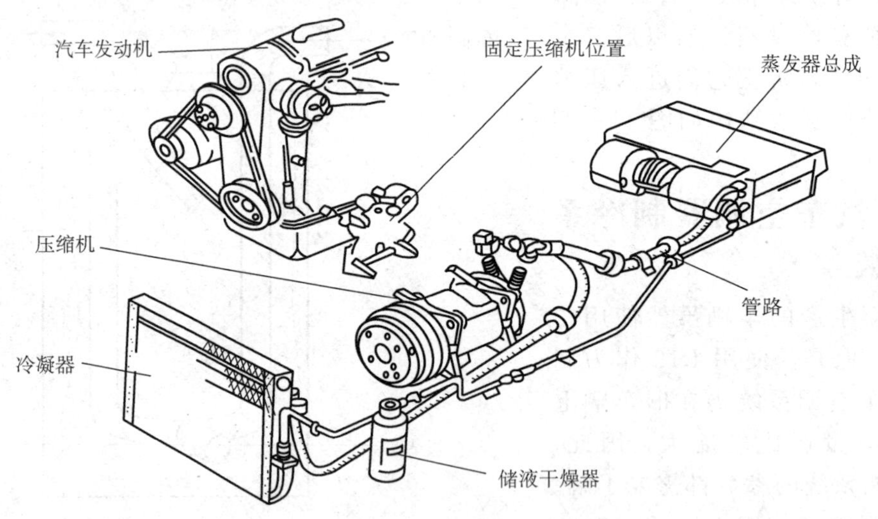

图 10—29　轿车类空调器的结构

制冷压缩机安装在发动机一侧，电磁离合器与压缩机的轴固定在一起，离合器轮和发动机的传动轮在同一平面上，它们之间安装着传动带。压缩机的外壳上安装有高压保护和低压保护开关。冷凝器与汽车的冷却水箱紧靠在一起，利用原来水箱的风扇进行强迫对流散热。为了避免汽车的振动使管路漏气，压缩机的排气口与冷凝器的入口采用高压软管连接。在压缩机的旁边，安装着储液干燥器，储液干燥器的顶部是视液镜。冷凝器的出口与储液干燥器的入口也是用高压软管相连，储液干燥器的出口，用高压软管或铜管与蒸发器总成上的热力膨胀阀相连。蒸发器总成由塑料外壳、叠式蒸发器、热力膨胀阀和风扇电动机组成。外壳上有回风口、新风口和送风口。蒸发器总成通常安装在驾驶室的右前方。

在蒸发器总成产生的冷风，由送风管路输送到车厢内的各个出风口。在驾驶室的左、右或左、中、右，通常设置二至三个出风口，风口安装有活动的塑料栅格，可以方便地调节风向。制冷系统产生的冷风在风扇的驱动下，从出风口送入车厢。有的轿车，在车厢的后方也设有出风口，这样使车厢内的温度得到更加均匀的调节，提高了舒适程度。

目前，多数轿车是采用冷暖型空调器，供冷与供暖是两套独立的系统，常利用发动机的冷却水或废气作为热源。如图 10—30 所示，是利用发动机冷却水作热源的普通轿车供暖系统。在汽车发动机上，冷却水有两个出水口。一个与汽车水箱和水泵形成循环回路，是汽车的主要冷却系统。另一个出水口通过一个阀门与暖风箱内的水箱连接，与水泵形成又一个循环回路。管路上装的供暖阀又称暖气阀，通过钢丝和驾驶室的控制面板相连，在控制面板上操作就可以控制暖气阀的通断。当面板上的操作柄拨向供暖位置时，暖气阀处于开通状态，发动机里的高温冷却水就通过暖风箱内的小水箱形成循环。暖气阀开通的同时，暖风箱内的风扇运转，驱动车厢内的空气经过小水箱循环流动。空气通过小水箱时吸收了冷却水的热量，从而使车厢内的温度上升。操作柄拨向供冷位置时，暖气阀关闭，暖风箱内没有水循环，风扇电动机失电，停止供暖。

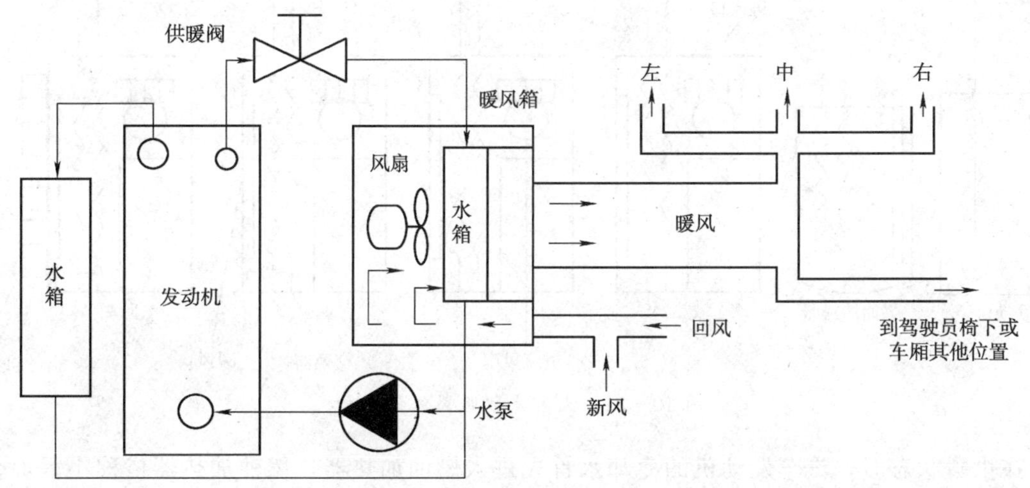

图 10—30　普通轿车供暖系统

暖风管路在驾驶室的挡风玻璃下面设置有三个出风口，暖风向上吹出，以防止挡风玻璃上结霜，影响驾驶员的视线。驾驶室的座椅下方，一般也设置有出风口，暖风向驾驶员的脚部吹出，以保证驾驶员操作灵活。这样的供暖方式，首先是保证驾驶员的舒适性，保证行车安全。暖风在车厢内进一步扩散和对流，使车厢内的温度上升。有的轿车在车厢的后面和侧面，也设置有出风口，使车内的温度得到均匀的调节。

为了保证车厢里的空气质量，暖风箱在处理空气的过程中，通过回风口补充适当的新风，并在回风口安装有过滤器，以保证空气的洁净度。

2. 大客车类空调器的结构和送风方式

我国近几年生产的大客车常采用后置发动机的结构形式，压缩机与电磁离合器组合成一体，安装在汽车发动机的右侧，发动机的动力通过传动带驱动压缩机工作。冷凝器总成和蒸发器总成相邻安装在一起，放置在汽车中间的顶部。压缩机的排气口用高压软管或铜管与冷凝器入口连接。压缩机的吸气口安装有吸气节流阀，吸气节流阀的入口通过低压软管或铜管与蒸发器的出口连接。

大客车的冷凝器使用两组翅片管式换热器，二至三台风扇强迫空气从汽车顶部流出。储液器、干燥过滤器、风扇电动机和换热器装在一起。

蒸发器总成上面装有视液镜、过滤器、热力膨胀阀、风扇电动机和两组翅片式换热器。蒸发器的回风口设置在总成的中间，并且安装有过滤器。车厢内的热空气通过过滤器净化后进入蒸发器总成，在风扇的驱动下，经过翅片式蒸发器时变成冷空气，顺着车厢顶部两侧的送风管路又回到车厢，空气如此循环不已，使车厢内的温度得到调节。车厢两侧的送风管路每隔 40～50 cm 设置一对冷风出口，出口处装有塑料栅格供调节风向。

大客车的供暖方式和轿车一样，也是利用发动机的冷却水循环提供热源，但是，供暖系统的结构却大不相同。大客车暖风系统的结构如图 10—31 所示。

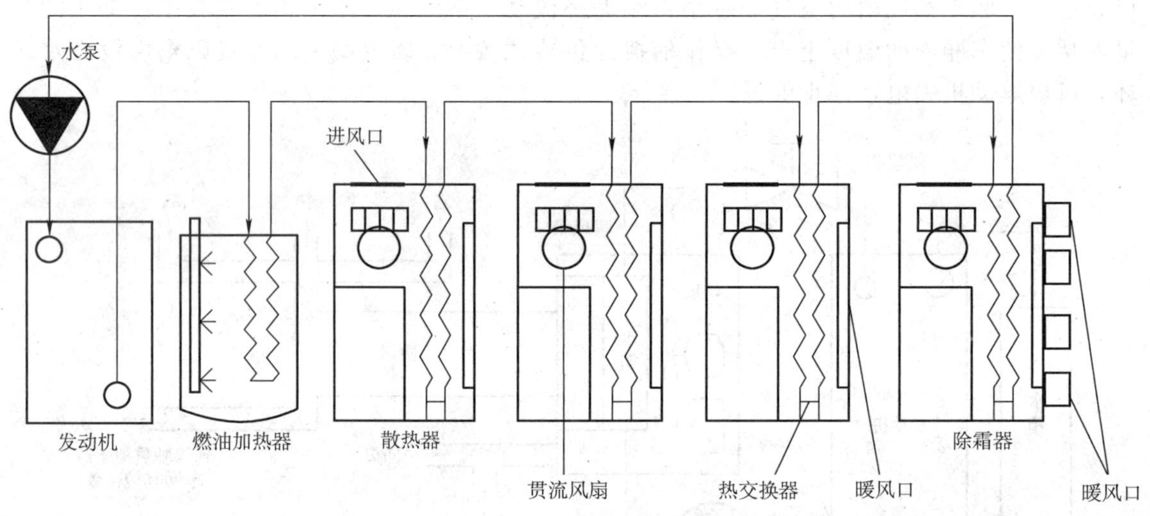

图 10—31　大客车供暖系统的结构

在供暖状态时，汽车发动机的冷却水首先进入燃油加热器，燃油加热器俗称小锅炉。因为天气较冷，在启动汽车前，先让燃油加热器工作。加热器的外边安装有一台电动机，里面安装一套喷油燃烧装置和一个水式换热器，电动机工作时，内部的喷油燃烧，开始对换热器内的冷却水加热。冷却水温度上升后自动循环流动，通过散热器和除霜器时，与车内的空气进行热量交换。在贯流风扇的驱动下，车厢里的空气经过散热器和除霜器不停地循环流动，通过换热器时，不断地从循环水中获得热量，使车厢内温度上升。汽车启动后，冷却水的热量由发动机提供，燃油加热器停止工作。

散热器和除霜器的内部结构基本相同，只是暖风出口设计的形式不同。它们实质上是一套小型风机盘管装置，主要由一台 24 V/100 W 的直流贯流风扇和一套翅片盘管式换热器组成。每台散热器或除霜器的排风量可达到 500 m^3/h。

散热器安装在客车的座位下方，暖气沿着车厢的底面扩散。车厢的后中部，左右各设置一台散热器，前中部设置1～2台。除霜器是专门为客车的操作台设置的，四个暖风口，安置在前挡风玻璃的底部，暖风向上吹出。这样，既可以防止挡风玻璃上结霜，又为汽车的操作部位提供了暖气，有利于驾驶员的舒适性，保证了行车安全。

§10—4　汽车空调器的电气控制

随着汽车空调技术的发展，汽车空调的控制系统经历了从简单到复杂、从手动到全自动的发展过程。一个完整的汽车空调控制电路应该具备对车内空气温度、气流分配、新风配给等参数的调节功能，同时能对制冷系统的压力、车辆行驶的速度等参数进行有效的监测，并能及时地进行调节或实施保护。

一、手动控制电路

最初的汽车空调控制电路只是对空气温度和蒸发器风机进行控制，电路十分简单，图10—32所示为基本的控制电路。

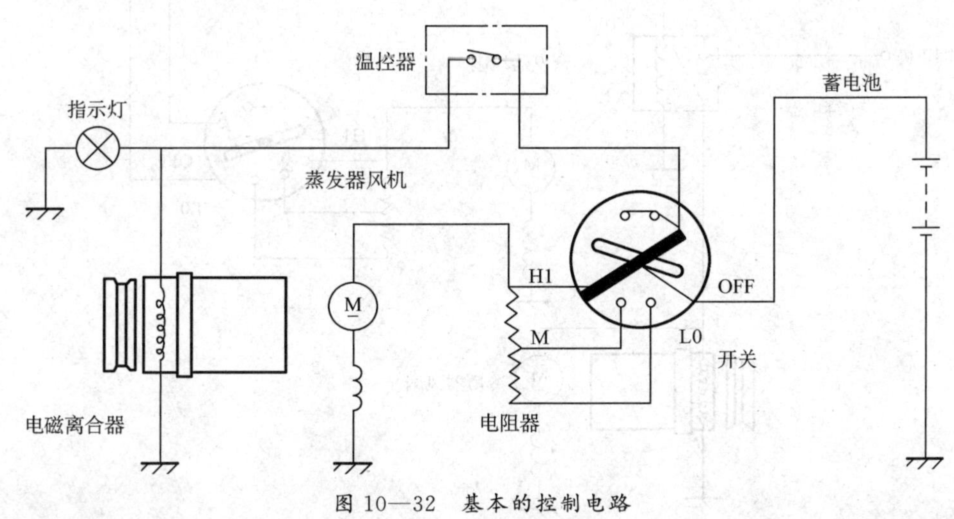

图10—32　基本的控制电路

当使用空调时，首先通过蒸发器风扇开关接通电源，温度控制器根据车箱内的温度高低，自动控制电磁离合器线圈的得电与失电，从而控制空调器的自动运行，运行状态通过工作指示灯在操作面板上显示。蒸发器风机电路通过改变串入电阻的大小改变转速，以实现强、中、弱三种制冷方式。常用的手动操作控制面板如图10—33所示。

采用基本控制电路的汽车空调器，冷凝器常常与汽车发动机的散热水箱安装在一起，共同使用一台风扇电动机。为了提高冷凝器的换热效率，有的汽车空调器专门设置了冷凝器风扇电动机。加设冷凝风扇后，制冷系统的总电流通常大于15 A，会超过熔断器、开关触点及电线的额定容量，因此使用直流继电器对蒸发器风扇电动机和冷凝器风扇电动机进行分路供电。采用冷凝风扇的控制电路如图10—34所示，蒸发器风扇电动机和继电器线圈受风机开关控制，而电磁离合器线圈和冷凝风扇电动机受继电器触点控制，且连接于另一供电回路中。

图 10—33　手动操作控制面板

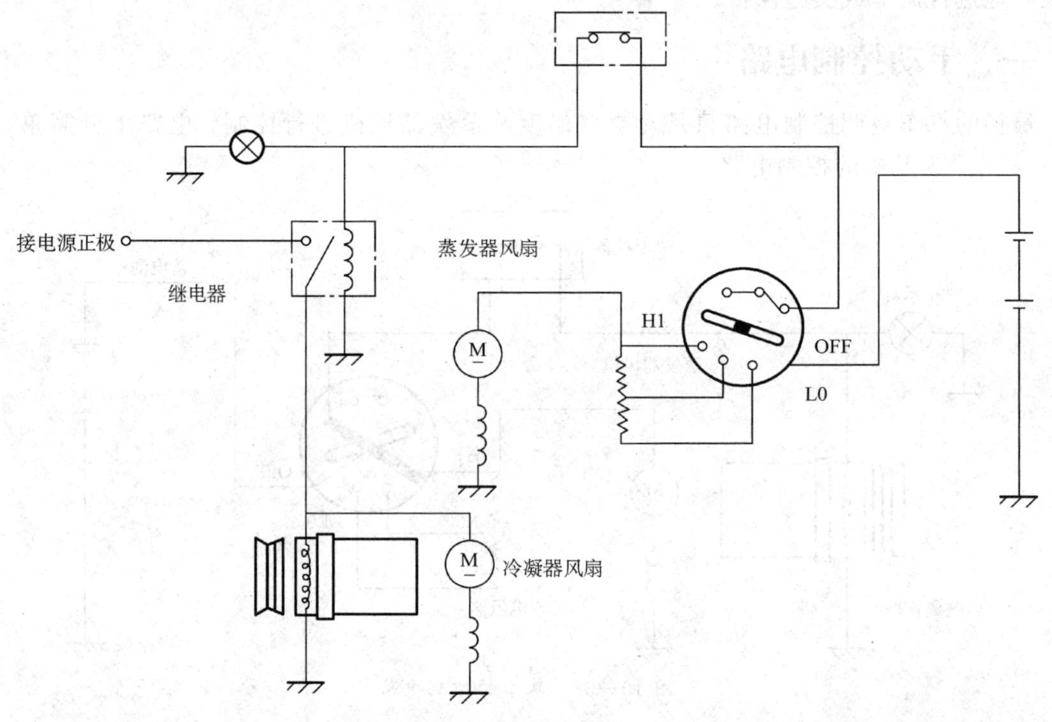

图 10—34　采用冷凝风扇的控制电路

二、电子控制电路

电子控制电路有普通电子控制电路和微型计算机控制电路两种。微型计算机控制电路提高了控制精度，完善了保护电路，增加了故障自检和显示功能，是最先进的控制电路。控制电路还分为单空调控制电路和双空调控制电路，小型车辆上使用的是单空调控制电路。大型客车上的空调器，由于采用的是双路制冷循环系统，所以是双空调控制电路。无论是什么样的控制电路，都是由控制面板、监测电路、保护电路、冷凝器风机控制电路、蒸发器风机控制电路和压缩机、离合器控制电路几部分组成。如图 10—35 所示为豫新顶置式大型客车空调的电气控制电路供分析参考，其控制面板如图 10—36 所示。

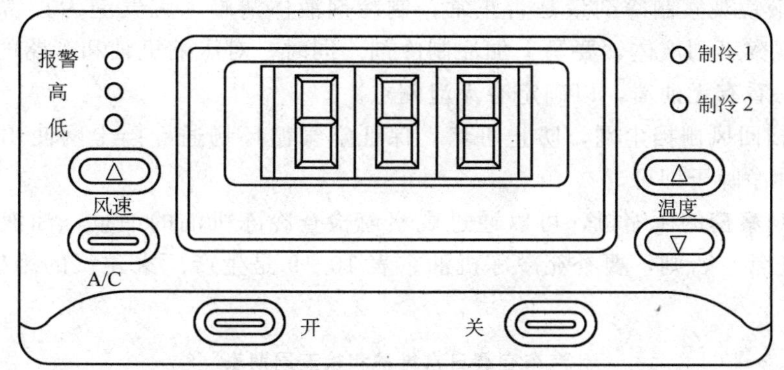

图 10—36　豫新客车空调微型计算机控制面板图

使用这种控制电路的客车，汽车点火后，控制面板就显示出环境温度。使用空调器时按“开”键，蒸发器风机均处于低速工作状态，按“风速”键可以调整蒸发器风机的风速，风速按“低—中—高—低”循环变换。

操作“温度”键可以设置目标环境温度，温度值在 15～32℃之间可调，步距为 0.5℃，按“△”键可增大数值，按“▽”键可减小数值。设置目标温度时，控制面板上显示设置的温度值，若连续 10 s 未按键，设置的目标温度值被保存起来，控制面板变为显示环境温度。空调器在运行过程中，当车厢内温度低于设定值约 1℃时，电磁离合器线圈失电，空调器停止运转；当车厢内温度上升到高于设定值约 1℃时，电磁离合器线圈得电，空调器重新运转。

按“A/C”键可以使空调器在“制冷”与“通风”两种状态间转换。在按下“开”键时，“A/C”状态默认的是制冷，只要车箱内的温度高于设定的目标温度约 1℃，空调器制冷运行，“制冷 1”与“制冷 2”两个指示灯均亮为绿色。制冷系统停止运转时，两个指示灯均亮为黄色。两个指示灯显示的是左右两路制冷系统的工况。

左右两路制冷系统采用的是统一目标温度设置，根据各自回风口的温度监测，控制左右两路制冷系统的工作，互不影响。每次开机时，目标温度是上次的设定值。

§10—5　汽车空调器的维护与修理

汽车空调器的运行环境较差，要保证空调系统的正常使用，需要经常对空调系统进行检查和维护，使空调总是处于良好的工作状态。

一、汽车空调器的维护

对空调器进行日常维护时，一定要注意操作安全，谨防运动部件导致受伤或高温部件导致烫伤。日常维护项目主要有以下几种。

1. 在空调器工作时，重点对压缩机、电磁离合器和风扇电动机进行观察，听一听有无异常声响或震动，确定工况是否良好。

2. 在汽车发动机停止工作时，检查传动带的张力和状态，如果存在任何破裂，要及时更换。如果传动带松弛，要及时调整。

3. 通过视液镜观察制冷剂量是否正常，制冷剂液体清晰，无气泡为正常。如果出现大量气泡或几乎观察不到液体，要马上加注制冷剂。同时，对压缩机轴和管路的各个连接口处仔细观察，看一看有无油渍，以确定有无泄漏点。

4. 定期清扫回风栅挡尘网，防止脏堵，保证空气循环畅通。挡尘网使用中性洗涤剂清洗后，用清水冲净晾干即可。

5. 有机油观察窗的压缩机，可以通过观察窗检查冷冻机油的油量，油液面在观察窗的中部或上部为正常，否则，要补充冷冻机油。表 10—9 是生产厂家建议的维护和检查事项，供参考。

表 10—9　　　　汽车空调日常维护和检查周期表

保养项目		方法	保养周期				
			每日	每周	每月	每季	每年
制冷系统	制冷剂量	利用视液镜观察	△				
	管道	各接头漏否			△		
		固定夹松否			△		
		软管损伤否			△		
	过滤器	更换					*
压缩机	冷冻机油量	观察液镜面油位	△				*
	轴封	用白纸检查漏油痕迹			△		
	传动带	用胀紧轮胀紧			△		
	螺钉	将松动者拧紧			△		
冷凝器	冷凝器	清洁		△			
	风扇电动机	检查更换电刷					*
	轴承	加油、检查					*
蒸发器	吸气过滤网	清洗		△			
	蒸发器	去污					△
	风扇电动机	测量电压、电流			△		
	膨胀阀	清洗过滤网					△
电气	线束	线夹、插头是否松动			△		
	电控盒	元件的完好情况			△		
	压力继电器	试高压、低压动作				△	
发动机	蓄电池	检查放电能力		△			
	发电机传动带	胀紧					*
	转速	测量		△	△		
	发电机输出电压	测量		△	△		
胀轮	轴承	更换润滑油			△		
新风	新风挡板电动机	操作					△
	风门过滤网	清洗			△		

二、汽车空调器制冷剂泄漏故障的检修

汽车空调器制冷系统的维修和其他制冷系统的维修一样，对制冷剂泄漏故障的检修是最常见的检修项目之一，其过程也是检漏、抽真空和充注制冷剂三个主要环节。无论是对空调进行维护，还是对空调进行修理；无论是进行检漏，还是抽真空和充注制冷剂，歧管式压力计是主要的工具之一。本书前面章节已进行详细讲解，下面重点讲解检漏方法、抽真空的方法和充注制冷剂的方法。

1. 检漏方法

（1）气体差压检漏

利用系统内外的气压差，将压差通过传感器放大，以数字或声音或电子信号的方式表达检漏结果。此方法只能“定性”地判断系统是否渗漏，但不能准确地查找到漏点。

（2）电子检漏

检修时，常用手持式小型电子检漏仪（见图 10—37）进行检漏。电子检漏仪使用方便、不需点火、不产生毒性物质、预热时间短、灵敏度高、检测范围广，可以探测到微量泄漏。

（3）荧光检漏

利用荧光检漏剂在紫外（蓝光）检漏灯照射下会发出明亮的黄绿光的原理，对各类系统中的流体渗漏进行检测。在检修时，只需要将荧光剂按一定比例加入到系统中，系统运行 20 min 后，戴上专用眼镜，用检漏灯照射系统的外部，若有泄漏，则泄漏处将呈黄色荧光，如图 10—38 所示。

图 10—37　电子检漏仪

图 10—38　荧光检漏

（4）保压检漏

向系统充入 10～20 kgf/cm² 压力氮气，如果没有氮气可充空气，放置一段时间（通常要 30 min 以上），看压力是否下降，压力基本不变说明不漏，若压力有变化，说明有泄漏点，需要进一步排查。

2. 抽真空的方法

真空泵（见图 10—39）是汽车空调制冷系统安装、维修后抽真空不可缺少的设备，用来去除系统内的空气和水分等物质。常用的油封式真空泵有滑阀式和刮片式两种。

抽真空是为了清除制冷系统内部的空气和水分，并进一步检查系统的密封性，常用的工具是真空泵。抽真空（见图 10—40）的操作步骤如下：

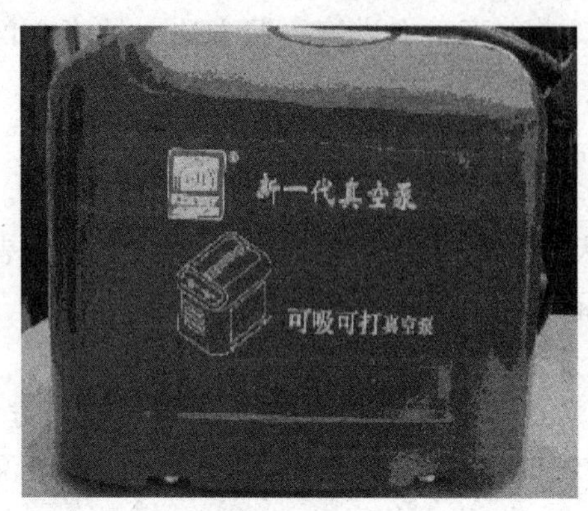

图 10—39　真空泵

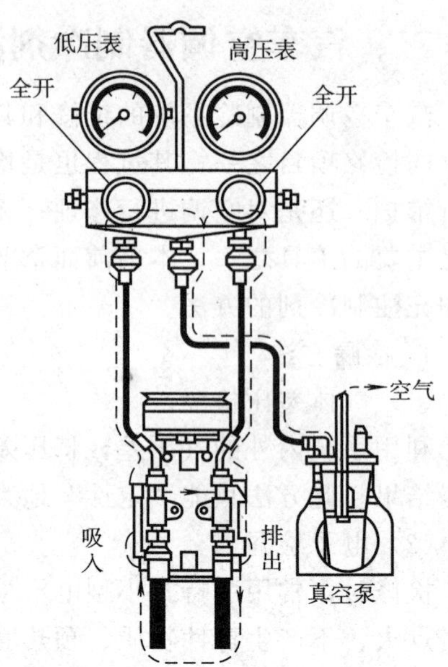

图 10—40　系统抽真空

（1）连接好歧管压力表、真空泵、压缩机之间的管路，如图 10—40 所示。将压缩机高、低压检修阀调到微开位置，歧管压力表上的高、低压手动阀调到闭合状态，拆除真空泵吸、排气口护盖，使歧管压力表上的中间软管和真空泵进口相连接。

（2）打开歧管压力表的高、低压手动阀，启动真空泵，观察低压表指针，应有真空显示。

（3）操作 5 min 后，低压表应达到－0.1 MPa，高压表指针应略低于零，如果高压表指针不能低于零，表明系统内有堵塞，应停止，清理后再抽真空。

（4）操作 5 min 后，如果低压表达不到－0.1 MPa，应关闭低压侧手动阀，观察低压表指针。如果指针上升，说明有制冷系统泄漏，应进行检修后再抽真空。

（5）系统压力接近绝对真空时，关闭高、低压手动阀，保压 5～10 min，如低压表指针不动则打开高、低压手动阀，开启真空泵，继续抽真空。

（6）抽真空的总时间应不少于 30 min，然后关闭高、低压手动阀，再关闭真空阀，防止空气进入系统。

3. 充注制冷剂的方法

按图 10—41 所示，连接压力表，确保两个歧管压力表手动阀关闭，打开制冷剂罐上的注入阀，松开中间软管接头，排出制冷剂气体约 2～3 s，以排出软管内空气，拧紧软管接头，打开低压侧压力表手动阀使制冷剂进入系统内（也可以打开高压侧

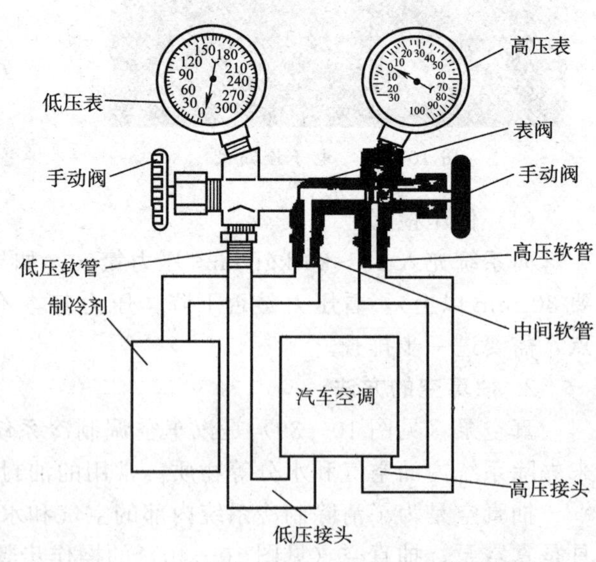

图 10—41　制冷系统充制冷剂压力表连接图

压力表手动阀，但启动空调前须关闭)，启动发动机，打开空调，调整控制器到最冷，风机高速运转，继续注入制冷剂，直到制冷效果达到最佳为止。

注意：压力达不到一定值压缩机不会启动；制冷剂罐正放是气态充注，速度较慢；倒置制冷剂罐是液态充注，速度快，但时间不要太长（3～5 s)，否则容易发生液击事故。

完成充注后，关闭低压侧歧管手动阀，从中间软管上拆掉罐开关，拆掉歧管压力表组件，放回所有的保护帽和保护罩。

表 10—10 是几种汽车空调器加注制冷剂的量，供维修时参考。

表 10—10　几种不同车型制冷剂充注量

车型	制冷剂充注量（kg)
桑塔纳轿车	1～2
普通轿车	0.7～0.8
岳州-KQFD24 大客车	13
岳州-KQFD12 大客车	10
丰田 COASTER（RB11、BB10）面包车	2.4
丰田 COASTER（RB2、BB2）面包车	2.5～2.7
丰田 HIACE（RH20）面包车	2.4
丰田 LITEACE（KM20）面包车	1.5
丰田 CROWN（MS12）小轿车	前置式：0.8；双联式：1.2
日产 DATSUN（430）小轿车	前置式：0.8～0.9；双联式：1.2～1.4
富士 BC51 大客车	7
三菱 BS701T 大客车	6.3

三、汽车空调器常见故障判断和处理方法（见表 10—11)

表 10—11　汽车空调器常见故障判断和处理方法

故障表现	可能原因	解决方法
1. 高压低于正常值	系统泄漏	检漏并修理
	膨胀阀故障	更换或清洗
	制冷剂量不足	充注制冷剂
	压缩机气阀坏	更换压缩机
2. 高压高于正常值	系统内有空气	重新抽真空，加制冷剂
	冷凝器堵塞	清洗管路，充注制冷剂
	冷凝器风扇坏	检修风机
	制冷剂超量	减少系统内制冷剂
3. 低压低于正常值	制冷剂量不足	加制冷剂
	低压管路堵塞	检查储液器、膨胀阀
	膨胀阀开启度不够	开大膨胀阀
	膨胀阀损坏	更换
	系统内有湿气	更换过滤器

续表

故障表现	可能原因	解决方法
4. 低压高于正常值	膨胀阀开度过大	关小膨胀阀
	压缩机阀片坏	更换压缩机
	蒸发器进风湿度过大	改进车身隔热情况
	制冷剂超量	减少系统内制冷剂
5. 压缩机有异响或损坏	传动带松	胀紧传动带
	固定架螺栓松	紧固
	离合器电压不足	提高电压
	压缩机缺润滑油	加注或更换
6. 压缩机不工作	离合器不吸合	检查电路
	实施了保护	检查保护电路或器件
7. 蒸发器不冷	盘管结冰	进行化霜
	离合器故障	检查离合器和温控开关
	压力不正常	检查系统压力
	压缩机转速低	提高转速
8. 传动带故障	太紧或太松	调整胀紧力
	惰轮轴承坏	更换
9. 蒸发器风机故障	风机线路有故障	检查连接
	电压不足	提高电压
	继电器坏	更换
	电动机坏	更换
10. 冷凝器风机故障	线路故障	检查连接
	电动机损坏	更换
	电压不足	提高电压
11. 软管故障	软管泄漏	更换
	“O”型密封圈坏	更换
	接头松	更换
	气门芯漏	更换

使用微型计算机控制的汽车空调器电路，由于具有故障自检功能，当空调器发生故障时，会以代码的形式显示出故障产生的位置或器件，给故障的检查和判断带来了极大的方便。但是，不同空调器的控制电路使用的代码含义是不同的。表 10—12 是一种豫新客车空调的故障代码。

表 10—12　　豫新客车空调 GSK2D－1A 故障代码表

代码	电压过低	电压过高	左路压力故障	右路压力故障	左路传感器故障	右路传感器故障
Er01	*					
Er02		*				

续表

代码	电压过低	电压过高	左路压力故障	右路压力故障	左路传感器故障	右路传感器故障
Er04			*			
Er05	*		*			
Er06		*	*			
Er08				*		
Er09	*			*		
Er10		*		*		
Er12			*	*		
Er13	*		*	*		
Er14		*	*	*		
Er16					*	
Er17	*				*	
Er18		*			*	
Er20			*		*	
Er21	*		*		*	
Er22		*	*		*	
Er24				*	*	
Er25	*			*	*	
Er26		*		*	*	
Er28			*	*	*	
Er29	*		*	*	*	
Er30		*	*	*	*	
Er32						*
Er33	*					*
Er34		*				*
Er36			*			*
Er37	*		*			*
Er38		*	*			*
Er40				*		*
Er41	*			*		*
Er42		*		*		*
Er44			*	*		*
Er45			*	*		*
Er46		*	*	*		*
Er48					*	*
Er49	*				*	*
Er50		*			*	*

续表

代码	电压过低	电压过高	左路压力故障	右路压力故障	左路传感器故障	右路传感器故障
Er52			*		*	*
Er53	*		*		*	*
Er54		*	*		*	*
Er56				*	*	*
Er57	*			*	*	*
Er58		*		*	*	*
Er60			*	*	*	*
Er61	*		*	*	*	*
Er62		*	*	*	*	*

注：*代表故障检测点。

实 习 Ⅲ

课题一　汽车空调配件的辨识、使用、拆装

一、实习目的

认识汽车空调各个配件。

二、主要设备、工具与材料

汽车空调模型一套，扳手、旋具、钳形万用表、歧管式压力计一套，温度计两只。

三、操作步骤

1. 将汽车空调通电制冷。
2. 调节温控器旋钮、风量旋钮，观察压缩机启停、离合器启停情况。
3. 测试进出风温度、高低压压力、电压、电流等参数并记录。
4. 观察视镜内制冷剂的状态。
5. 试机完毕后拆下各零部件进行辨识。
6. 重新装回零部件，还原至初始状态。

四、注意事项

由于传动带高速旋转容易伤人，应严格遵守操作规程。

课题二　汽车空调检漏、抽真空、充制冷剂

一、实习目的

掌握汽车空调检漏、抽真空、充制冷剂的操作方法。

二、主要设备、工具与材料

汽车空调模型一套，真空泵、制冷剂、电子秤、扳手、旋具、钳形万用表、双联压力计一套，温度计两只。

三、操作步骤

1. 正确连接汽车空调、真空泵、制冷剂、双联压力表。

2. 先向制冷系统充氮气或制冷剂增压，用肥皂水检查各接头和其他可能泄漏的位置，如泄漏，应排除漏点。

3. 打开真空泵，抽 30 min 左右，停机，观察压力表指针的变化情况，不回升即可进行下一步操作。

4. 用电子秤称量方法充注制冷剂，也可用其他方法，直到合适为止。

5. 运行一段时间，测量进出风口的温度等参数，调整制冷剂充注量直到合适为止。

四、注意事项

由于传动带高速旋转容易伤人，应严格遵守操作规程。

课题三　检修电磁离合器

一、实习目的

电磁离合器的检修，主要是更换轴承和电磁线圈，使学生掌握拆卸与安装的方法。

二、主要设备、工具

带电磁离合器的压缩机一台、套管扳手、卡环钳、三爪拆卸器。

三、操作步骤

1. 用专用的卡扳固定电磁离合器的摩擦盘。
2. 用合适的套管扳手卡住压缩机轴端的螺母，逆时针方向旋转，卸下螺母。
3. 取下电磁离合器的摩擦盘。
4. 取下键槽中的月牙形键。
5. 用卡环钳取出挡传动轮的卡环。
6. 用三爪拆卸器拔下传动轮。
7. 再用卡环钳取出挡电磁线圈的卡环。
8. 记住电磁线圈的安装位置，取下电磁线圈，这时可以更换线圈。
9. 用卡环钳取出传动轮中上卡环。
10. 用锤和轴承拆卸工具取出轴承，这时可以更换轴承。
11. 按上述相反步骤安装零部件，恢复初始状态。

四、注意事项

不同的离合器结构不同，拆卸时要注意观察，避免损坏部件。

课题四　清洗膨胀阀

一、实习目的

使学生了解清洗膨胀阀的方法。

二、主要设备、工具

汽车用膨胀阀、内六方扳手。

三、操作步骤

1. 用测量孔深工具测出膨胀阀中空心调节螺母与阀口的距离。
2. 用合适的内六方扳手逆时针旋转，取出空心调节螺母。
3. 依次取出阀内的弹簧与垫块。
4. 用氮气吹膨胀阀，注意节流孔位置的清理。
5. 正确装入垫块与弹簧。
6. 将空心调节螺母旋到原来的位置。

四、注意事项

检修过的膨胀阀装入制冷系统后，要注意观察制冷系统的运行工况，如果膨胀阀的开启度不正常，应及时调整。

课题五　汽车空调器性能测试

一、实习目的

了解初步判断汽车空调器性能的方法。

二、主要设备、工具

汽车空调模型一套，双联压力表一套，干、湿球温度计两个。

三、操作步骤

1. 将双联压力表的低、高压连接软管分别与压缩机的进、排气侧连接，在蒸发器的出风口和回风口处分别放置干、湿球温度计。

2. 启动压缩机，压缩机的转速约在 2 000 r/min，让空调运行 10 min 左右。

3. 观察高、低压表的数值，要符合制冷剂工况的要求。

4. 读出蒸发器回风口的干球温度和湿球温度，并求出其相对湿度。

例如，蒸发器回气口的干球温度为 25℃，湿球温度为 19.5℃，则在干湿球温度计上可直接读出相对湿度为 60％。

5. 再读出蒸发器出口的干球温度值，并求出与蒸发器回风口干球温度的差值。

6. 根据以上数值，绘出如实习图Ⅲ—1 所示的空调系统性能图。实际运行时，空气的参数值应处于图中两直线之间。

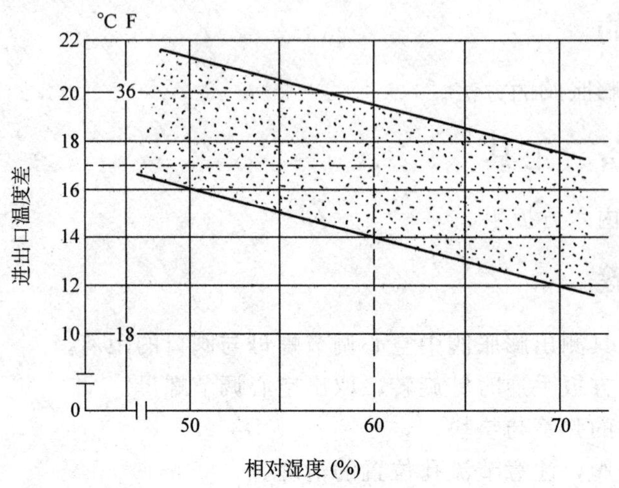

实习图Ⅲ—1　空调系统性能图

四、注意事项

一般情况下，可以根据蒸发器进、出气口空气的温差，粗略判断空调器的制冷效果，正常情况，温差应不小于 8℃。